Vereinigte Staaten – physische Übersicht

Landhöhen (in Meter)

- Gletscher
- über 3000
- 1500 – 3000
- 1000 – 1500
- 500 – 1000
- 200 – 500
- 100 – 200
- 0 – 100
- unter 0
- 4396 Berghöhe

Meerestiefen (in Meter)

- 0 – 200
- 200 – 2000
- 2000 – 4000
- unter 4000
- 6399 Tiefenangabe

Gewässer

- Fluss
- Kanal
- See
- Salzsee

Verwaltung

- Staatsgrenze
- Ottawa Hauptstadt eines Staates
- Verwaltungsgrenze
- Jackson Hauptort

Orte (Einwohnerzahl)

- über 5 000 000
- 1 000 000 – 5 000 000
- 500 000 – 1 000 000
- 100 000 – 500 000
- 20 000 – 100 000
- unter 20 000

Verkehr

- Eisenbahn
- wichtige Fernstraße

0 100 200 300 km

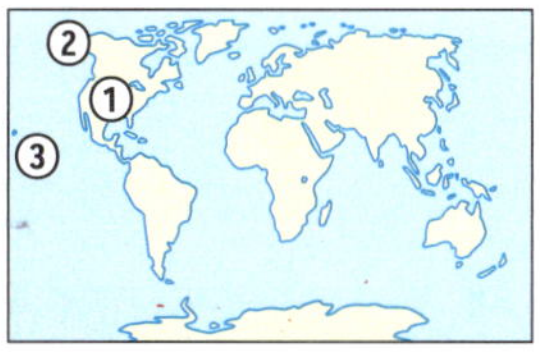

westermann

Diercke
Geographie 11

Gymnasium
Bayern

Herausgeber:
Wilfried Büttner, Stein
Werner Eckert-Schweins, Ingolstadt
Bernd Raczkowsky, Augsburg

Autoren:
Peter Armbruster, Trossingen
Wilfried Büttner, Stein
Werner Eckert-Schweins, Ingolstadt
Kevin Hepp, Villingen-Schwenningen
Bernd Raczkowsky, Augsburg
Katrin Steuerer, Augsburg

unter Mitwirkung der Verlagsredaktion

Einbandfoto: Surfer in Australien (Fotomontage)

Georg-Westermann-Allee 66, 38104 Braunschweig
www.westermann.de

In unseren Diercke-Lehrwerken folgen wir der amtlichen deutschen Rechtschreibung und verwenden die vom Duden präferierte Schreibweise. Schülerinnen und Schüler werden separat angesprochen. Nomen werden genderspezifisch nach den Regeln der deutschen Grammatik behandelt und folgen der Schreibweise in den Dokumenten der deutschen Bundesregierung. Personenbezeichnungen beziehen sich immer auf alle Geschlechter (m, w, d), auch wenn aus Platzgründen nur das generische Maskulinum verwendet wird.

Druck A^2 / Jahr 2024
Alle Drucke der Serie A sind inhaltlich unverändert.

Redaktion: Lektoratsbüro Eck, Berlin
Druck und Bindung: Westermann Druck Zwickau GmbH,
Crimmitschauer Straße 43, 08058 Zwickau

ISBN 978-3-14-**115093**-3

Wie man mit Diercke Geographie 11 arbeitet

Diese grün unterlegte Fläche zeigt immer einen **Impulstext,** mit dem Sie in ein neues Thema eingeführt werden. Er fordert Sie auf, mithilfe der Materialien der Seite eine Fragestellung zu lösen.

INFO

Solche **Infokästen** geben Ihnen in knapper Form zusätzliche Informationen.

Es gibt in Ihrem **Diercke** verschiedene Typen von Materialien, mit denen Sie arbeiten können:

1. **Texte** geben Ihnen Sachinformationen zu einem bestimmten Thema.
2. **Grafiken** zeigen Ihnen vereinfacht den vielschichtigen Charakter eines Sachverhalts.
3. **Karten** helfen Ihnen, sich zu orientieren und wichtige Informationen zu einem bestimmten Raum anzueignen.
4. **Diagramme** veranschaulichen Ihnen Datenmaterial und können Strukturen und Entwicklungen aufzeigen.
5. Auch **Fotos** (M4) und **Tabellen** (M2) sind wichtig.

M1 Fertigkeiten und Kompetenzen entwickeln

M4 Fotos bringen die Wirklichkeit näher und verdeutlichen oft geographische Sachverhalte (hier: Photovoltaikanlage in China)

Staat	BIP (in Mrd. USD 2020)		BIP/ Einw. (in USD 2020)	
	nominal	KKP	nominal	KKP
USA	22997	22997	69231	71379
China	17458	27206	12358	19267
Japan	4937	5615	39339	44737

M2 Tabellen geben Zahlenmaterial geordnet wieder und dienen der Beschreibung von Zuständen und Entwicklungen

GeoMethode

Mit GeoMethoden arbeiten

1. Über die Seiten verteilt finden Sie immer wieder GeoMethoden.
2. Diese machen Vorschläge, wie Sie systematisch geographisch arbeiten können.

1. Im Einband finden Sie Karten zu den in den einzelnen Kapiteln dargelegten Großräumen.
2. Vor jedem Hauptkapitel führt Sie eine **Auftaktseite** mit großformatigem Bild und den Hauptkompetenzen in die jeweilige Thematik ein.
3. Am Ende eines Hauptkapitels können Sie Ihre erworbenen Kompetenzen auf einer **Kompetenzcheck**-Seite unter Beweis stellen. Außerdem befinden sich dort zusätzliche Kartenteile zur Orientierung und zum Üben.
4. **Lexika** auf den letzten Seiten erklären Ihnen kurz und knapp die wichtigsten Grund- und Fachbegriffe.
5. Auf einigen Seiten befinden sich **QR-Codes**. Hier finden Sie weitere zum Thema passende Inhalte. Eine weitere Möglichkeit auf diese Inhalte zuzugreifen ist die Eingabe der Web-Codes. Geben Sie den Code, z. B. WES-115093-039, auf www.westermann.de ein.

Web-Code: WES-115093-039

M3 Was Sie sonst noch über dieses Buch wissen sollten

1 Arbeitsaufträge und Aufgaben versuchen, Sie beim Arbeiten anzuleiten, aber sollen Ihnen auch ermöglichen, die erworbenen Fertigkeiten und Fähigkeiten anzuwenden und zu festigen.

GeoKompakt

GeoKompakt bringt die fachlichen Ergebnisse aus der Bearbeitung einer Doppelseite auf den Punkt.

GeoPlus

GeoPlus ist ein Auftrag, der das behandelte Thema vertieft und durch neue Impulse erweitert.

China – Global Player mit nationaler und globaler Agenda 100

Australien und Ozeanien zwischen Vulnerabilität und Nachhaltigkeit 132

Anhang

Einblick in die Globalisierung

Der Container – rechteckig, standardisiert, vielseitig – die Revolution für die Logistik des globalisierten Welthandels

In diesem Kapitel erfahren Sie, ...

... wie die Globalisierung unseren Alltag beeinflusst.

... welche Akteure und steuernden Faktoren die Globalisierung bestimmen.

... wie die Produktions- und Lieferketten eines globalen Produkts ausschauen.

... wie sich die globalisierte Wirtschaft auf die ökonomische, ökologische und soziokulturelle Dimension der Nachhaltigkeit auswirkt.

Dimensionen der Globalisierung

Junge Leute Ihres Alters werden auch als „Generation Global“ bezeichnet. Halten Sie dies für gerechtfertigt?

Im Frühjahr 2021 blockierte das Containerschiff *Ever Given* tagelang den Suezkanal, der pro Jahr von über 10 Prozent des weltweiten Containerschiffsverkehrs passiert wird.

M1 Suezkanal im Frühjahr 2021

Jedes Jahr kommt die Staatengemeinschaft zur internationalen Klimakonferenz (COP) zusammen, um den Klimaschutz weltweit voranzutreiben und u. a. ärmere Länder im Kampf gegen den anthropogenen Klimawandel zu unterstützen.

M4 UN-Klimakonferenz in Paris 2015

Die **Central Business Districts** von **Global Cities**, in denen internationale Organisationen, Banken, Versicherungen und Unternehmen (**Global Player**) ihren Sitz haben, ähneln sich oft in ihrem Erscheinungsbild (*placelessness*).

M2 Global Cities – Sydney, Detroit oder Moskau?

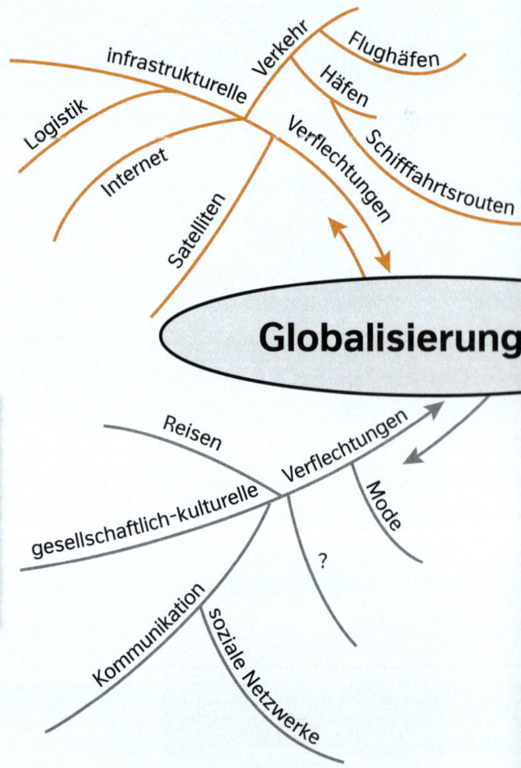

M5 Mindmap zur Globalisierung

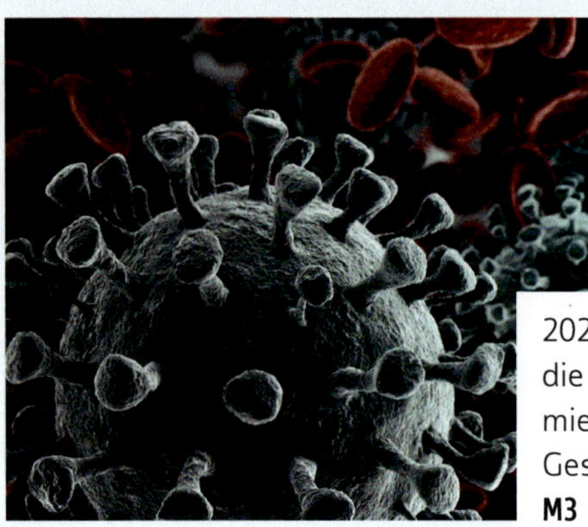

2020 erklärte die WHO den Ausbruch der Infektionskrankheit COVID-19, die durch die Corona-Viren SARS-CoV-2 verursacht wird, zu einer Pandemie, die mit ihrer internationalen Tragweite zu erheblichen globalen Gesellschafts- und Wirtschaftskrisen geführt hat.

M3 Covid-19-Pandemie

Die 2009 von der *International Federation of Red Cross and Red Crescent Societies (IFRC)* verabschiedete *Policy on Migration* ist ein Beispiel dafür, wie Migranten und Flüchtlinge von einer internationalen Hilfsorganisationen weltweit Unterstützung finden.

M6 Bootsflüchtlinge und Rot-Kreuz-Mitarbeiter an der Mittelmeerküste

Der Verein *Clean Clothes Campaign* setzt sich für faire Produktionsbedingungen in der Textilindustrie ein.

M7 Kampagnenbild einer Nichtregierungs-Organisation (NGO)

Auslandsaufenthalte z. B. als *Au-pair* oder für *Work and Travel* werden bei jungen Leuten immer beliebter.

M8 *Backpacker* am Flughafen London-Heathrow

Ohne standardisierte Produkte, wie z. B. Mikrochips, läuft heute fast nichts mehr in der globalisierten Welt. Denn alle digitalen Geräte sind auf diese Bauteile angewiesen.

M9 Globales Produkt Mikrochip

GeoKompakt

Globalisierung bezeichnet die weltweite Vernetzung von Personen, Unternehmen, Organisationen, Nationen und Regionen in Bereichen wie etwa Politik, Wirtschaft, Gesellschaft, Kultur und Ökologie. Sie wird vor allem durch die Fortschritte in den Kommunikations-, Informations- und Transporttechnologien gesteuert.

1 Ordnen Sie den Einträgen in der Mindmap (M5) Ihre eigenen Begriffe zu, die Sie mit dem Schlagwort „Globalisierung“ verbinden.

2 Legen Sie eine weitere Mindmap an, in der Sie im Laufe des Kapitels die Schattenseiten der Globalisierung und aktuelle Reaktionen auf die negativen Folgen der Globalisierung festhalten.

Dock der *East India Company* (17. Jhd.)

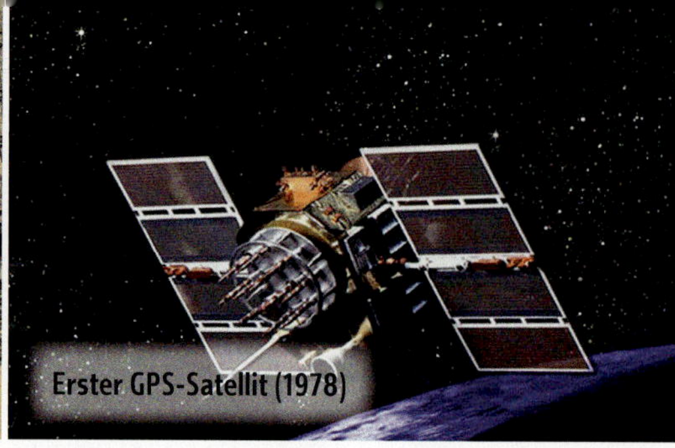
Erster GPS-Satellit (1978)

Gründung der WTO (1995)

M1 Beispiele für steuernde Faktoren und Akteure der Globalisierung

Globalisierung – wer oder was steuert sie?

Kaum eine Entwicklung hat in den letzten Jahrzehnten das Leben vieler Menschen auf der ganzen Welt so grundlegend verändert wie die Globalisierung. Ist die Globalisierung also ein Prozess, dem sich niemand entziehen kann?

Globalisierung ist kein Phänomen der Gegenwart, denn seit Jahrtausenden entwickelten sich über Fernhandelsrouten zu Wasser und zu Land, während der Zeit der Entdeckungsreisen und im Zuge der Industrialisierung weitreichende Verflechtungen zwischen Ländern und Regionen. Seit den 1990er-Jahren spricht man von Globalisierung im engeren Sinne, weil sich seitdem die „Ströme der Globalisierung" durch technische Innovationen und politische Ereignisse intensiviert haben.
Mit der Gründung internationaler Institutionen versuchte man die Auswirkungen der zunehmenden Globalisierung in den Griff zu bekommen. Schon 1945 schuf man z. B. mit den Vereinten Nationen (UN) eine Organisation, mit der die Staaten durch internationale Zusammenarbeit weltweit den Frieden, die Sicherheit und die Menschenrechte wahren wollen. Mit der Gründung der Welthandelsorganisation (*World Trade Organization*: WTO) ist das Ziel verbunden, die weltweiten Handels- und Wirtschaftsbeziehungen durch Zoll- und Handelsabkommen zu regeln und zu fördern. Die **Liberalisierung** des globalen Handels brachte den Menschen weltweit mehr Wohlstand, verstärkte allerdings auch soziale und regionale Disparitäten. Die Covid-19-Pandemie hat zudem gezeigt, wie anfällig globale Verflechtungen sind und wie notwendig internationale Kooperation wäre. Darüber hinaus sind gegenläufige Entwicklungen, wie z. B. die Rückbesinnung auf die Regionalität oder ein zunehmender staatlicher **Protektionismus,** zu beobachten.

M2 Wie hat sich die Globalisierung entwickelt?

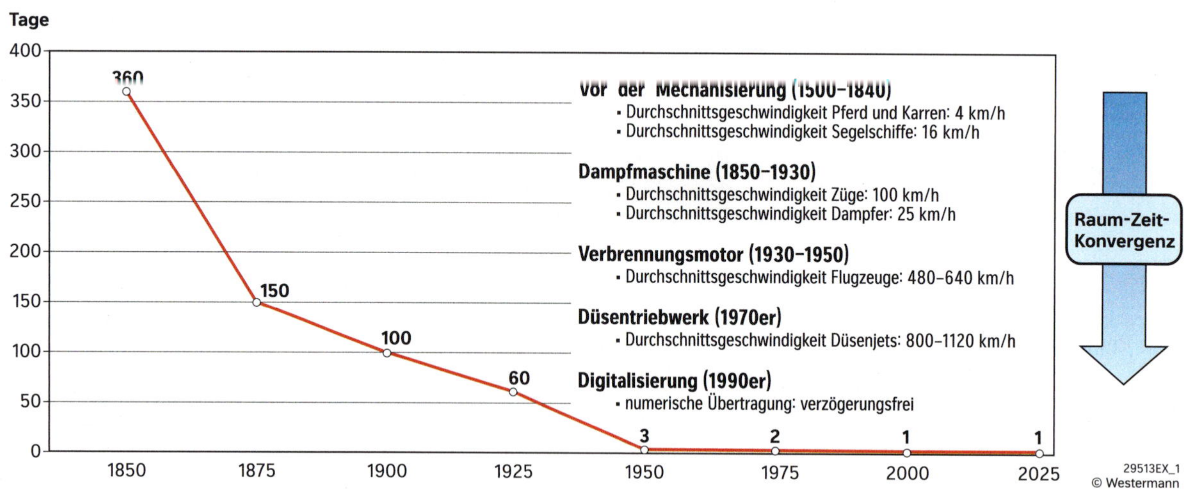

M3 Tage, die benötigt werden, um einmal um die Erde zu reisen

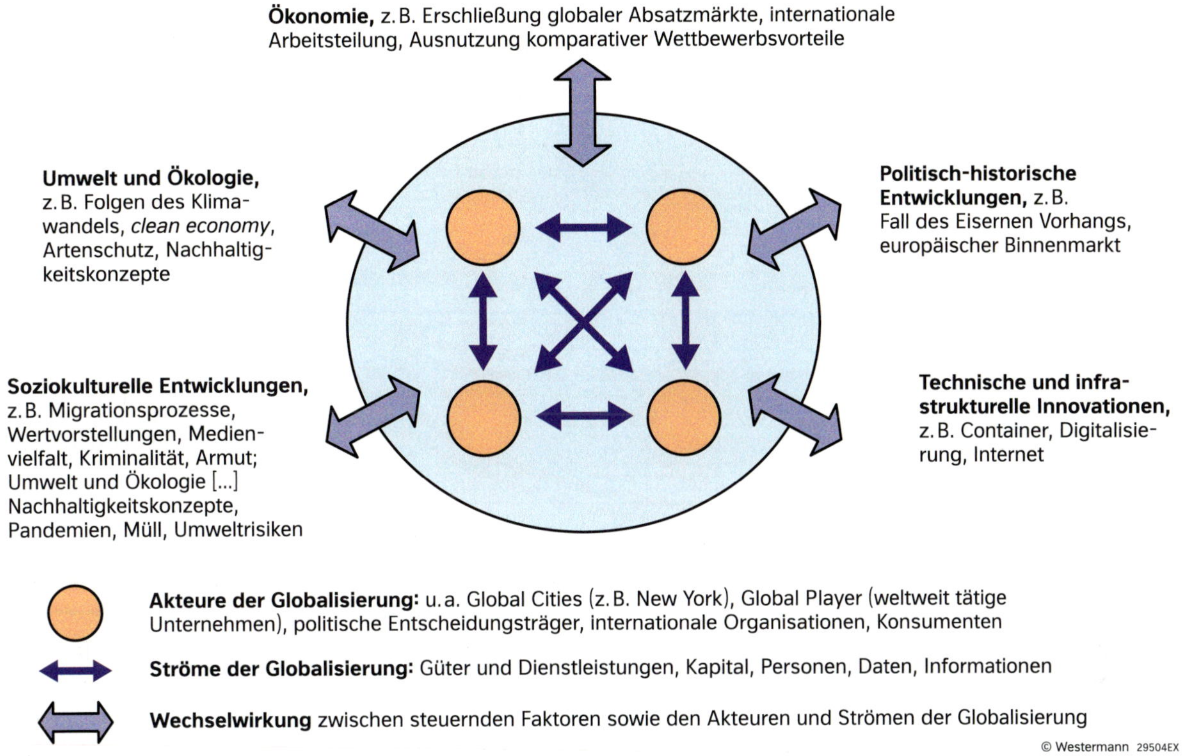

M4 Modell der Globalisierung: steuernde Faktoren, Akteure und Ströme

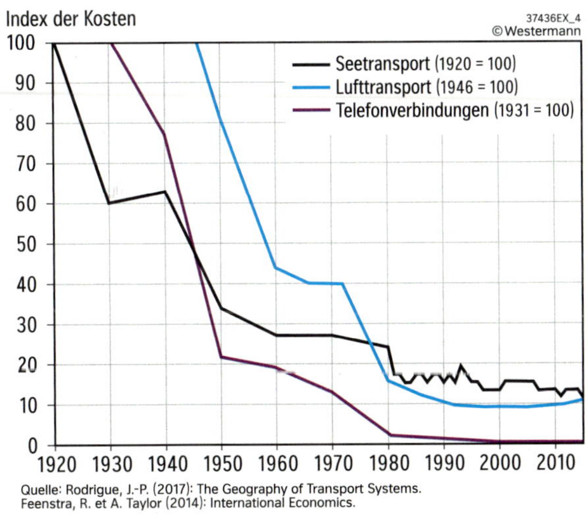

M5 Kostenentwicklung im Transportgewerbe und im Kommunikationswesen (alle anfallenden Kosten; Indexwerte)

GeoKompakt

Der Globalisierungsschub seit den 1990er-Jahren ist gekennzeichnet durch den globalen Austausch von Gütern und Dienstleistungen, Kapital, Personen, Daten und Informationen. Viele steuernde Faktoren und unterschiedlichste Akteure beeinflussen die Globalisierung in einem hochkomplexen Prozess.

1. Stellen Sie in einem Kurzvortrag die historischen Ereignisse von M1 dar (QR-Code) und erklären Sie, was diese mit der Globalisierung zu tun haben (M4).

2. Entwerfen Sie einen Artikel für ein Kinderlexikon zum Thema „Wie die Globalisierung in unserer Gegenwart wichtig wurde" (M2 – M5).

3. Legen Sie anhand der Themen anthropogener Klimawandel, Covid-19-Pandemie oder einem selbstgewählten Beispiel im Modell der Globalisierung (M4) dar, welche Auswirkungen diese im System der Globalisierung auf die Akteure, Ströme sowie die anderen steuernden Faktoren der Globalisierung haben können.

4. Begründen Sie die globalen Datenströme (→ S. 26 Karte 2).

5. Erläutern Sie ökonomische und ökologische Auswirkungen der in M5 dargestellten Kostenentwicklung.

Web-Code: WES-115093-011

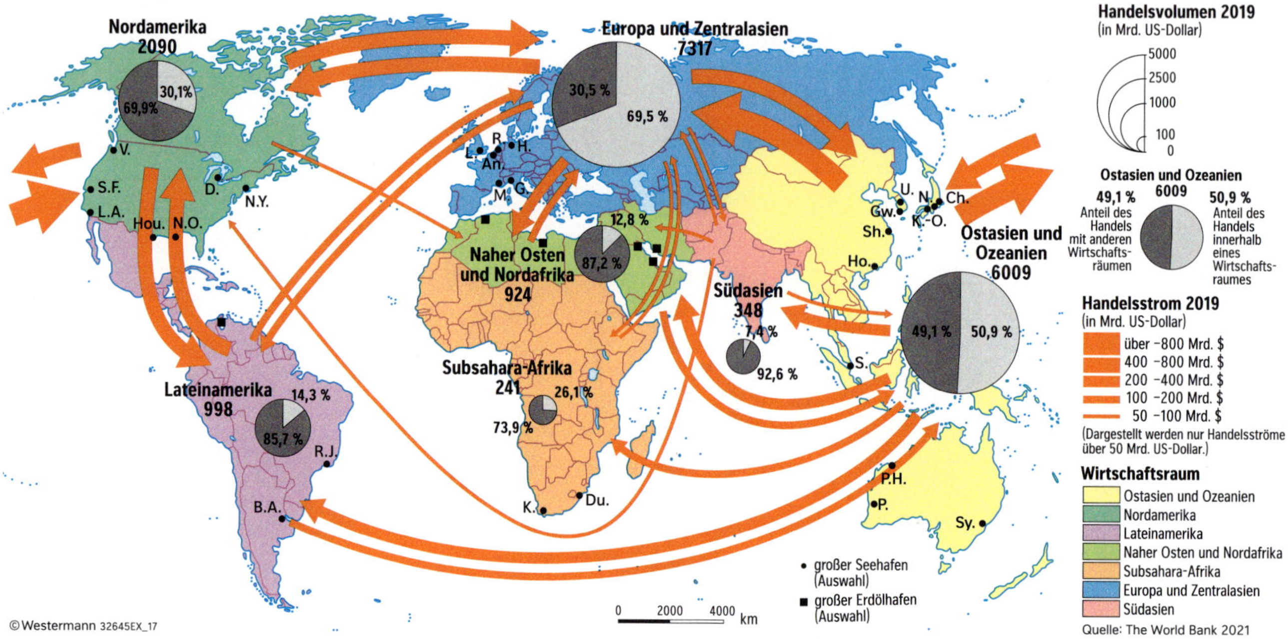

M1 Globale und regionale Handelsströme der großen Weltwirtschaftsregionen

Globalisierung – Triadisierung – Fragmentierung

„Der hochkomplexe Prozess der Globalisierung findet auf vielen unterschiedlichen Maßstabsebenen statt." Erklären Sie diese Aussage.

❶ Begründen Sie, warum man von der Dominanz der Triade innerhalb der Weltwirtschaft spricht (M1 – M3).

❷ „Afrika ist ein Verlierer der Globalisierung". Diskutieren Sie diese Aussage (M1 – M3).

❸ Benennen Sie kritisch in M4 Gewinner, Scheingewinner und Verlierer und begründen Sie Ihre Entscheidungen.

❹ Legen Sie in einem Kurzvortrag dar, weshalb Fred Scholz in seinem Modell (M3) nicht anhand von Staaten, sondern Orten und Regionen differenziert (→ S. 27 Karte 1).

Der Prozess der Globalisierung schafft neue Raumbeziehungen, Raumstrukturen und Hierarchien zwischen Regionen. Die sogenannte **Triade** übt hierbei eine dominierende Stellung innerhalb der Weltwirtschaft aus. Die wirtschaftsstarken Staaten der Triade verfügen u. a. auch über vorteilhafte ***Terms of Trade***, also ein günstiges Import-Export-Austauschverhältnis: Wenn mehr an Warenwert exportiert als importiert wird, ergeben sich Überschüsse in der dann positiven Außenhandelsbilanz. Im umgekehrten Fall ergibt sich eine negative Handelsbilanz mit dem Risiko einer drohenden Staatsverschuldung.
Der Geograph Fred Scholz sieht Globalisierung als sehr differenzierten und ambivalenten Prozess: Im Zeitalter der Globalisierung wird die bis dahin geltende internationale Arbeitsteilung abgelöst von einer fragmentierten globalen Arbeitsteilung, die durch exzessiven Wettbewerb gekennzeichnet und durch Liberalisierung, Deregulierung und Privatisierung begünstigt ist. Steuernde Faktoren dieses umstrukturierenden Prozesses sind daher nicht mehr Großregionen bzw. Nationalstaaten, sondern Global Player und das global agierende Kapital. Es ergeben sich nach Scholz Gewinner, Scheingewinner und Verlierer auf unterschiedlichen räumlichen Maßstabsebenen. Er vertritt zudem die These, dass in Zeiten der Globalisierung nicht nachholend vorgegangen wird, sondern Entwicklungsdefizite verstärkt werden und in neuer Form und Ausdehnung entstehen. Gewinner, Scheingewinner und Verlierer der Globalisierung ergeben sich auch im Sinne einer sozialen **Fragmentierung** bezogen auf die unterschiedlichen Akteure – Unternehmer, Arbeitnehmer oder Konsumenten.

M2 Globalisierung als räumlich und sozial differenzierter Prozess

M3 Globale Fragmentierung nach Fred Scholz

2018 listet ein Wirtschaftsmagazin Jeff Bezos, den Gründer des weltweit größten Onlinehändlers, mit einem geschätzten Vermögen von über 200 Milliarden USD als reichsten Menschen der Welt. Mit dem von ihm gegründeten Bezos Earth Fund unterstützt er Forschungsprojekte und Aktionen im Kampf gegen den anthropogenen Klimawandel. Eine Untersuchung im Jahr 2018 ergab allerdings, dass durch das Konsumverhalten Bezos' (Wohnsituation, Yacht, Privatjet) 2 224 t CO_2 freigesetzt wurden. Damit trug er so viel zur globalen Erwärmung bei wie 331 durchschnittliche Menschen.

Nejat kommt aus Tadschikistan. Sie arbeitet in einem Automobilwerk in Kaluga, 190 km südwestlich von Moskau, je zwölf Stunden an sechs Tagen, oft auch in der Nacht. Nejat ist auf ihren Job in Kaluga angewiesen. Sie finanziert damit die Ausbildung ihrer Kinder. In Kaluga hat sich in den letzten 15 Jahren ein Automobilcluster entwickelt. Steuerliche Vergünstigungen, große Flächen und billige Arbeitskräfte haben ausländische Automobilkonzerne an den eher ländlichen Standort gelockt. Die Unternehmen haben viele Arbeitsplätze geschaffen und die Infrastruktur um Kaluga stark ausgebaut. Aber ein Großteil der Gewinne verbleibt nicht vor Ort.

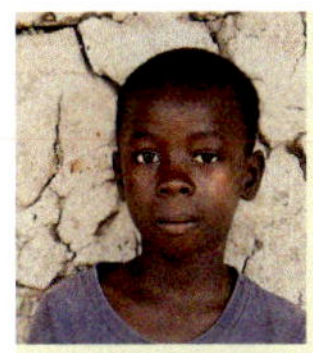

Der 12-jährige Afeni arbeitet für einen Hungerlohn als Minenarbeiter im Bürgerkriegsland Kongo. Er baut mit einfachsten Mitteln unter schwersten Bedingungen das Coltan für Kleinunternehmer ab. Diese verkaufen das Erz zu einem Spottpreis an Mittelsmänner, welche die Weitergabe bis nach Europa und Asien zu den großen Handyherstellern organisieren. Zudem müssen sie einen Teil des Gewinns als Schutzgeld an bewaffnete Banden abgeben. Das aus dem Coltan gewonnene Metall Tantal sorgt in unseren Handys dafür, dass diese immer leistungsfähiger werden.

M4 Gewinner, Scheingewinner oder Verlierer der Globalisierung (2020)?

GeoKompakt

Die Globalisierung als dynamischer Prozess schafft bezogen auf Räume und Akteure Gewinner, Scheingewinner und Verlierer auf unterschiedlichen Maßstabsebenen. Dabei entsteht allerdings kein homogenes Raummuster, sondern letztlich ein fragmentierter Raum, in dem Gewinner und Verlierer eng nebeneinander existieren können.

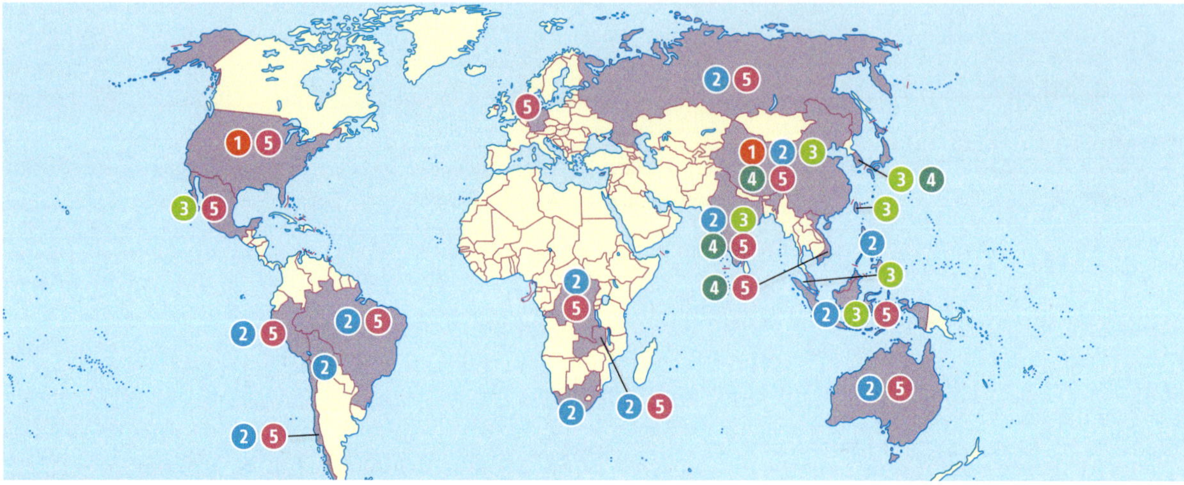

M1 Produktzyklus eines Smartphones (Erklärung der Ziffern in M3)

Das Smartphone – ein globales Produkt

Wenn wir online ein neues Smartphone bestellen, wird es innerhalb weniger Tage geliefert. Seine Einzelkomponenten haben dann schon eine Reise von mehreren Zehntausend Kilometern in globalen Lieferketten hinter sich. Finden Sie heraus, warum man bei einem Smartphone von einem globalen Produkt sprechen kann.

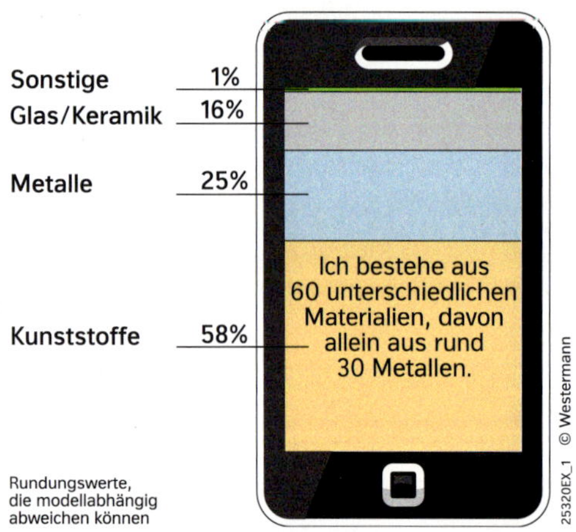

Länderbeispiele

Touchscreen: Iridium aus Peru
Akku: Lithium aus Bolivien, Kobalt aus der D. R. Kongo
SIM-Karte: Gold aus Südafrika
Kondensatoren: Coltan aus der Demokratischen Republik Kongo
Lötstellen: Zinn aus Indonesien
Kontakte: Kupfer aus Sambia, Palladium aus Südafrika
Mikroprozessoren: Seltene Erden aus China, Silizium aus Russland
Schrauben: Eisen aus Australien
Gehäuse: Nickel von den Philippinen
Abschirmung: Aluminium aus Russland

M2 Bestandteile eines Smartphones und Herkunft metallischer Rohstoffe

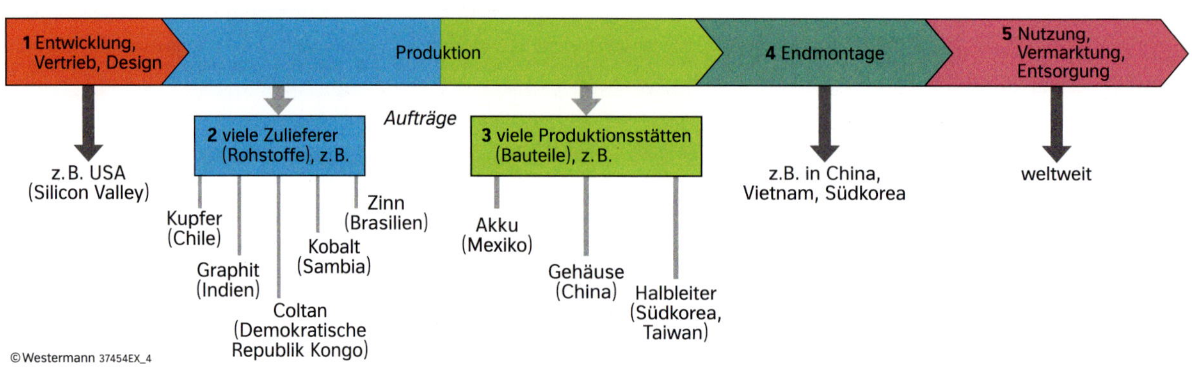

M3 Globale Produktions- und Lieferketten eines Smartphones (2020)

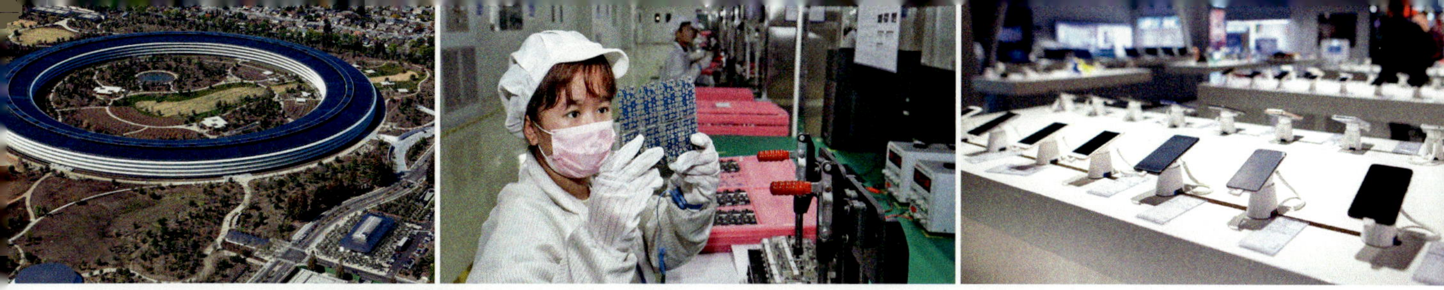

M4 Standorte einer Lieferkette: Firmensitz (USA) – Fertigung (China) – Vertrieb (weltweit)

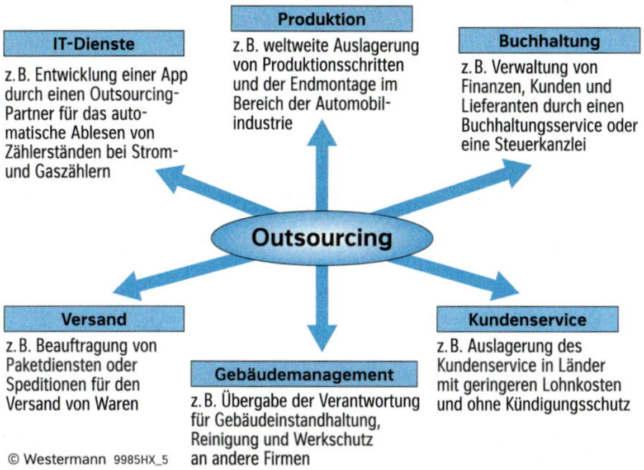

M5 Möglichkeiten des Outsourcing

❶ Stellen Sie die globale Arbeitsteilung bei der Herstellung eines Smartphones vor (M1 – M4).

❷ Arbeiten Sie die Merkmale globaler Produktions- und Lieferketten am Beispiel eines Smartphones (→ S. 26 Karte 1) heraus.

❸ Erklären Sie, warum Outsourcing für globale Unternehmen rentabel ist (M5).

❹ Erläutern Sie die Bedeutung der Containerschifffahrt für die globalen Lieferketten (M5, M6, QR-Code).

Das Rückgrat der globalen Produktions- und Lieferketten ist die Containerschifffahrt, denn der Warentransport erfolgt fast ausschließlich über den Seeweg und die rasante Entwicklung des Welthandels wäre ohne die Einführung von standardisierten Containern nicht möglich gewesen.

Der Hafen von Singapur ist überlastet, weil Logistik und Infrastruktur mit dem enormen Containerumschlag nicht mehr mithalten können. Singapur will die Verzögerungen mithilfe von Innovationen und Digitalisierung lösen. Mit einer besseren Nachverfolgung der Container etwa könnten Lieferketten bei Problemen optimiert werden.

Los Angeles' Hafen Long Beach meldet Rekordzahlen. Nie zuvor wurden so viele Container abgefertigt wie 2020. Schiffe warten lange auf die Löschung ihrer Ladung. Es gibt zudem nicht genugend Lkw, um die Container weiter zu transportieren. Ursache: Die Online-Nachfrage in den USA nach Gütern ist im Lockdown sprunghaft gestiegen.

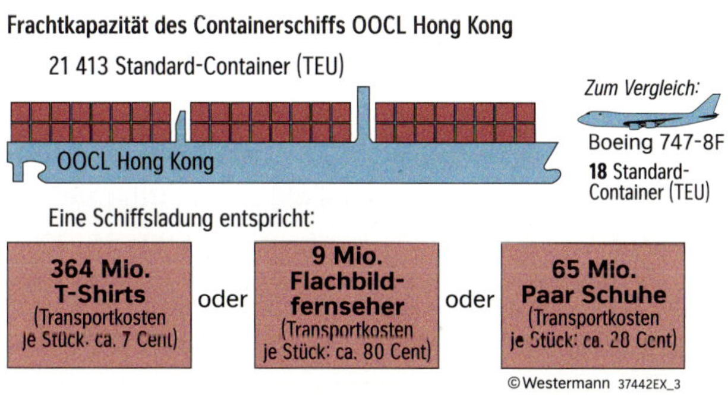

Container sind knapp, weil viele Container nicht schnell genug in den Kreislauf zurückkommen, sondern irgendwo im Hinterland stehen. So explodieren die Transportkosten. Deutsche Unternehmen, aber auch Händler sprechen von „existenziellen Problemen", denn sie bezahlen deutlich mehr für den Transport und warten zudem länger auf die Zulieferung.

Weil die Behörden vor Ort den Hafen Shenzhen-Yantian, viertgrößter Containerhafen der Welt (Containerumschlag 2020: 27 Mio., Hamburg 9 Mio.), coronabedingt schlossen, war ein Abfertigungsstau von zeitweise 130 Containerschiffen die Folge. Wenn es dort stockt, leiden der gesamte Welthandel und seine Lieferketten.

M6 Containerkrise trifft den Welthandel – Auszüge aus Nachrichtenbeiträgen

GeoKompakt

Die globale Vernetzung zeigt sich beispielhaft am Smartphone, an dessen globaler Produktions- und Lieferkettenstruktur viele Akteure in unterschiedlichsten Ländern beteiligt sind. Die Containerschifffahrt ist dabei das Rückgrat und manchmal auch der Flaschenhals der globalen Vernetzung.

Web-Code: WES-115093-015

M1 Coltanabbau in der Demokratischen Republik Kongo

Smartphone und Nachhaltigkeit – geht das?

Weltweit nutzt etwa jeder Zweite ein Smartphone. Dessen durchschnittliche Nutzungsdauer beträgt 18 Monate. Nur wenige dieser Geräte werden derzeit nach Gebrauch ordnungsgemäß recycelt. Finden Sie heraus, inwieweit ein Smartphone ein nachhaltiges Produkt sein kann.

Entlang seiner Wertschöpfungskette füllt sich der ökologische Rucksack eines Smartphones (M6). So werden Energie und Rohstoffe verbraucht und Müll wird produziert. Der Transport verursacht Treibhausgase und die Herstellung eines Mikrochips mehrere Kilogramm Chemieabfall. Zudem findet die Rohstoffgewinnung oft in Ländern mit geringen Umwelt- und Sozialstandards statt. Für den Abbau von Coltan werden z. B. in der D. R. Kongo große Regenwaldflächen abgeholzt und giftige Schwermetalle freigesetzt. Zudem weckt der Marktwert von wertvollen Metallen das Interesse krimineller Banden, was zu bewaffneten Auseinandersetzungen führt. Von den hohen Verkaufserlösen auf dem Weltmarkt sieht die Bevölkerung vor Ort allerdings wenig.

M2 Vor Gebrauch eines Smartphones ...

Smartphones, die veraltet sind bzw. deren Reparatur sich nicht mehr lohnt, werden allzu oft im Müll entsorgt. So werden die Schattenseiten der Digitalisierung und Globalisierung etwa auf Elektroschrotthalden in den „Ländern des globalen Südens“ besonders deutlich. Obwohl Importbestimmungen dies oft verbieten, gelangen monatlich mehrere Hundert Container gefüllt mit Elektroschrott aus Europa und den USA dorthin. Auch Kinder durchsuchen den Müll nach verwertbaren Rohstoffen in den Altgeräten, die sie für wenig Geld an Händler verkaufen. Elektrokabel werden verbrannt, um an den Kupferdraht zu gelangen. Die dabei entstehenden hochgiftigen Dämpfe können jedoch zu massiven Gesundheitsschäden führen (M3).

M4 ... und danach?

M3 Elektroschrotthalde in Accra (Ghana)

Web-Code: WES-115093-C16

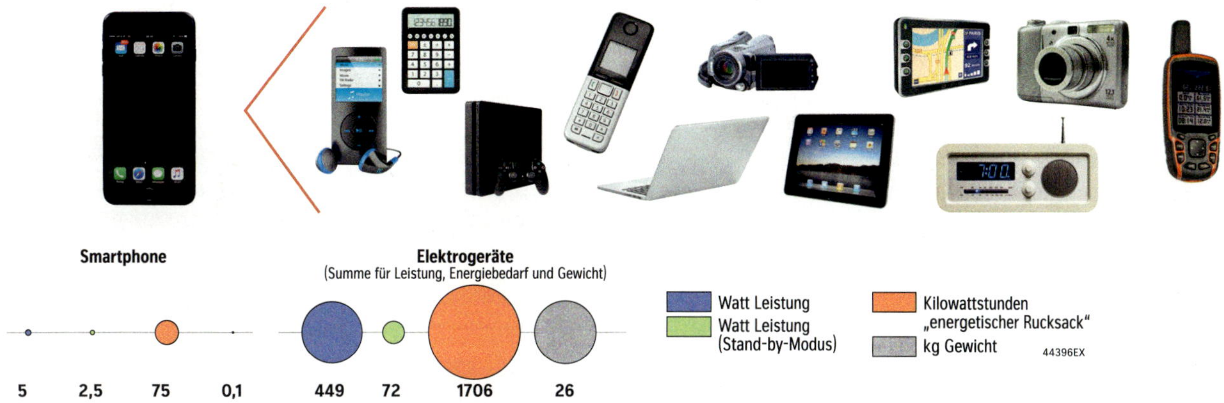

M5 Smartphone im Vergleich zu diversen Elektrogeräten mit entsprechenden Funktionen (aus: UNEP Emissions Gap Report 2019)

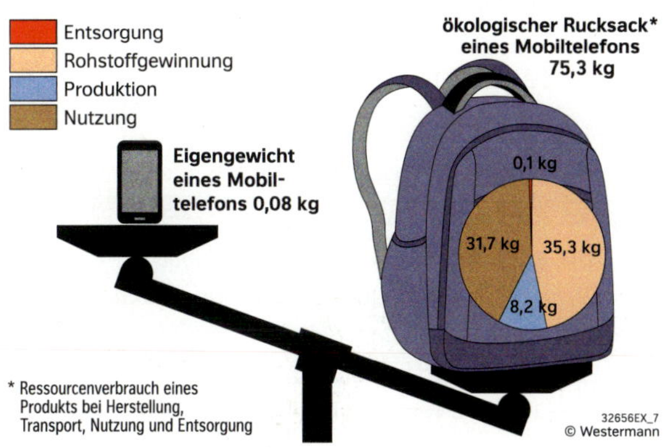

M6 Ökologischer Rucksack eines Smartphones

Ein niederländisches Unternehmen verkauft Smartphones, die unter möglichst fairen Arbeitsbedingungen und umweltfreundlich hinsichtlich Abbau und Nutzung der Rohstoffe, Lebensdauer der Geräte, Austausch von Bauteilen und Recycling hergestellt werden. Auch in Deutschland gibt es einen Anbieter, bei dessen Geräten sich defekte Komponenten austauschen lassen. Zudem bietet der Hersteller mit einem Gerätepfand und Rückkaufprogramm sowie der Wiederverwendung von Bauteilen aus Altgeräten ein umweltfreundliches Recycling an.

M8 Nachhaltige Alternativen

Beim Kauf eines Smartphones stehen die neuesten Funktionen, Technologien und das Design im Vordergrund, selten seine Nachhaltigkeit. Hier einige Tipps zur verantwortungsbewussten und nachhaltigen Nutzung eines Smartphones:

- Ein nachhaltigeres Gerät anschaffen (M8).
- Gebraucht statt neu: Ein Smartphone aus zweiter Hand ist definitiv umweltfreundlicher und günstiger als ein neues Gerät.
- Auf den Akku kommt es an: Beim Kauf eines Handys sollte man darauf achten, dass der Akku auswechselbar ist.
- Schutzhüllen: Sie verlängern die Lebensdauer.
- Universal-Ladegerät verwenden: Dieses können Sie für verschiedene Geräte benutzen.
- Nutzungsdauer des Akkus verlängern: Niemals das Handy ganz entladen, sondern bei 25 bis 80 Prozent ans Ladegerät stöpseln.
- Entsorgung des alten Handys, aber richtig: Das Altgerät aufgrund des Elektrogesetzes (ElektroG3) bei Elektronikhändlern zurückgeben.

M7 Nachhaltige Nutzung von Smartphones

1. Entwerfen Sie einen Fragebogen zur Nachhaltigkeit der Nutzung von Smartphones. Führen Sie damit in Ihrer Lerngruppe eine Umfrage durch. Stellen Sie die Ergebnisse dann mithilfe digitaler Tabellen oder Grafiken dar (M5 – M7, QR-Code).

2. Erläutern Sie den Ressourcenverbrauch im Lebenszyklus eines Smartphones (M1 – M4, → S. 14 M2, → S. 26 Karte 1).

3. Verfassen Sie einen Kurzbericht zum Thema „Das Smartphone – ein nachhaltiges Produkt?" (M1 – M8).

GeoKompakt

Fair, regional und nachhaltig – wenn es um Kleidung oder Lebensmittel geht, sind Produkte, die diesen Standards entsprechen, immer gefragter. Doch das Beispiel Smartphone zeigt, dass das Ziel, Produktion und Konsum nachhaltiger zu gestalten, für viele andere Produkte noch in weiter Ferne liegt.

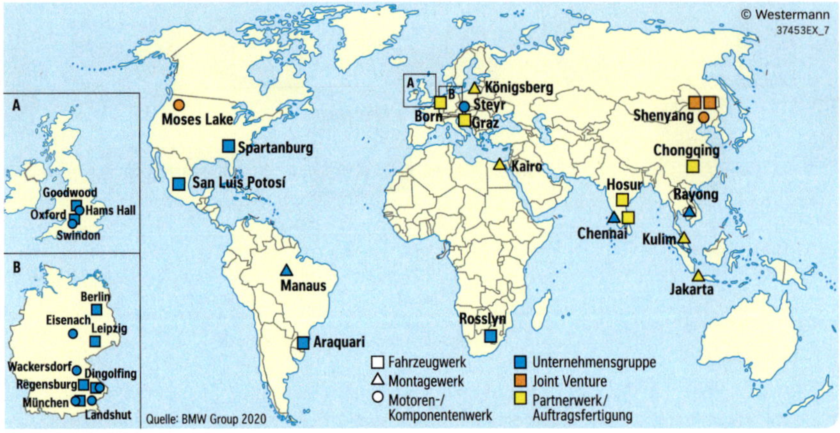

M1 Global Player der Automobilindustrie mit Hauptsitz in München

Für den chinesischen Markt werden spezielle Modelle angeboten, die den dortigen Geschmack treffen (hier: 530e in der Langversion Le).

Unternehmen im Globalisierungsprozess – Global Player und *Hidden Champions*

Deutsche Automobilhersteller kennt man. Doch die im Verborgenen und im Hintergrund agierenden mittelständischen Zulieferbetriebe sind kaum bekannt. Welche Bedeutung haben Global Player und *Hidden Champions* in der globalen Automobilindustrie im 21. Jahrhundert?

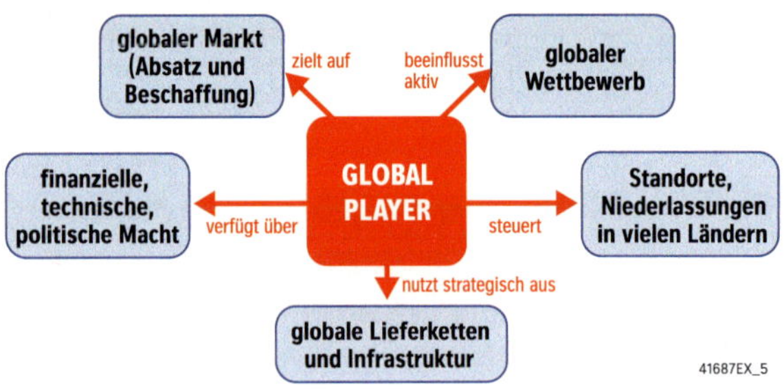

M2 Global Player

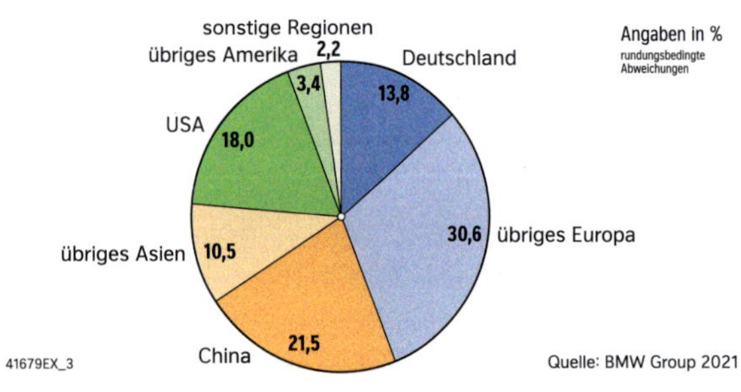

M3 Umsatz eines Münchener Autokonzerns nach Regionen 2020

--Eilmeldung--
Ein fehlendes Bauteil stoppt die Automobilproduktion im wichtigen Werk Leipzig. Der Schaden geht in die Millionenhöhe.

Bisher wollten viele Unternehmen dem **Just-in-time-Prinzip** folgend ihre Teile für die Produktion erst geliefert bekommen, wenn sie auch gebraucht wurden. Während der Covid-19-Pandemie zeigte sich, dass dies sehr riskant ist, weil es die Versorgungssicherheit stark einschränkt. Lieferschwierigkeiten, z. B. in China wegen der Einschränkungen während einer Pandemie, können in Deutschland zu Produktionsstillständen führen. Das hat 2021 die deutsche Automobilindustrie viel Geld gekostet. „Wir erleben gerade in vielen Branchen die Abkehr von Just-in-time, denn wir haben heute weltweite Lieferketten und damit eine weltweite Abhängigkeit. Jetzt sehen wir, was passiert, wenn die Kette unterbrochen ist und wir keine Lagerhaltung haben.“, sagt ein Logistikberater. Er vermutet, dass Unternehmen künftig stärker auf eigene Lager setzen werden. Manche sagen voraus, dass die kompletten Lieferketten nationaler, gar regionaler werden. Man wird also die heimische Produktion erhöhen und dafür die entsprechenden Lagerkapazitäten vergrößern. Dies kostet Geld, denn in Deutschland sind die Grundstückspreise und Löhne teurer als in den derzeitigen Lieferländern.

M4 Just-in-time im Wandel?

„In Zukunft will ein deutscher Automobilhersteller auch Geländewagen und Elektroautos nicht nur in Spartanburg (South Carolina), sondern auch in der Volksrepublik produzieren, wo 67000 Autos verkauft wurden – jeder dritte weltweit. Baut der Konzern dort Fahrzeuge, dann kann er der hohen Nachfrage in China direkt nachkommen, Modelle genauer an chinesische Käuferbedürfnisse anpassen und spart sich die durch den Transport und etwaige Zollschranken zwischen den USA und China anfallenden Kosten.“ Quelle: BMW bringt mehr Produktion nach China. © AWP 2021, München, 13.12.2021; verändert

Hidden Champions agieren wie die großen Global Player auf dem Weltmarkt, aber eher versteckt als meist mittelständische Unternehmen. Sie halten in ihrer Branche weltweit eine Spitzenposition und arbeiten an Nischenprodukten – hoch spezialisiert, innovativ, effizient und häufig in seit Generationen geführten Familienbetrieben.
Meist sind sie in regionalen Clustern eingebunden, beliefern aber globale Produktionsnetzwerke. Der Weltmarkführer-Index listet momentan 1600 solche Unternehmen für Deutschland auf.

M5 ***Hidden Champions***

familiengeführtes Unternehmen
Hauptsitz Drolshagen (NRW)

Gründung: 1971
Beschäftigte: 2000
Umsatz: 183 Mio. Euro

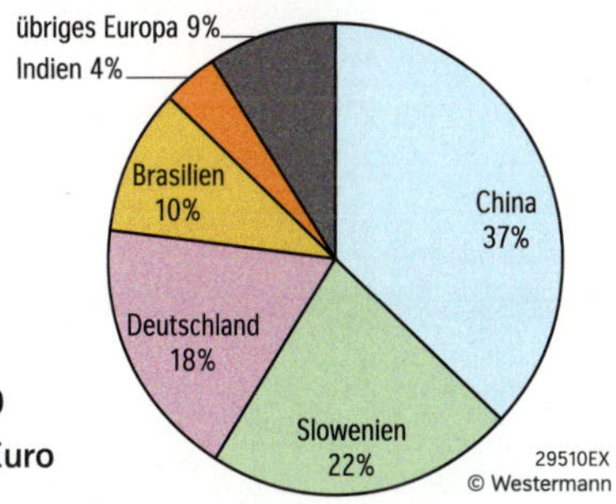

M6 Firmenporträt eines mittelständischen Automobilzulieferers; Kreisdiagramm: Beschäftigte weltweit

Das Bergische Städtedreieck (Solingen, Wuppertal, Remscheid) ist mit rund 250 Unternehmen entlang der Wertschöpfungskette der Autoindustrie ein guter Ausgangspunkt für ein landesweites Cluster. Etwa 30 Prozent der 800 Autozulieferer in Nordrhein-Westfalen haben ihren Firmensitz in der Region.
In Solingen wurde 2016 der Grundstein für das Automotive-Cluster in NRW gelegt: Zwölf Unternehmen, zwei Forschungseinrichtungen und die Bergische IHK gründeten den Trägerverein, der den Aufbau einer Clusterorganisation vorantreiben und strategische Entwicklungsziele für die Automobilbranche definieren soll. Ziel ist es, Unternehmen im globalen Wettbewerb besser zu unterstützen.

M7 Automotive-Cluster in Nordrhein-Westfalen

Was macht Ihre Firma zum Weltmarktführer?

„Wir sind Automobilzulieferer und sind auf die Produktion von Drahtwiderständen für Klimaanlagen spezialisiert. Diese werden für jeden Kunden speziell gefertigt. Wir produzieren global in acht Ländern, vor allem in Deutschland, Slowenien, China und Brasilien. Im automotiven Bereich sind wir mit unseren Produkten für fast alle Kunden Hauptlieferant. Alle bekannten Pkw weltweit fahren mit unseren Widerständen. Das schafft man nur dann, wenn man extrem professionell ist".

Halten Sie die Globalisierung für einen Vorteil?

„Überwiegend ja! Sie ist notwendig, damit wir bestehen können! Der nationale Markt ist für uns zu klein. Teilweise wird enormer Druck auf uns ausgeübt. Pünktliche Lieferung, Flexibilität und Spitzenqualität werden verlangt. Und gleichzeitig sind auch wir auf unsere Zulieferer angewiesen. Diese Einbindung in globale Netzwerke schafft aber wie gesagt mehr Vor- als Nachteile".

M8 Interview mit einer Gesellschafterin und Marketingleiterin eines Weltmarktführers

1. Erstellen Sie eine Präsentation über einen deutschen Automobilhersteller und dessen globale Verflechtungen (Internet, M1).

2. Erläutern Sie die Abhängigkeiten eines mittelständischen Unternehmens als Zulieferer für Global Player (M2, M6, M8).

3. Erstellen Sie einen Fragebogen für eine Betriebserkundung eines *Hidden Champions* in Ihrer Region (M5).

4. Stellen sie dar, inwieweit regionale Cluster den *Hidden Champions* behilflich sein können, auf dem globalen Markt zu bestehen (M5 – M8).

GeoKompakt

Global Player, global agierende und die Globalisierung aktiv gestaltende große Unternehmen, sind wichtige Akteure und hochgradig vernetzt. Gerade Deutschland ist für seine ebenso global integrierten kleinen und mittleren Unternehmen weltbekannt. Die Verzahnung von der lokalen bis zur globalen Ebene bringt diesen viele Vorteile, kann aber auch zu problematischen Abhängigkeiten führen.

M1 Auswirkungen unseres Konsums?

Arbeitnehmerinnen und Arbeitnehmer im Globalisierungsprozess

Weltweit nachgefragte Produkte wie die Jeans werden von Global Playern in weltweiter Arbeitsteilung gefertigt. Wie steht es aber um die Produktionsbedingungen und die Arbeitnehmer entlang der Wertschöpfungskette?

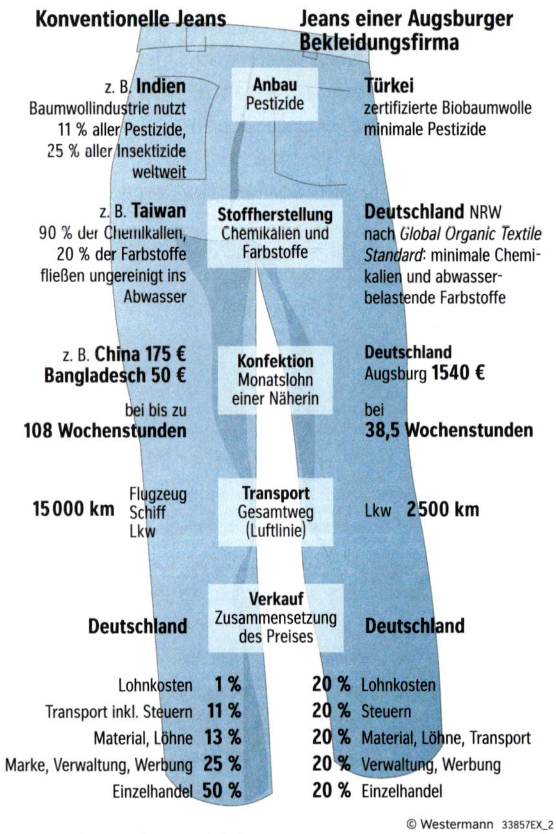

M2 Jeanshosen im Vergleich

❶ Charakterisieren Sie die Jeans als global gefertigtes und nachgefragtes Produkt (M2, Atlas).

❷ Recherchieren Sie die Arbeitsbedingungen in der Textilindustrie in Bangladesch (M3, M5, Internet).

Bangladesch schafft es immer wieder mit traurigen Meldungen in die Schlagzeilen. Warum?
„Ende April 2013 stürzte ein baufälliges Fabrikgebäude in Savar ein und forderte 1127 Menschenleben und über 2000 Verletzte."

Warum kommt es zu solchen Unglücken?
„Solange in anderen Ländern der Slogan ‚Geiz ist geil' gilt, werden sich solche Vorfälle immer wieder ereignen. Denn die Regierungen und lokalen Unternehmer schauen primär auf Wachstum und nutzen die Kostenvorteile bei geringen Investitionen und niedrigen Löhnen. Leider werden dabei die Millionen Arbeitnehmerinnen und Arbeitnehmer vergessen, die für den weltweiten Konsum produzieren."
2013 wurden Mindeststandards für Brandschutz und Gebäudesicherheit vereinbart. Welche Folgen hatte dies?
„Die Arbeitsbedingungen wurden daraufhin verbessert, aber durch diese Maßnahmen erhöhten sich auch die Produktionskosten. Dies führte zu gewaltigen weltweiten Auftragsstornierungen in Höhe von 2,8 Mrd. Euro. Allerdings ist Bangladesch extrem abhängig von der Textilindustrie, die 80 % des Gesamtexports des Landes ausmacht."
Wie viele Menschen sind genau betroffen?
„Etwa vier Millionen Menschen arbeiten in der Textilindustrie, die meisten sind Näherinnen. Seit 2020 mussten 179 Textilfabriken in Bangladesch schließen. Vielen weiteren droht die Pleite."

M3 Interview mit einem Vertreter der *International Labour Organization (ILO)*

M4 Online-Versand – am Ende der weltweiten Lieferkette

Die Globalisierung sucht entlang der Lieferketten Standorte mit niedrigen Produktionskosten, beispielsweise bei Monatslöhnen. Von Ländern wie der Türkei (340 USD) und China (326 USD) zog die „Produktionskarawane“ weiter nach Indonesien (280 USD), Vietnam (180 USD), dann Bangladesch (95 USD) und Äthiopien (26 USD). Ursache hierfür ist die Spezialisierung auf Kostenvorteile bei der Produktion arbeitsintensiver Waren. Niedriglohnländer bieten für Global Player beste Standortvoraussetzungen. Solche Niedriglöhne reichen nicht zur Existenzsicherung der Beschäftigten trotz überlanger Arbeitszeiten. Die Arbeitsbedingungen und Wohnverhältnisse sind oft unzumutbar und teilweise gesundheitsgefährdend. Kinderarbeit ist an der Tagesordnung. Darüber hinaus ist der Produktionsfaktor Arbeitskosten für die weltweite Migration von Arbeitskräften verantwortlich: z.B. die Beschäftigung philippinischer Seeleute auf europäischen Containerschiffen, indischer Bauarbeiter in Katar, osteuropäischer Fleischer in Deutschland, polnischer Pflegekräfte in London. Auch, wenn die Arbeitsmigrantinnen und Arbeitsmigranten nur kleine Summen in ihre Heimatländer überweisen, machen diese Geldtransfers etwa in Tadschikistan oder Nepal 25 Prozent, in Haiti sogar fast 40 Prozent des BIP aus.

M5 Standortfaktor Niedriglohn

GeoKompakt

Arbeitnehmerinnen und Arbeitnehmer profitieren entlang der Wertschöpfungskette global hergestellter Produkte unterschiedlich stark. In den Niedriglohnländern schaffen Global Player zwar viele Arbeitsplätze, aber unter zum Teil unzumutbaren Arbeitsbedingungen und auf niedrigem Lohnniveau. Und auch in den Hochlohnländern, wie z. B. Deutschland und den USA, wirken sich diese globalen Lieferketten in unterschiedlicher Weise auf die Arbeits- und Einkommensverhältnisse der Beschäftigten aus.

Der weltweit größte Online-Versandhändler wurde erst 1994 in den USA gegründet. Der Jahresumsatz des Unternehmens betrug fast 400 Mrd. USD. In Deutschland, mit Sitz in München, betreibt das Unternehmen eigene Forschungszentren, zentrale Logistikstandorte, in denen das gesamte Warensortiment verfügbar ist. Von dort gelangen die verpackten Waren dann in die regionalen Sortier- und Paketverteilzentren.

Verteilzentrum Essen
- 2020 Eröffnung
- Versand von 50000 Paketen pro Tag
- 180 Beschäftigte im Schichtbetrieb rund um die Uhr
- 150 eigene Elektro-Transporter
- 336 Ladestationen auch für Zulieferer
- 11 assoziierte regionale Lieferdienstleister mit über 400 Fahrern

M6 Online-Versandhändler – Daten und Fakten

3 Vergleichen Sie die Produktionsweise und die Wertschöpfung einer konventionellen Jeansherstellung mit jener des Augsburger Textilunternehmens im Hinblick auf Nachhaltigkeit (M1, M2).

4 Recherchieren Sie arbeitsteilig weitere Bekleidungsfirmen, die ihre Lieferketten transparent machen (Internet) und stellen Sie diese in einer geeigneten Weise vor.

5 Sammeln Sie für ein Rollenspiel Argumente für und gegen die Errichtung von Logistikzentren im ländlichen Raum (M4, M6, Internet).

6 „Geiz ist geil – ein globales Dilemma“. Verfassen Sie einen persönlichen Kommentar zu diesem Slogan für Ihre Schülerzeitung.

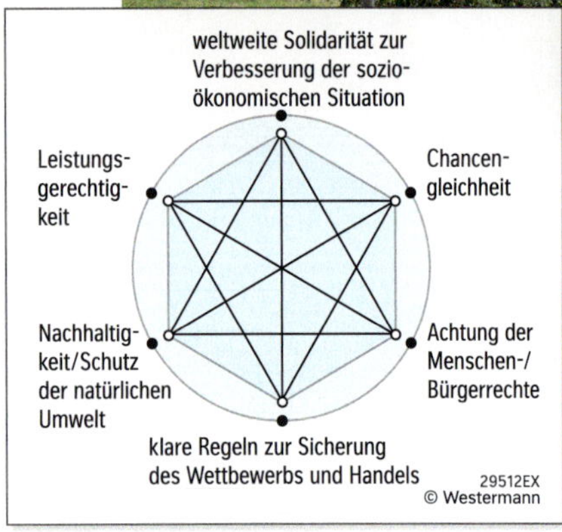

M1 Aspekte einer faireren Globalisierung (Hexagon der Gerechtigkeit)

Globalisierung und Fairness – zwei (un)vereinbare Prozesse?

Zunehmend äußern Menschen weltweit ihren Unmut über die Auswirkungen der Globalisierung. Kann die Globalisierung so gestaltet werden, dass negative Effekte minimiert werden?

Das Phänomen des **Extraktivismus** beeinträchtigt die Entwicklungschancen rohstofffördernder Länder. Meist werden die Rohstoffe durch nordamerikanische, europäische und chinesische Großunternehmen abgebaut, weiterverarbeitet und auf dem Weltmarkt gehandelt. Die dabei erzielten Gewinne werden größtenteils ins Ausland transferiert.
Den Ursprungsländern bleiben häufig nur geringe Erträge. Die ökologischen und sozialen Kosten vor Ort müssen oft von lokalen Bevölkerungsgruppen in den Produktionsgebieten getragen werden.
Darüber hinaus verstärkt die zunehmende Staatsverschuldung infolge der ständigen Außenhandelsdefizite die Abhängigkeit der Länder des Globalen Südens von internationalen Finanzmärkten. Eine eigenständige wirtschaftliche und gesellschaftliche Entwicklung wird dadurch meist verhindert.

M2 Globalisierungsproblem Rohstoffhandel?

„Wegen der Milchüberproduktion und des Einbruchs der Milchpreise nach dem Ende der Milchquote 2015 gefährden Milchpulverimporte aus Europa die wirtschaftliche Existenz afrikanischer Milchbauern. Denn die mit Pflanzenfetten angereicherte EU-Trockenmilch ist wesentlich billiger als die in Afrika produzierte Frischmilch."
(NGO-Mitarbeiterin)

„2015 wurden gerade einmal 3,0 % der deutschen Agrarprodukte, darunter Milchpulver, nach Afrika ausgeführt. Die Einbindung von afrikanischen Ländern in den internationalen Agrarhandel kann deren Entwicklung nämlich auch beschleunigen. Wir meinen, dass deutsche Agrarprodukte deshalb kaum die heimische Produktion in afrikanischen Ländern gefährden können."
(Pressesprecher einer Handelsgesellschaft)

M3 Globalisierungsproblem Milchpulver?

1. Erläutern Sie ausgehend von M1 und M6, wie Globalisierung fairer gestaltet werden kann.
2. Nehmen Sie kritisch Stellung zu den in M2 und M3 dargelegten Globalisierungsproblemen.
3. Verfassen Sie einen Kurzvortrag zu den Absichten des deutschen Lieferkettengesetzes (M4).
4. Erklären Sie, inwiefern hiesige Essgewohnheiten afrikanische Hühnerzüchter in Not bringen können (M5).

Immer wieder kommt es im globalisierten Handel durch Unternehmen entlang der Liefer- und Wertschöpfungsketten zu Menschenrechtsverletzungen und Umweltschädigungen. Das 2023 in Kraft tretende Lieferkettengesetz soll den rechtlichen Rahmen schaffen, um den Umweltschutz und die Arbeitsbedingungen zu verbessern und die Einhaltung grundlegender Rechte, so z. B. durch das Verbot von Zwangs- oder Kinderarbeit, zu sichern. Unternehmen, die im Ausland Dienstleistungen, Zwischen- oder Fertigerzeugnisse beschaffen, müssen eine Grundsatzerklärung zur Achtung der Menschenrechte verabschieden, Produktions- und Arbeitsbedingungen überprüfen und eventuelle Verstöße zurückverfolgen und abstellen. Ein Unternehmen verpflichtet sich nicht nur, den eigenen Geschäftsbereich zu überwachen, sondern auch die jedes einzelnen Lieferanten und Vorlieferanten weltweit in allen Phasen der Lieferkette. Das neue Lieferkettengesetz betrifft Unternehmen mit einer Belegschaft ab 3000, ab 2024 ab 1000 Beschäftigte. Die Zielsetzungen des Gesetzes machen Hoffnung. Kritiker befürchten aber, dass es schwierig werden wird, die Wertschöpfungs- und Lieferketten zu überwachen und Sanktionen bei Verstößen zu verhängen.

M4 Das deutsche Lieferkettengesetz (2023)

M5 Das „Globale Huhn" – afrikanische Hühnerzüchter in Not

Gütesiegel/Kennzeichen	Wohnen	Nahrung	Textilien	Mobilität
GOTS Standard für sozial und ökologisch verträgliche Textilien			■	
GEPA Der größte europäische Importeur fair gehandelter Lebensmittel und Handwerksprodukte	■	■		
VCD Auto-Umweltliste Umweltverträglichkeit von 300 untersuchten Fahrzeugen und das Umweltengagement der Hersteller				■

17736EX_7
© Westermann

M6 Auswahl an Gütesiegeln für fairen Konsum

Fünf Kriterien für Fairtrade-Schulen

- Koordinationsteam gründen
- Verkauf und Verzehr einer Mindestmenge fair gehandelter Produkte
- Verankerung des Themas „fairer Handel" im Unterricht in mindestens zwei Fächern
- regelmäßige Fairtrade-Schulaktionen
- Zertifizierung nach Erfüllung aller Kriterien und deren Überprüfung

M7 Fairtrade-Schulaktion

GeoKompakt

Neben Lieferkettengesetzen und Subventionen spielen natürlich die Konsumenten eine wichtige Rolle, wenn es um faireren Welthandel geht. Was und wie konsumiert wird, hat Auswirkungen auf globale Warenströme und Arbeitsbedingungen.

Web-Code: WES-115093-023

Kompetenzcheck Globalisierung vor der Haustür – eine Erkundung vor Ort

In unserem Alltag bestimmt die Globalisierung Teile unseres Lebens, unseres Konsums und unserer Arbeitswelt. Globalisierung läuft oft unbewusst ab – in unserer Heimatstadt, am Schulort oder zu Hause. Erstellen Sie einen Podcast mit mehreren Episoden, in dem Sie die Globalisierung sichtbar machen.

INFO

Unter **Podcast** (Pod: *playable on demand*, *cast: broadcast*) versteht man eine Serie von meist abonnierbaren Audio- und Videobeiträgen, die über das Internet zu beziehen sind. Neben der Verwendung fertiger Podcasts ist gerade das Erstellen durch Schülerinnen und Schüler spannend.

GeoMethode

Schritt für Schritt eine Podcast-Episode erstellen

Vorproduktion

- Recherche zum Thema in der Literatur und im Internet
- Entscheidung zur Umsetzung des Themas – reiner Sprechertext, eine Talkshow, Experteninterviews, eine Umfrage auf der Straße, eine spannende Geschichte oder eine Kombination all dieser Möglichkeiten
- Ablaufplanung: Einleitung (Intro) – Hauptteil (eigentlicher Inhalt) – Schluss (Outro) sowie einzelne Szenen, Abschnitte und Elemente
- Manuskript für Sprecher schreiben

Produktion

- Aufnahme über Smartphones oder Tablets, falls vorhanden über externe Mikros oder Interfaces
- Aufnahmequalität durch Testaufnahmen sicherstellen

Postproduktion

- Aufmerksamkeit zu Beginn des Podcasts über einen „Ohröffner" erzeugen (z. B. O-Ton-Aussage, typisches Geräusch, schockierende Fakten, interessante Fragestellungen, Klischees oder Vorurteile)
- Herausschneiden von Fehlern und Füllwörtern (Ähms, Öhms etc.)
- Kürzen des Beitrags auf die wesentlichen und interessanten Passagen
- Ausgestalten des Beitrags mit Soundeffekten, Hintergrundmusik und Jingles

Mögliche Kontrollfragen

Wird der angestrebte Inhalt vollständig abgebildet? Wurden verschiedene Elemente eingebaut (z. B. O-Töne, Interviews, reiner Sprechertext, Geräusche/Klänge)? Sind die Formulierungen der Sprecher verständlich und grammatikalisch korrekt? Sind die Texte in angemessener Lautstärke aufgenommen? Wurden die Urheberrechte eingehalten?

Tipp: Viele Smartphones und Tablets verfügen schon über vorinstallierte Software zur Podcast-Erstellung. Ansonsten gibt es viele, sehr hilfreiche kostenfreie Apps.

1 Erstellen Sie in Gruppen Podcast-Episoden zu einem der vorgeschlagenen Themen (M1 – M4) oder einem selbstgewählten Thema.

2 Organisieren Sie in Ihrer Klasse, Stufe, oder Schule einen möglichen Veranstaltungsrahmen, in dem Sie Ihren Podcast präsentieren können.

Im Alltag verwenden wir Gegenstände, die meist global gefertigte Produkte sind, beispielsweise Nahrungsmittel, Kleidung, Elektronikgeräte sowie Spiel- und Haushaltswaren. Folgende Leitfragen können bei der Recherche und Erarbeitung dieses Themas hilfreich sein:
Welche Global Player stellen die Produkte her? Können Produktions- und Lieferketten nachverfolgt werden? In welchem Land fand der letzte Produktionsschritt statt (Made in ...)? Wurde das Produkt fair und nachhaltig produziert? Wie und wo werden die Produkte entsorgt? Sind das Produkt und seine Materialien wiederverwertbar oder umweltfreundlich entsorgbar?

M1 Vorschlag Episode 1: Globalisierung bei uns zu Hause

Auch unsere Kultur wird zunehmend durch globale Medien und Marken beeinflusst, sei es die Musik, die wir hören, oder die Serien, die wir etwa über Streaming-Dienste herunterladen. Folgende Leitfragen können bei der Recherche und Erarbeitung dieses Themas hilfreich sein:
Aus welchen Ländern kommen die im Freundeskreis beliebten Musikinterpreten sowie Darstellerinnen und Darsteller? Wo und von welchen globalen Unternehmen werden diese Lieder bzw. Filme produziert? Wie werden sie vermarktet? Über welche Plattformen hören Sie Musik oder schauen Sie Filme? Wie beeinflusst die Globalisierung von Musik und Film unsere regionale Kultur?

M2 Vorschlag Episode 2: Globalisierung der Alltagskultur – Musik und Film

Der rezente Klimawandel kennt keine Ländergrenzen. Treibhausgase und Schadstoffemissionen werden weltweit freigesetzt und haben überall lokale Auswirkungen. Seine Folgen kann man bereits jetzt in unserem Heimatraum beobachten. Folgende Leitfragen können bei der Recherche und Erarbeitung dieses Themas hilfreich sein:
Wie haben sich die lokalen Temperaturen und Niederschläge verändert? Woran kann man die Folgen des anthropogenen Klimawandels noch erkennen? Welche klimatischen Extremereignisse kann man vor Ort beobachten? Haben sich deren Ausmaß und Häufigkeit verändert? Wie beeinflusst dieser mein Freizeitverhalten? Welchen Beitrag kann ich zum Klimaschutz leisten?

M3 Vorschlag Episode 3: Globalisierung und rezenter Klimawandel vor Ort

Oft haben Global Player oder *Hidden Champions* eine Niederlassung in unserer Nähe. Daher besteht die Möglichkeit, zu solchen Unternehmen vor Ort zu recherchieren und ggf. eine Betriebserkundung durchzuführen. Folgende Leitfragen können bei der Recherche und Erarbeitung dieses Themas hilfreich sein:
Welche Standortfaktoren waren für das Unternehmen ausschlaggebend? Welche globalen Produkte werden hergestellt oder verkauft? Welche Zulieferbeziehungen bestehen lokal bzw. überregional oder global? Ist das Unternehmen in ein größeres Cluster integriert? Welche Bedeutung hat das Unternehmen für die Stadt und die Region? Welche Herausforderungen ergeben sich für das Unternehmen durch die Globalisierung?

M4 Vorschlag Episode 4: Globale Wirtschaft – Unternehmen in unserer Region

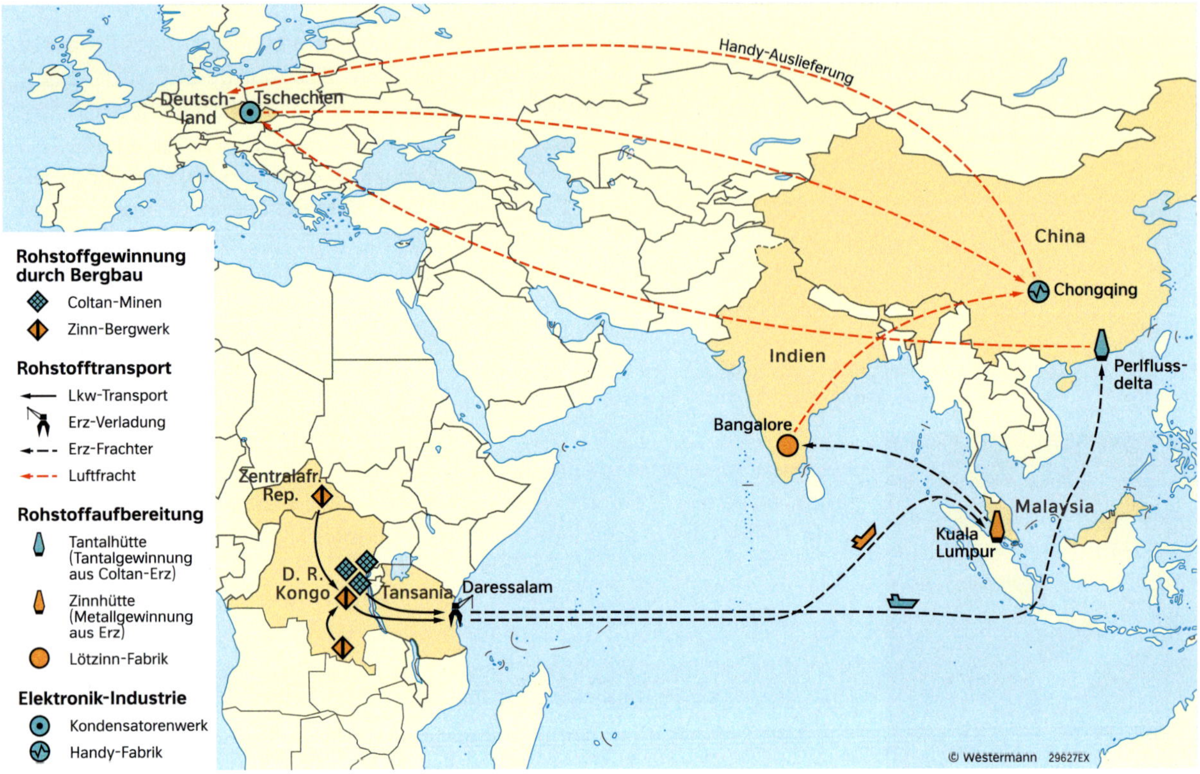

Karte 1 Liefer- und Produktionskette – Rohstoffe aus der Demokratischen Republik Kongo für die Handy-Herstellung

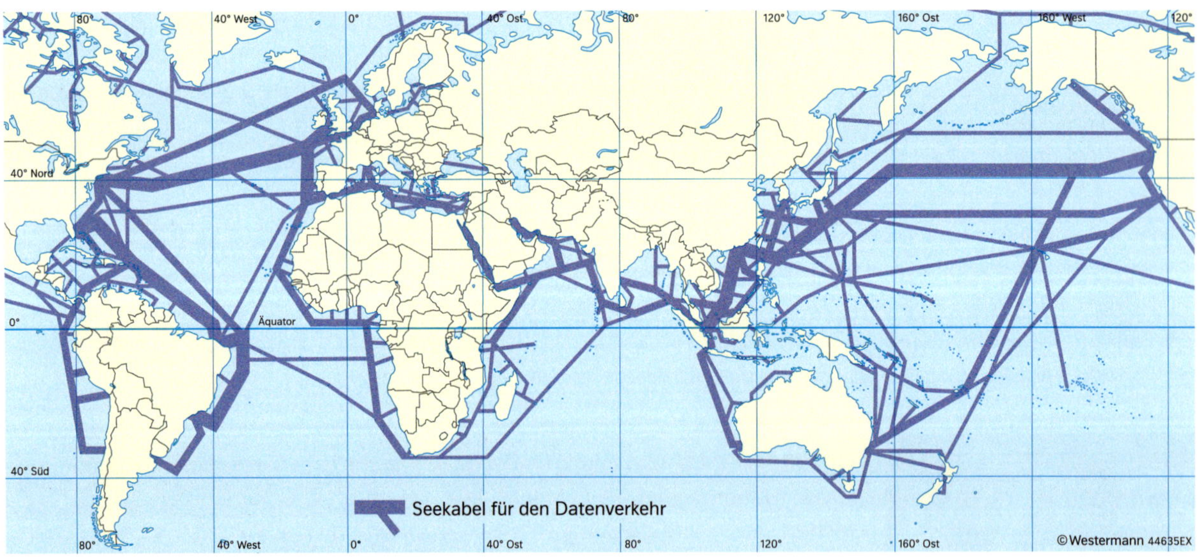

Karte 2 Globale Vernetzung des Datenverkehrs über Internet und Handys inklusive Streaming-Diensten mittels Seekabel – dargestellt ab einem Volumen von 2,5 Milliarden Minuten Telekommunikation (dünne Linien bilden dabei die Untergrenze).

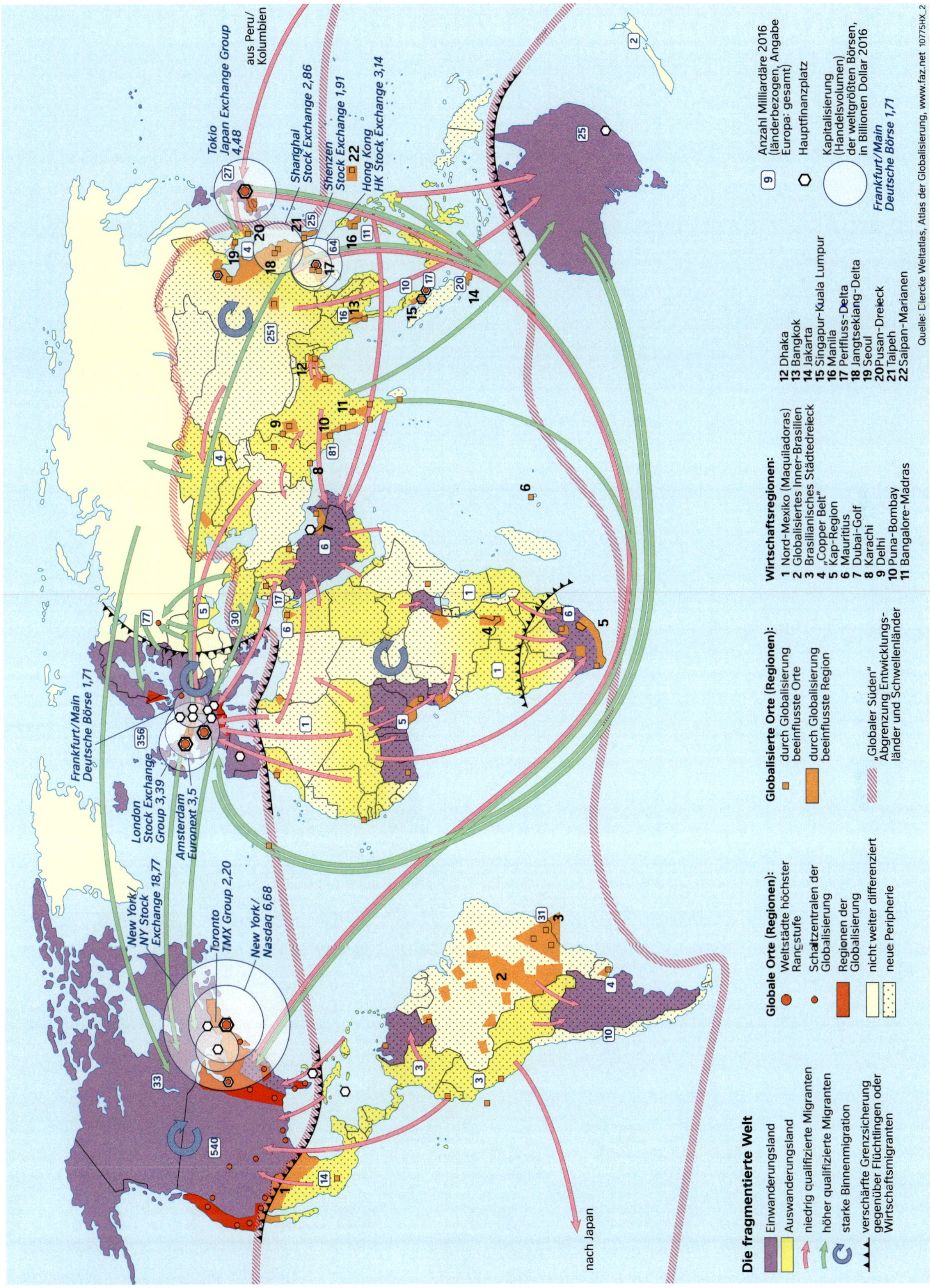

Karte 1 Die fragmentierte Welt

Die USA im Spannungsfeld globaler Einflüsse

Statue of Liberty and the Skyline of Manhattan with the One World Trade Center

In diesem Kapitel erfahren Sie, ...

... welche Bedeutung die Lage und die naturräumlichen Gunst- und Ungunstfaktoren für die USA haben,

... welche aktuellen Entwicklungen die Landwirtschaft, die Industrie und den Dienstleistungssektor der USA beeinflussen,

... welche sozialen, ökonomischen und ökologischen Folgen Globalisierungsprozesse in der US-amerikanischen Wirtschaft verursachen,

... wie räumliche Mobilität, Segregation und Migration die Städte und Regionen der USA prägen.

USA – Fakten, Naturwunder, Pionierleistungen

Der Song „*This Land Is Your Land*“, der oftmals als „Hymne des anderen Amerikas“ bezeichnet und zu nationalen Anlässen gesungen wird, ist eine Liebeserklärung an ein vielfältiges Land, das genug Raum und schier unbegrenzte Entfaltungsmöglichkeiten für alle verspricht. Überprüfen Sie, ob diese Glorifizierung der USA durch Woody Guthrie in der Realität heute noch gerechtfertigt erscheint!

„This land is your land, this land is my land, from California to the New York Island, from the redwood forest to the Gulf Stream waters; this land was made for you and me“

M1 US-amerikanischer Folksong von Woody Guthrie und dessen Wandbild in seinem Museum in Tulsa/Oklahoma

Der deutsche Auswanderer Levi Strauss entwickelte 1873 in San Francisco mit Nieten verstärkte, strapazierfähige Arbeitshosen aus Segeltuch, später aus blauem Denimstoff, für Goldsucher.

M2 *„Waist Overalls“* – die heutigen Kult-Jeans

Diese über 1 500 Jahre alten Baumriesen, eine Gattung aus der Kreidezeit, mit bis zu 95 m Höhe und über 34 m Stammumfang sind die Hauptattraktion des Nationalparks in der Sierra Nevada. Der *General Sherman Tree* ist mit einem Stammvolumen von 14 869 m³ der größte Baum der Erde.

M3 Mammutbäume im Sequoia-Nationalpark

In Millionen von Jahren hat der Colorado River in die Gesteinsschichten des Colorado Plateaus eine bis zu 450 km lange Schlucht erodiert. Die bis zu 1800 m steilen Felswände spiegeln 1,5 Mrd. Jahre Erdgeschichte wider.

M4 Grand Canyon

1. Charakterisieren Sie die Lage und Lagebeziehungen der USA und legen Sie dar, inwieweit diese die Inwertsetzung der USA beeinflusst haben (M1, M3, M4, M7).

Old Faithful – der „alte Getreue“, einer der bekanntesten Geysire der Erde, erhielt seinen Namen dank seiner regelmäßig auftretenden Ausstöße. Er liegt im 1872 gegründeten, damit ältesten Nationalpark der Welt.

M7 Geysir im Yellowstone-Nationalpark

Chicago gilt mit seinem zehnstöckigem *Home Insurance Building*, dem ersten Hochhaus der Welt, als Geburtsstätte der Wolkenkratzer. Erfindungen wie die Entwicklung des Stahlskelettbaus und der elektrischen Aufzüge ermöglichten diese neue Bauweise.

M8 Skyline von Chicago

Am 16. Juli 1969 schoss die Rakete Saturn V im Zuge der Apollo 11-Mission in den Himmel. Fünf Tage später betraten im Zuge dieser Mission die ersten Menschen den Mond, Neil Armstrong und Edwin Aldrin.

M9 Start von Saturn V vom *Kennedy Space Center*

M5 Physische Karte der USA

Name	United States of America (USA)
Einwohner	329,7 Mio. (3.); 33 Einw./km²
Staatsform	Föderale Republik
Regierungs-system	Präsidialsystem
Föderale Gliederung	50 Bundesstaaten (inkl. Alaska, Hawaii) und Washington D.C. (*District of Columbia*)
BIP	20 893 Mrd. USD (1.)
BIP/ Ew.	63 358 USD (9.)
HDI	0,926 (5.)

M6 Steckbrief USA 2020 (Weltrang in Klammern)

❷ Bestimmen Sie die N-S- und O-W-Ausdehnung der USA. Errechnen Sie deren ungefähre Fläche. Vergleichen Sie Ihre gewonnenen Werte mit denen von Europa (M5, Karte im vorderen Einband, Atlas).

❸ Ordnen Sie die Naturwunder und Pionierleistungen (M2, M4, M6, M8, M9) tabellarisch einzelnen Bundestaaten der USA zu (Atlas). Konzipieren Sie jeweils einen Kurzvortrag über deren Entstehung bzw. Hintergründe (Internet).

GeoPlus

Suchen Sie im Internet weitere Naturwunder oder Pionierleistungen der USA und ergänzen Sie damit die Tabelle von Aufgabe 3.

GeoKompakt

Die USA weisen durch ihre enorme Ausdehnung eine große naturräumliche Vielfalt auf. Damit besitzt das Land ein großes Potenzial für eine wirtschaftliche Inwertsetzung.

M1 *Grungy route 66 diner sign and road map*

M4 Straße ins Monument Valley

A Road Trip on Route 66

Glühender Asphalt zwischen weiten Steppen und imposanten Gebirgen, Fahrtwind im Haar und ein Gefühl der Freiheit. Erfüllen Sie sich den Traum vom *American Spirit* und durchqueren Sie die unvergleichlichen Naturräume und Nationalparks auf der legendären *Mother Road* – der Route 66.

INFO

Im **Monument Valley** gibt es sogenannte **Zeugenberge** als Reste eines ehemaligen Sandsteinplateaus, welches durch Erosion, Deflation, und Denudation abgetragen wurde.

Im Zuge der alpidischen Gebirgsbildung entstanden im Tertiär bis zu 1500 km breite, parallel verlaufende Hochgebirgsketten (Kordilleren). Das westliche Randgebirge bildet die Küstenkette. Grabenbrüche wie das Kalifornische Längstal trennen diese von der Kaskadenkette und der Sierra Nevada. Den Ostrand bilden die Rocky Mountains (Mont Elbert 4396 m ü. NN). Dazwischen liegen große Beckenlandschaften wie das Große Becken sowie Plateaus wie das Colorado- oder Columbia-Plateau, die von einzelnen Gebirgszügen (Wasatchkette) und Canyons (Grand Canyon) durchzogen sind. Im abflusslosen Großen Becken, in dem das Wasser der meisten Flüsse aus den umliegenden Gebirgen verdunstet, entstanden riesige Salzseen. Heute zeugen Erdbeben, Vulkane und Geysire von der noch immer bestehenden Aktivität der Erdkruste im Westen der USA.

M3 Die Kordilleren Nordamerikas

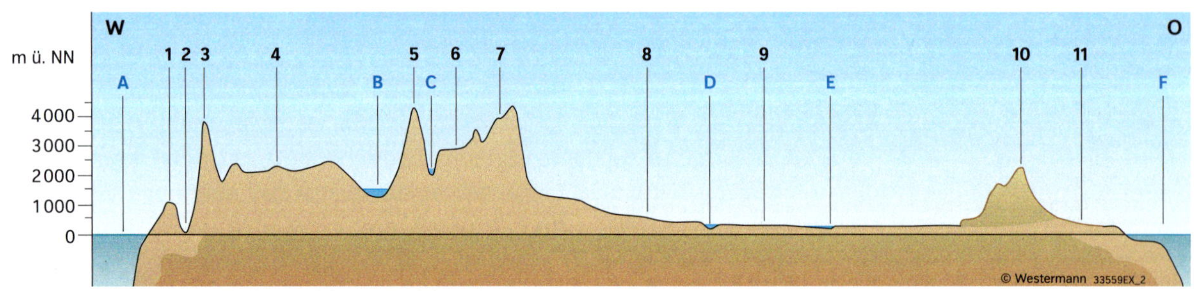

M2 Höhenprofil durch die USA bei 40° nördlicher Breite

1. Benennen Sie die Gewässer (A–F) und Landschaften (1–11) im Profil (M2) sowie die Bundestaaten der USA, durch welche die traditionelle Route 66 verläuft (M1, M3, QR-Code).

2. Erklären Sie die Oberflächenformen der glazialen Serie in den USA anhand Ihres Wissens zur glazialen Serie in Bayern (M11).

3. Arbeiten Sie die Unterschiede bei der Ausdehnung und der Anordnung der Großlandschaften Nordamerikas und Europas heraus (M6).

4. Sammeln Sie für ein Reisetagebuch eines *Motorbikers* Aspekte bezüglich der Oberflächenformen der Großräume (Genese, Relief, Aussehen, Höhe) entlang der Route 66 (M1 – M11).

M5 Trip in die Rocky Mountains bei Santa Fee

M8 Durch die Great Plains bei Oklahoma City

M6 Naturräumliche Gliederung Nordamerikas

M7 Mississippi in St. Louis mit *Gateway Arch* – Symbol für die Erschließung des Westens

GeoKompakt

In den USA kann man vier annähernd meridional verlaufende Großlandschaften unterscheiden: die Kordilleren im Westen, die Appalachen im Osten und die Inneren Ebenen im Zentrum sowie die Küstenebenen am Atlantik und am Golf von Mexiko.

Der flache Kanadische Schild aus dem Präkambrium ist der älteste Teil Nordamerikas. Seit dem Paläozoikum unterliegt er ständiger Abtragung. Deshalb treten die Gesteine dieses Grundgebirges oft an der Erdoberfläche zutage. Ähnlich wie in Europa war im Pleistozän der Norden Nordamerikas von Inlandeis bedeckt. Nach dem Abschmelzen der Gletscher füllten sich die ausgeschürften Zungenbecken mit Wasser, die heutigen Großen Seen.

M9 Der Kanadische Schild

Die Appalachen, ein Mittelgebirge im Osten des Kontinents, bestehen aus parallel verlaufenden Gebirgsketten. Sie sind im Zuge der kaledonischen (Norden) bzw. variskischen Gebirgsbildung (Süden) im Paläozoikum entstanden. Im weiteren Verlauf der Erdgeschichte erfolgte ihre Abtragung. Im Zuge der Entstehung der Hochgebirge im Westen wurden diese Rumpfflächen im Tertiär zerbrochen und deren Schollen gehoben bzw. abgesenkt. An die Appalachen schließen sich ostwärts buchtenreiche atlantische Küstenebenen und in der Golfregion die Schwemmländer des Mississippi an.

M10 Die Appalachen und Küstenebenen

Zwischen den Appalachen und den Rocky Mountains erstrecken sich die Inneren Ebenen. Die weit nach Norden schiffbaren Ströme Mississippi, Missouri und Ohio bilden das wasserreiche Tiefland der Inneren Ebenen. Deren nördlicher Teil ist eiszeitlich überprägt und zeigt deswegen alle Elemente einer glazialen Serie. Westwärts steigen die Great Plains zu den Rocky Mountains hin an. Der während des Pleistozäns aus dem nördlichen Eisschild ausgewehte **Löss** bedeckt heute große Teile der Plains und bildet die Grundlage der fruchtbaren Schwarzerdeböden.

M11 Die Inneren Ebenen (Interior Plains)

Web-Code: WES-115093-033

M1 Redwoods in der Küstenkette/Kalifornien

M4 Buschsteppe im Großen Becken/Nevada

Klima und Vegetation in Nordamerika

1 Erläutern Sie die klimatischen Verhältnisse der Klimastationen (M2).

2 Arbeiten Sie Gemeinsamkeiten und Unterschiede bezüglich der Lage der Klimazonen Nordamerikas sowie Europas heraus und begründen Sie diese (M2, M3, M6 – M8).

Obwohl der Großteil der USA in der gemäßigten Klimazone liegt, weist das Land vielfältige Klimate auf, denn die einzelnen Regionen sind unterschiedlichen Einflüssen ausgesetzt. Wie ist das Klima und damit die Vegetation in den Regionen der USA ausgeprägt und wodurch werden diese beeinflusst?

Der Westen Nordamerikas unterliegt vorwiegend dem Einfluss der Westwindzone. Die meridional ausgerichteten Kordilleren verhindern jedoch, dass feuchte Luftmassen vom Pazifik in den Kontinent vordringen können. An der Pazifikküste kommt es im Luv der Gebirge zu Steigungsregen mit Niederschlagsmengen von bis zu 3000 mm jährlich. Die intramontanen Becken und die ostwärts im Regenschatten liegenden Great Plains weisen nur noch geringe Niederschlagsmengen zwischen 250 und 500 mm auf. Teile des Südwestens, insbesondere Kalifornien, stehen unter dem sommerlichen Einfluss des nordpazifischen Subtropenhochs. Dort herrscht subtropisches Winterregenklima.

M3 Die Klimaverhältnisse im Westen Nordamerikas

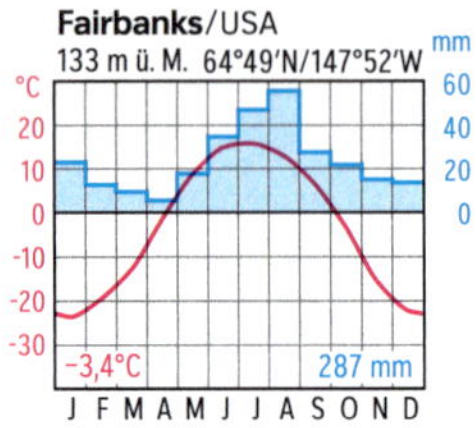

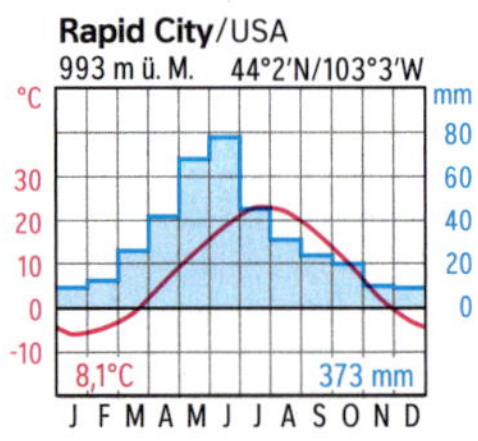

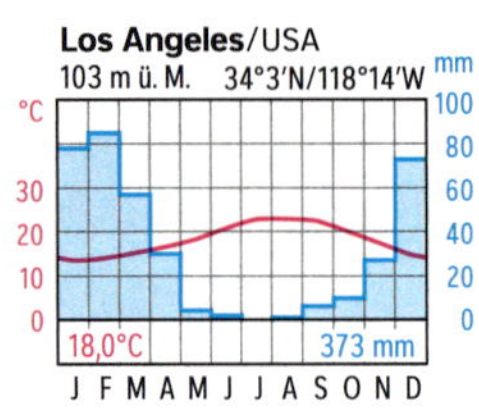

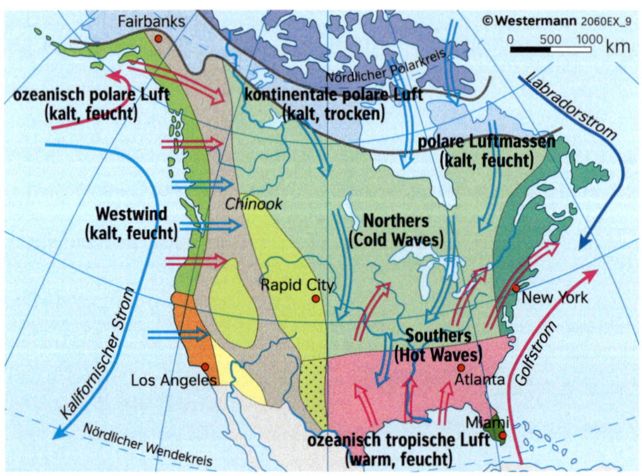

polare Klimazone
subpolare Klimazone
kühlgemäßigte Zone
- ozeanisches Westseitenklima
- kühles Kontinentalklima
- Trockensteppenklimate
- Ostseitenklima

subtropische Klimazone
- Winterregenklima der Westseiten
- subtropisches Ostseitenklima
- winterfeuchtes Steppenklima
- Halbwüsten- und Wüstenklimate

Hochgebirgsklimate

Tropenzone
- wechselfeuchtes Tropenklima

Luftströmungen
- Winde im Sommer (Juli)
- Winde im Winter (Januar)

Meeresströmungen
- kühl
- kalt
- warm

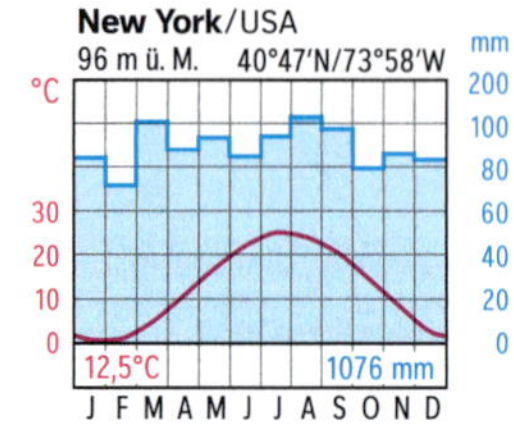

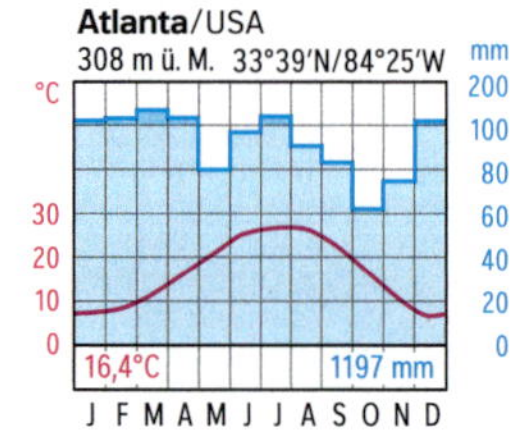

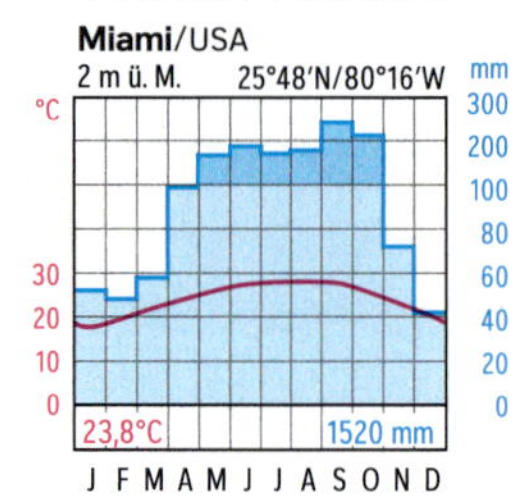

M2 Das Klima in Nordamerika

M5 Grasende Büffel in der Prärie/Wyoming

M9 *Indian Summer* in den Appalachen/Vermont

An der südlichen Ostküste sorgt der warme Golfstrom für hohe Verdunstungs- und Niederschlagswerte. Den Norden hingegen beeinflusst der kalte Labradorstrom. Der äußerste Südosten liegt im Einzugsgebiet feuchtwarmer tropischer Luftmassen aus dem karibischen Raum mit sehr hohen Jahresniederschlägen bis zu 2000 mm. Da die Appalachen ebenso wie die Kordilleren in Nord-Süd-Richtung verlaufen, können die ozeanisch-tropischen Luftmassen vom Golf von Mexiko weit ins Innere des Kontinents vorstoßen.

M6 Die Klimaverhältnisse im Osten Nordamerikas

In den Inneren Ebenen wird das Klima dadurch beeinflusst, dass die meridional verlaufenden Gebirge der Kordilleren und der Appalachen die feuchten Luftmassen vom Pazifik und Atlantik abschirmen. Im Norden herrscht kühlgemäßigtes kontinentales Klima mit ausreichend Niederschlag vor. Der Süden wird durch feucht-tropische Luftmassen beeinflusst. Wegen fehlender West-Ost-Gebirgsschranken können polare Kaltluftmassen weit nach Süden und kann feuchtwarme tropische Luft weit nach Norden vordringen, was außergewöhnliche Wettererscheinungen zur Folge haben kann.

M7 Die Klimaverhältnisse in den zentralen Tiefländern

Die klimatischen Bedingungen bestimmen die Verbreitung der natürlichen Vegetation. Im Norden erstrecken sich Tundra (Alaska) und boreale Nadelwälder. In den zentralen Bereichen wachsen Laub- und Mischwälder. Somit weisen die USA einen großen Holzreichtum auf. In den Great Plains findet man Grassteppen auf fruchtbaren Schwarzerdeböden. Diese wurden weitgehend in Farmland umgewandelt. Jenseits der Trockengrenze werden sie als Viehweiden genutzt. Die tieferen Bereiche der Kordilleren tragen Gebirgsnadelwälder. In den niederschlagsarmen intramontanen Becken und Plateaus befinden sich Steppen und Halbwüsten. Im Kalifornischen Längstal, dem wichtigsten Obst- und Gemüseanbaugebiet der USA (→ S. 52), gedeihen unter mildem subtropischem Klima immergrüne Hartlaubgewächse.

M8 Die Verbreitung der natürlichen Vegetation in Nordamerika

GeoKompakt

Nordamerika hat Anteil an fast allen Klimazonen der Erde, vom Polarklima im Norden bis zur tropischen Südspitze Floridas. Allerdings modifizieren die Nord-Süd-Ausrichtung der Gebirge sowie Meeresströmungen die breitenkreisparallele Anordnung. Somit entstehen Trockenräume im Lee der Kordilleren. Tropische und arktische Luftmassen können weit nach Norden bzw. Süden vordringen. Die Verbreitung der natürlichen Vegetation steht in engem Zusammenhang mit den klimatischen Verhältnissen.

3 Legen Sie die Genese und Auswirkungen des Chinook in den Great Plains dar (M2).

4 New York und Neapel liegen etwa auf der gleichen Meereshöhe und geographischen Breite, dennoch sind die klimatischen Unterschiede zwischen den beiden Städten enorm. Erklären Sie dies.

5 Zeichnen Sie eine grobe Kartenskizze der Vegetationszonen in den USA (Atlas).

6 Zeichnen Sie ein mehrschichtiges Kausalprofil entlang 40° n. Br., das die Zusammenhänge zwischen Relief (Höhenprofil), Niederschlägen (Säulen) und Vegetation (beschriftete Basislinie) aufzeigt (Atlas).

7 Ergänzen Sie Ihr Reisetagebuch durch die klimatischen Gegebenheiten sowie die Vegetation in den entlang der Route 66 liegenden Großräumen (M1 – M9, → S. 32 Aufgabe 4).

M1 Die San-Andreas-Verwerfung

Stärke 8,3 (Richterskala), 1000 Tote, 30 000 zerstörte Gebäude

M3 San-Francisco-Erdbeben 1906

Erdbeben und Vulkanismus – tektonische Gefährdung am Pazifischen Feuergürtel

INFO

Ob ein Naturereignis zur Katastrophe wird, ist nicht nur von dessen Stärke abhängig. Entscheidend ist die **Vulnerabilität** (= Verwundbarkeit), die von drei Faktoren beeinflusst wird:

- Anfälligkeit für Schäden,
- Bewältigungskapazität für negative Folgen,
- Widerstandsfähigkeit (**Resilienz**) und langfristige Anpassung bei Schadensereignissen (→ S. 68 M1, M2).

Extreme Naturereignisse, die sich oftmals zu Katastrophen entwickeln, bedrohen immer wieder die USA. Ergründen Sie die Ursachen sowie das Gefährdungspotenzial von Erdbeben und Vulkanismus an der Pazifikküste der USA.

In Kalifornien schieben sich entlang der San-Andreas-Verwerfung zwei tektonische Platten an einer **Transformstörung** horizontal aneinander vorbei – die Pazifische nach Norden und die Nordamerikanische nach Süden. Das Ergebnis ist eine Vielzahl miteinander verbundener Brüche und Verwerfungslinien. Die Bewegungen der Erdkruste lassen sich entlang der Verwerfungslinien durch versetzte Bäche, Straßen oder Brücken erkennen. Senkrecht zur Erdoberfläche verlaufen Störungsflächen ins Erdinnere. Daran reiben sich die Platten und verhaken sich. Wird die elastische Spannung der Gesteine überschritten, löst sich diese schlagartig in einem Erdbeben. Daher kommt es immer wieder zu verheerenden Erdbeben mit Stärken von 7 und mehr auf der Richterskala. Derzeit leben an der San-Andreas-Störung mehr als 20 Mio. Menschen. Es ist schwer vorstellbar, was in den dicht besiedelten Räumen und Städten wie Los Angeles oder San Francisco passieren wird, wenn es – wie von Wissenschaftlern vorhergesagt – erneut zu einem großen Erdbeben kommen wird.

M3 Gefährdung durch Erdbeben

Schäden in Höhe von Hunderten Milliarden US-Dollar könnte ein schweres Erdbeben in Kalifornien verursachen. Vorsorge wird daher groß geschrieben, so etwa während der jährlichen Katastrophenschutzübung *The Great Californian Shake Out* mit Millionen Teilnehmenden. An diesem Aktionstag übt die Bevölkerung, wie sie sich bei einem Beben schützen kann. Kalifornien verfügt außerdem über ein Erdbebenfrühwarnsystem, das z. B. Notfallwarnungen an alle Smartphones sendet. Die baulichen Vorschriften sind mit die strengsten der Welt. Viele der alten Gebäude entsprechen aber keineswegs diesen Standards. Die meisten Wolkenkratzer gelten hingegen als erdbebensicher.

When Driving
- *Don't slow down suddenly*
- *Turn on your hazard lights to alert other drivers, then slow down smoothly*
- *If you are still moving when you feel the earthquake, pull safely over to the left and stop*

In Elevators
- *Stop the elevator at the nearest floor and get off immediately*

On Buses or Trains
- *Hold on tight to a strap or a handrail*

At Home
- *Protect your head and shelter under a table*
- *Don't rush outside*
- *Don't worry about turning off the gas in the kitchen*

Outdoors
- *Look out for collapsing concrete block walls*
- *Be careful of falling signs and broken glass*

In Public Buildings
- *Follow the attendant's instructions*
- *Don't rush to the exit*

M2 *The Great Californian Shake Out* – Maßnahmen zur Erdbebenvorsorge und Verhaltensmaßnahmen

M4 Mount St. Helens vor (2950 m), beim und 40 Jahre nach (2549 m) dem Ausbruch am 18. Mai 1980

Der Mount St. Helens gehört zu den Vulkanen des explosiven Ausbruchstyps. Infolge der Subduktion der Juan-de-Fuca-Platte unter die Nordamerikanische Platte steigt hier in der Tiefe aufgeschmolzenes gasreiches Magma auf. Oftmals ist der Druck im Vulkanschlot durch verpfropfte Schlotfüllungen so hoch, dass die angestaute Energie schlag- und explosionsartig frei wird. Dann werden Unmengen Magma, glühende Lavafetzen, Felsbrocken und Asche ausgestoßen. Über dem Krater bilden sich bis in Stratosphärenhöhe riesige Aschepilze. Oft regnen feine **Lapilli** auf die Umgebung nieder. Höchst gefährlich sind mehrere Hundert Grad Celsius heiße **pyroklastische Ströme** aus Staub-, Gas- und Aschewolken, die mit hoher Geschwindigkeit an den Vulkanflanken talwärts rasen.

M5 Der Vulkan Mount St. Helens – ein explosiver Eruptionstyp

„*Vancouver! This is it!*" – diese über Radio verbreiteten letzten Worte des Vulkanologen Johnston, der sich von der enormen Stärke des Ausbruchs überrascht, auf einem zehn Kilometer entfernt Beobachtungsposten aufhielt und dabei wie 57 weitere Menschen den Tod fand, ging um die ganze Welt. Aufsteigendes Magma wölbte zunächst die nördliche Vulkanflanke auf. Plötzlich rutschte, ausgelöst durch ein Erdbeben, die gesamte Nordflanke lawinenartig ab und die Magmakammer entlud sich in einer seitwärts gerichteten Explosion. Durch die Eruption wurde eine Aschewolke in die Atmosphäre geschleudert. Der Fallout ging über elf Bundesstaaten nieder. Die Druckwelle knickte die umliegenden Wälder wie Streichhölzer um.
Nicht weniger gefährlich waren die Schlammströme, die durch Vermischung der pyroklastischen Ströme mit Eis und Schnee des Berggipfels als Schlammströme mit 120 km/h zu Tale rasten. Die vielen Hangrutschungen transportierten Kubikkilometer an Gesteinsmaterial und Millionen von Baumstämmen in die umliegenden Seen wie den nahen Spirit Lake (M4). Das Wasser der Seen schwappte über und neben Geröll und Baumstämmen gehörten bald auch Autos und ganze Holzhäuser zur tödlichen Fracht der anschwellenden Flüsse, die über ihre Ufer traten und große Zerstörungen anrichteten. Mehrere Millionen Tiere verendeten und in den Randgebieten starben die Pflanzen aufgrund der Hitzeentwicklung.

M6 Bericht über den Ausbruch des Vulkans Mount St. Helens

1. Begründen Sie die unterschiedliche plattentektonische Genese der im Westen der USA liegenden Vulkankette und der San-Andreas-Verwerfung (→ S. 68 Karte 1).

2. Erklären Sie die Unterschiede zwischen einem explosiven (z. B. Mount St. Helens) und einem effusiven Eruptionstyp (z. B. Kilauea; Internet, M4 – M6).

3. Entwerfen Sie einen Nachrichtentext, der vor einem Erdbeben in San Francisco warnt und dabei auch auf die Schutzmaßnahmen hinweist (M1– M6).

4. Vergleichen Sie die Vulnerabilität durch Erdbeben und Vulkanausbrüche an der US-amerikanischen Westküste (→ S. 68 M1 und M2, QR-Code).

GeoKompakt

Die Vulnerabilität der Westküstenregion der USA durch Erdbeben und Vulkanismus ist durch deren hohe Siedlungs- und Bevölkerungsdichte, allerdings auch durch eine vulnerable Infrastruktur, wie z. B. die oberirdische Versorgung mit Strom oder Wasser, relativ hoch. Grundsätzlich stehen aber den USA aufgrund ihrer hohen Finanzkraft Möglichkeiten offen, die Folgen naturbedingter Risiken und deren Schadenswirkungen abzumildern.

Web-Code: WES-115093-037

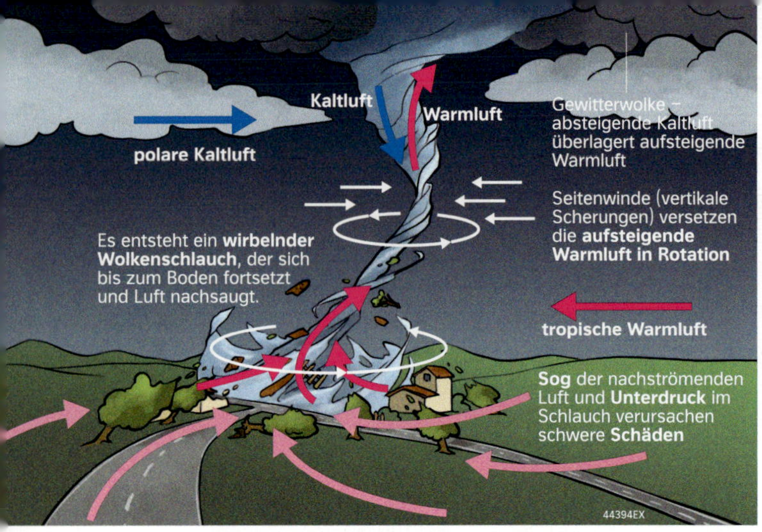

M1 Ein Tornado entsteht

M4 Tornado im Mittleren Westen

Blizzards, Tornados, Hurrikans – extreme Wetterereignisse in den USA

In den Inneren Ebenen kann tropische Warmluft vom Golf von Mexiko ungehindert weit nach Norden und polare Kaltluft weit nach Süden vorstoßen. Die Küstenebenen liegen im Einflussbereich tropischer Wirbelstürme. Ergründen Sie, welche Wetterereignisse diese Regionen und deren Menschen gefährden.

Mehrere Tornados haben in der Nacht zum Samstag in Kentucky Landstriche verwüstet, Menschen unter Trümmern begraben oder Menschen das Leben gekostet.

Jedes Jahr kommt es in den USA zu rund 1200 Tornados in der *Tornado Alley* des Mittleren Westens.

Warum trafen die Tornados viele Menschen so unvorbereitet? Wie immer ertönten vielerorts Sirenen und in den lokalen Fernseh- oder Radiosendern wurde *tornado warning* ausgerufen: „Wenn Sie sich in der Bahn der Tornados aufhalten, bringen Sie sich im Keller in Sicherheit und bedecken sich mit einer Matratze, um Verletzungen durch herumfliegende Gegenstände zu vermeiden." Doch zur hohen Zahl an Opfern könnte der Zeitpunkt der Tornados beigetragen haben, denn sie kamen nachts. Warum ist es schwierig, Tornados vorherzusagen? Die Entstehung von Tornados erschwert es erheblich, mit zeitlichem Vorlauf vor der drohenden Gefahr zu warnen. Tornados entstehen ganz spontan, schlagen unberechenbare Haken und legen mit brachialer Gewalt fast alles in Trümmer, was der zwischen 20 bis 1000 m breite Luftschlauch ansaugt.

M2 Tornados – mit 500 km/h die stärksten Stürme der Welt (Auszüge aus Zeitungsberichten vom 14.12.21)

M3 *Traffic Marmelade* in Chicago

Northers, polare Kaltlufteinbrüche, können im Winter bis in die subtropischen Regionen vordringen und dort in den Südstaaten schwere Frostschäden in der Landwirtschaft anrichten. Denn in den USA fehlt ein Ost-West-verlaufendes Gebirge, um diese Luftmassen aufzuhalten. Im Nordosten der USA treten hingegen gefährliche Schneestürme, die **Blizzards**, auf. Temperaturstürze, hohe Windgeschwindigkeiten von bis zu 220 km/h und Schnee- und Eismassen bringen dann die gesamte Infrastruktur, etwa den Schienen-, Straßen- und Flugverkehr, zum Erliegen. Da oftmals die oberirdischen Strommasten unter dem Gewicht der Eismassen umknicken, sitzen die Familien dann ohne Strom in ihren kalten Häusern.

M5 Northers und Blizzards

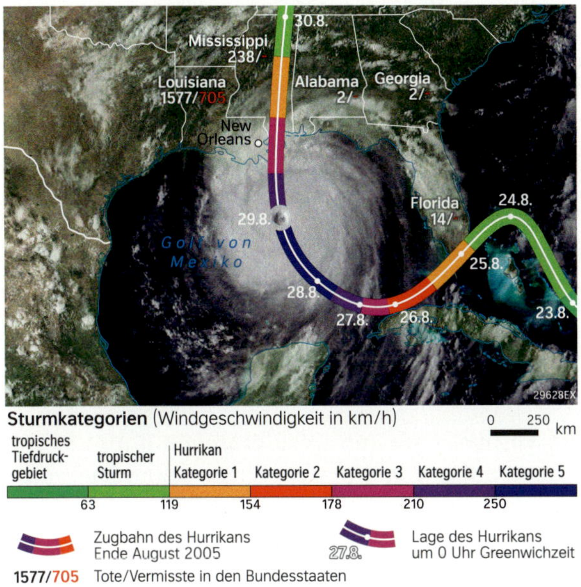

M6 Zugbahn des Hurrikan Katrina (2005)

+++ 26.08. Hurrikan-Warnung für New Orleans +++ Evakuierung eingeleitet +++ Katrina rast mit 280 km/h über die Stadt (450 000 E.) +++ sintflutartige Regenfälle überfluten New Orleans +++ nachmittags brechen die Dämme zum Meer und Mississippi +++ Wassermassen überfluten unter dem Meeresspiegel liegende Stadtteile +++ Menschen, Autos und Häuser vom Sturm und der Flut mitgerissen +++ 80 % des Stadtgebietes überflutet +++ Stadt von der Außenwelt abgeschnitten +++ Menschen ohne Auto sitzen in der Stadt fest +++ Katastrophenschutz komplett überfordert +++ Plünderungen verzweifelter Menschen +++ kriminelle Banden ziehen gewalttätig durch die Straßen +++ voraussichtlich wochenlanges Abpumpen des Wassers nötig +++

M9 Presseticker zum Hurrikan Katrina 2005

M7 Überschwemmung in New Orleans nach Katrina

	Todesopfer	Schäden (in Mrd. USD)
Hurrikan Katrina 2005	1720	165
Hurrikan Harvey 2017	107	129
Erdbeben Los Angeles 1994	57	76
Tornado Joplin 2011	158	3
Blizzard 2015	40	3

M8 Naturkatastrophen in den USA (Auswahl)

- Medikamente für mindestens sechs Tage
- Lebensmittel für mindestens drei Tage
- Trinkwasser (13 l pro Person)
- Decken und Kleidung in wasserfesten Behältern
- Radio, Taschenlampe, Batterien, *Multitool*
- *First Aid Kit*, Toilettenpapier, Hygieneartikel
- Benzin für ein Auto für die Evakuierung
- Handy mit Warn-App, Powerbank
- Dosenöffner, Campingkocher, Feuerzeug
- Bargeld, Scheckkarten, Ausweise
- Kopien wichtiger Dokumente
- Adressen von Zufluchtsorten/Notunterkünften

M10 Checkliste für den Katastrophenfall

1 Fertigen Sie ein Erklärvideo (Jgst. 7 und 10) zur Entstehung von Tornados an (M1, M2).

2 Listen Sie in einer Tabelle die Merkmale, Verbreitungsgebiete und Folgen von Blizzards, Tornados und Hurrikans in den USA auf (M1 – M9).

3 Erstellen Sie ein Skript für eine Rundfunksendung, in der die Ursachen und Folgen des Hurrikans Katrina in New Orleans anschaulich dargelegt werden (M6 – M9, QR-Code, Jgst. 10: „Tropische Wirbelstürme in der Karibik“).

4 Erstellen Sie einen Flyer, der Vorkehrungen im Falle eines angekündigten Tornados oder Blizzards darlegt (M2, M3, M10).

GeoKompakt

Die USA werden immer wieder von Blizzards, Tornados und Hurrikans heimgesucht, die große infrastrukturelle Schäden verursachen und Menschenleben kosten. Die Wirkung von Katastrophenschutz und -vorsorge sind aber begrenzt angesichts der Schwierigkeiten, Ausmaß, Zeitpunkt und räumliche Ausdehnung von solchen Extremwetterereignissen vorauszusagen.

Web-Code: WES-115093-039

M1 *Wheat Fields, Strip Cropping and Contour Ploughing*

Dürren in den Great Plains – Waldbrände an der Pazifikküste

Dürreperioden bedrohen die Kornkammern der USA im Mittleren Westen, Waldbrände aufgrund von Dürren die Räume an der Pazifikküste. Arbeiten Sie die besondere Vulnerabilität dieser Räume heraus.

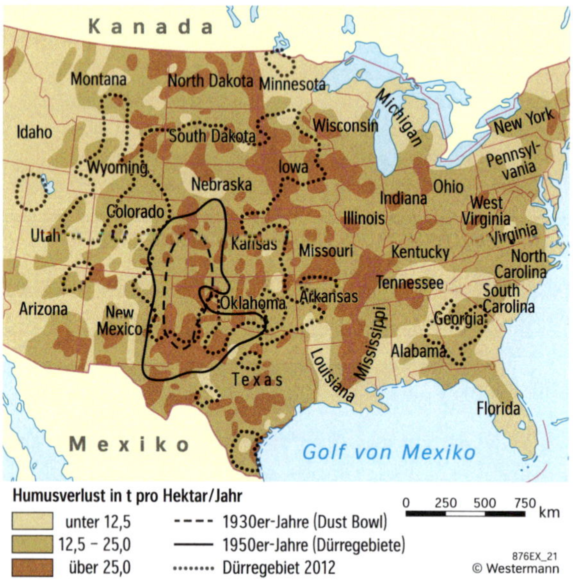

M2 Bodenabtragung und -verlust im Mittleren Westen der USA

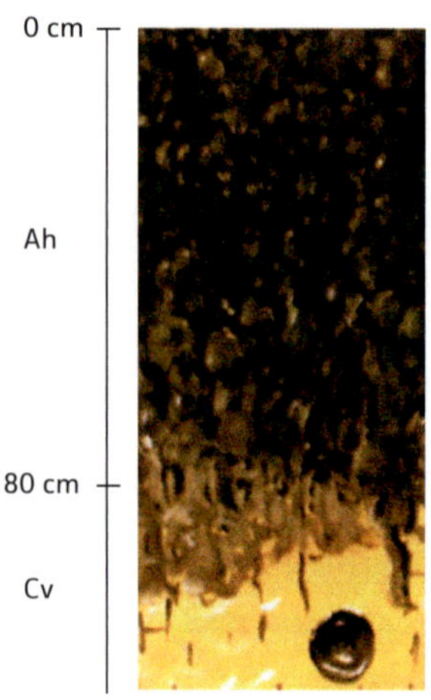

Entstehung:
unter dem Einfluss eines kontinentalen, semiariden bis semihumiden Klimas, einer grasreichen Vegetation und starker Durchmischung (Bioturbation)

Horizonte:
Ah = 80 cm mächtiger Horizont mit hohem Humus- und Tongehalt
Cv = verwittertes Ausgangsgestein, mineral- und kalkreicher Löss

Bodeneigenschaften:
sehr günstiger pH-Wert mit hoher Nährstoffverfügbarkeit; sehr guter Luft- und Wasserhaushalt durch großes Porenvolumen

Nutzung:
durch viele positive Eigenschaften die fruchtbarsten Böden der gemäßigten Zonen

M3 Bodenprofil Schwarzerde (Tschernosem)

Die **Steppen** des Mittleren Westens mit ihren fruchtbaren Schwarzerden (→ S. 75 M5) werden wegen des vorherrschenden Getreideanbaus als „Brotkorb der USA" bezeichnet. Im Zuge der Ausweitung des monokulturellen Weizenanbaus in die semiariden Great Plains westlich des 100. Längengrads in den 1920er-Jahren verursachte das großflächige Umpflügen der dortigen Kurzgrasflur gravierende Schäden.
Die geringen Jahresniederschläge und die hohe Niederschlagsvariabilität führen in dieser Region immer wieder zu Trockenheit und Dürre. Eine Folge ist in dieser ebenen, baumfreien Landschaft die großflächige Bodenerosion (M2) durch Windauswehung (**Deflation**). Hinzu kommt die ***Gully*-Erosion**, wenn Starkregen tiefe Rinnen in die Ackerflächen erodiert. Zudem verstärkt der rezente Klimawandel durch extremere und längere Hitzeperioden diese Erosionsprozesse. Allerdings versucht man, diesem mit angepassten Anbaumethoden entgegenzuwirken (M5).

M4 Great Plains – Boden vom Winde verweht

Crop Rotation	Fruchtwechsel von Halm- (Weizen) und Blattfrüchten (Luzerne, Soja, Mais)
Contour Ploughing	Pflügen entlang der Höhenlinien (M1)
Strip Cropping	Streifen verschiedener Pflanzen quer zur Hang- oder Windrichtung (M1)
Minimum-/ No-Tillage	Reduzierung oder Verzicht der Bodenbearbeitung
Stubble Mulching	Verbleib und Einarbeitung der Getreidestoppeln
Windbreaks, Shelter Belts	Waldschutzstreifen und Windschutzhecken quer zur Windrichtung

M5 Maßnahmen gegen Bodenabtragung durch Wasser- und Winderosion (*Soil Conservation*)

M6 Waldbrände im Santa Clarita Valley nördlich von Los Angeles

Waldbrände in Kalifornien	2020	Ø 2015 bis 2019
verbrannte Fläche in Hektar	17231	4317
Anzahl Brände	9917	8806
Todesfälle	33	31
zerstörte Häuser	10488	7934

M8 Vorort von Eureka/Kalifornien nach dem Brand

Immer wieder kommt es in der Geschichte Kaliforniens zu *hot droughts* (Dürreperioden). Doch in Kalifornien ist es heute heißer und trockener als jemals zuvor. So gelten Rekord-Hitzewellen mit Temperaturen von deutlich über 40°C, wie im August 2020, als eine Ursache für die Zunahme der verheerenden Waldbrände der letzten Jahre. Die Klimaforschung vermutet, dass aufsteigende warme Luft in den durch den rezenten Klimawandel stabileren subtropischen Hochdruckzellen blockiert wird. Hierdurch entstehen dann lang andauernde Hitzestaus.
Der anthropogene Klimawandel wird vermutlich auch künftig die Feuersaison verstärken. Denn durch die höheren Jahresdurchschnittstemperaturen (M10) trocknet die Vegetation stark aus und wird somit anfälliger für Brände infolge von Funkenschlag.
Zusätzlich führt die weitere Abnahme der ohnehin geringen Jahresniederschläge in Kalifornien zu einem erhöhten Waldbrandrisiko. Ursache hierfür ist die zeitweise Verlagerung subtropischer Hochdruckzellen im Winter in den nördlichen Pazifik. Diese blockieren dann die winterlichen Sturmtiefs vom Pazifik, die Kalifornien normalerweise die Niederschläge bringen (→ S. 34 M2). Außerdem fachen im Sommer die trocken-heißen Santa-Ana-Winde aus dem Landesinneren die Brände zusätzlich an.

M7 Dürren und Waldbrände in Kalifornien

GeoKompakt

In den Great Plains verschärfen Dürreperioden die Bodenabtragung und somit den Verlust von Ackerflächen, in Kalifornien führen sie zu großflächigen Waldbränden, die nicht nur zu Schäden an der Infrastruktur und den Gebäuden führen, sondern auch die Gesundheit und das Leben der Menschen gefährden.

„Um die Waldbrandgefahr zu senken, haben *campfire regulations und smoking bans* höchste Priorität. Die weitaus häufigste Ursache für Brände sind jedoch Blitzschläge. Bricht dann in der Wildnis Feuer aus, reichen wir *firefighters* und unsere Löschflugzeuge nicht mehr aus, um diese riesigen Flächenbrände zu löschen. Zu groß und zahlreich sind die Feuerfronten. Dann müssen wir uns auf die Wohngebiete konzentrieren. Unser Handeln wird durch den Grundsatz bestimmt, erst Menschenleben, dann Eigentum und am Schluss die Natur zu retten."

M9 *Firefighter* Manuel Rodriguez berichtet

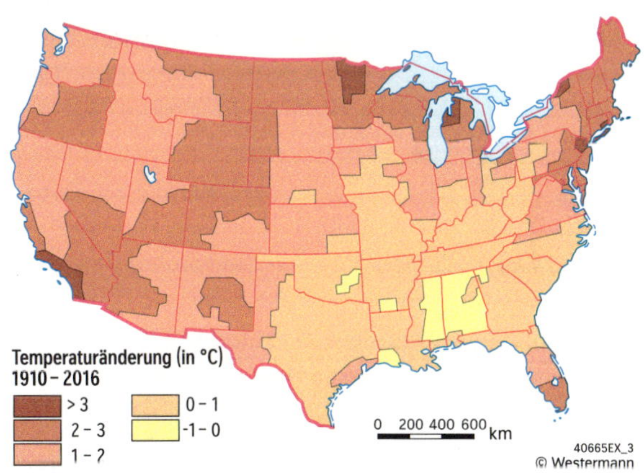

M10 Temperaturveränderungen in den USA

❶ Beschreiben Sie die natürlichen Gegebenheiten in den Great Plains (M2) und in Kalifornien (→ S. 34 M2, Atlas).

❷ Erläutern Sie die Ursachen für die Bodenabtragung und die Methoden zum Schutz vor Bodendegradation in den Prärieprovinzen (M1 – M5).

❸ Fertigen Sie eine Präsentation an, in der die Faktoren zur Entstehung von Waldbränden in Kalifornien sowie die Schwierigkeiten bei deren Bekämpfung erläutert werden (M6 – M10).

M1 Einwanderung (Ellis Island, 1902)

M4 Einbürgerungszeremonie in New York

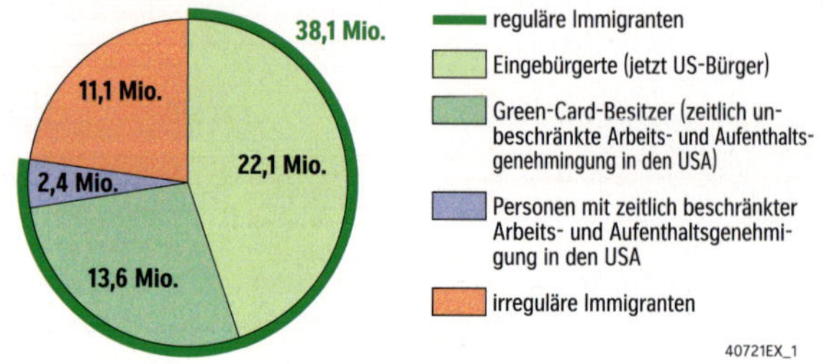

M5 Im Ausland geborene Bevölkerung der USA (2020)

A Nation of Immigrants – Einwanderung früher und heute

Ungefähr 99 Prozent der US-Bevölkerung sind Immigranten oder deren Nachfahren. Welche Gründe veranlassen Menschen aus aller Welt bis heute in Nordamerika ihr Glück zu suchen und welche Auswirkungen hat dies für die USA?

Bis 1914 brachte der Lockruf einer goldenen Zukunft 44 Mio. Menschen aus Europa – darunter 5,5 Mio. Deutsche – dazu, ihre Heimat zu verlassen und einen Neuanfang in der „Neuen Welt" zu wagen. Werber propagierten die Auswanderung in die USA. Sie fanden in Europa Gehör bei den von Hungersnöten geplagten Menschen, durch die industrielle Revolution arbeitslos Gewordenen, bei den nach der gescheiterten Revolution von 1848/49 demokratisch gesinnten Menschen, bei den Menschen mit der Hoffnung auf Religionsfreiheit, aber auch bei Abenteurern.

Die größte Migrantengruppe entstammte der bäuerlichen Landbevölkerung und wollte in den USA Land billig erwerben. Denn in Europa machte das Anerbenrecht viele Bauernkinder mittellos, mit der Realerbteilung wiederum entstanden Flächen, die zu klein waren, um eine Familie zu ernähren.

M2 Einwanderung in die USA bis 1914 ...

Neben legalen Immigranten gibt es seit 1990 eine wachsende Zahl von Zuwanderern aus Lateinamerika, vor allem aus dem benachbarten Mexiko, die illegal in die USA kommen. Zur Eindämmung dieser illegalen Migration werden seit 2010 die Grenzbefestigungen im Süden der USA ausgebaut und das Grenzschutzpersonal wird aufgestockt, auch wenn die Wirtschaft die ohne Aufenthaltsgenehmigung für wenig Geld arbeitenden Migranten dringend braucht. Blutige Zwischenfälle beim Versuch, über die Grenze in das „Land der unbegrenzten Möglichkeiten" zu gelangen, sind an der Tagesordnung. Zehntausende werden jährlich direkt nach dem illegalen Grenzübertritt durch US-Beamte aufgegriffen und zurückgeschickt. Wer sein Ziel erreicht hat, hofft, Arbeit zu finden und irgendwann einmal eine Legalisierung ihres Aufenthaltsstatus durch Einbürgerung in die USA zu erlangen.

... und seit 1990

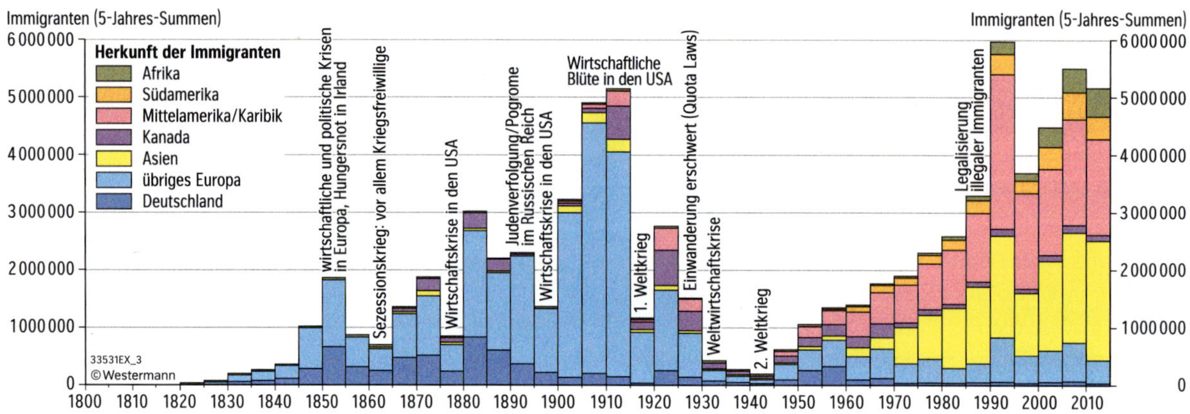

M3 Einwanderung in die USA (Angabe der Immigranten in 5-Jahres-Summen)

M6 US-Grenze zu Mexiko bei El Paso/Texas

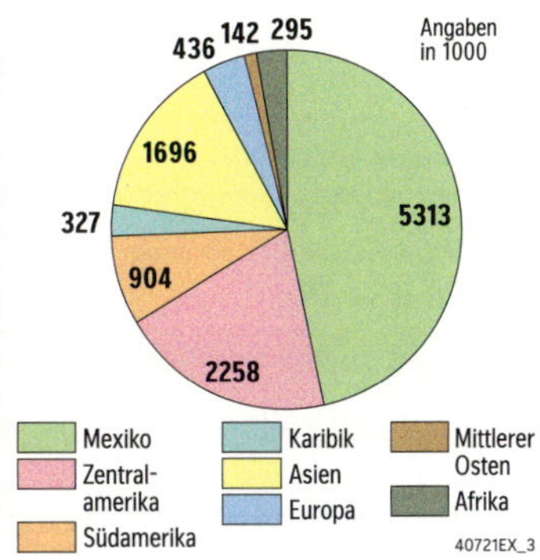

M8 Herkunft irregulärer Immigranten in die USA (2020)

M10 Festnahme nach irregulärer Einwanderung

Nach der Ankunft in den USA begann für viele Immigranten der beschwerliche Treck nach Westen, immer auf der Suche nach Arbeit, freiem Land und Bodenschätzen. Ihr Traum, diesen scheinbar unbewohnten Kontinent zu besiedeln, führte allerdings auch zu einer rücksichtslosen Verdrängung der indigenen Urbevölkerung.

Vom Ausgangspunkt, den britischen Kolonien an der Ostküste, vollzog sich ab 1815 das Voranschieben der Besiedlung des Westens (***frontier***) nach immer dem gleichen Muster: Zunächst wagten sich Trapper und Pelzjäger in die unerschlossenen Gebiete. Ihnen folgten Siedler, die ohne Besitzurkunde punktuell das Land urbar machten (*squatters*). Letztendlich bewirtschafteten *Rancher* (Viehzüchter) und *Farmer* (Ackerbauern) großflächig den Siedlungsraum. Denn seit 1862 erhielt jeder Siedler nach dem *Homestead Act* das Recht, rund 64 ha Land zu erwerben. Nachdem er auf dem zugesprochenen Land fünf Jahre gelebt, es bewirtschaftet sowie eine geringe Gebühr gezahlt hatte, wurde es endgültig sein Besitz. Dieser Landzuteilung lag eine schachbrettartige Landvermessung zugrunde (M9).

M7 *Go West*! – die Besiedlung der USA

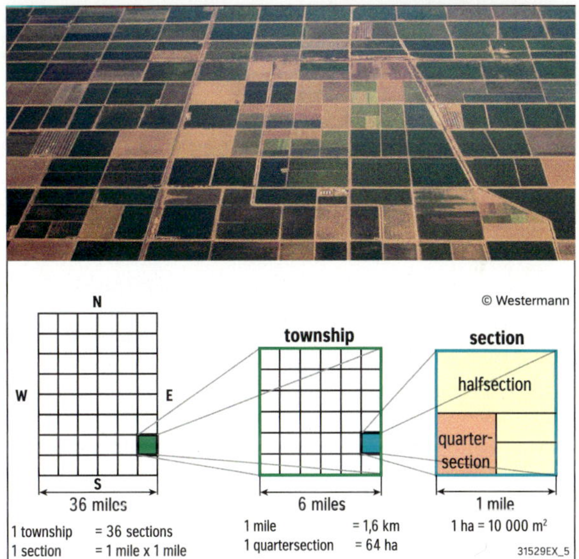

Die quadratische Landvermessung verleiht der Kulturlandschaft in weiten Teilen der USA einen monotonen Charakter: quadratische Fluren, ein rechtwinkliges Straßennetz, einzeln stehende Farmen, kleine Siedlungen sowie jeweils ein zentraler Ort pro Township mit Versorgungseinrichtungen.

M9 Das Landvermessungssystem von 1785

1 Gliedern Sie anhand von M3 die Einwanderung in die USA begründet in einzelne Phasen.

2 Vergleichen Sie tabellarisch die für die Auswanderung bestimmenden Motive der Menschen aus Europa mit denen der aus Mexiko stammenden Migrantinnen und Migranten (M7, M9, Internet).

3 Erarbeiten Sie eine Kurzpräsentation zur Besiedlung der USA im 19. Jahrhundert (M7, M9).

4 Vergleichen Sie auf der Basis aktueller Einwanderungsbestimmungen Motive und Maßnahmen der staatlichen Migrationspolitik Deutschlands und der USA (M1 – M6, M8, M10, Internet).

GeoKompakt

Die USA sind das bedeutendste Einwanderungsland weltweit. Seit über 200 Jahren prägen Immigranten verschiedener Herkunft das Land. Waren es anfangs vorwiegend Europäer, so suchen heute Migranten besonders aus den Krisengebieten der Welt in den USA ein Leben in Sicherheit und ein Entkommen aus bitterer Armut.

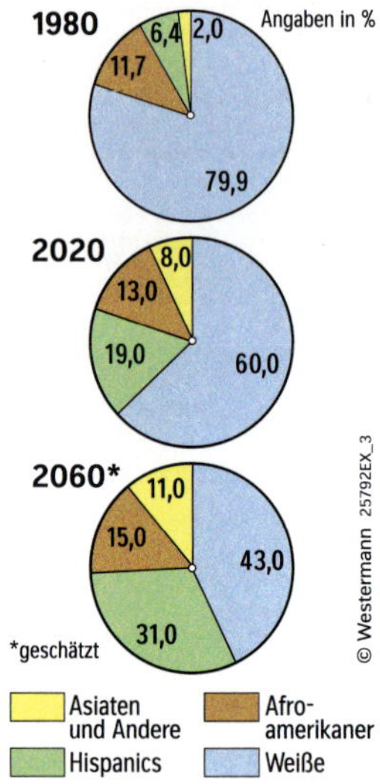

M1 Bevölkerung der USA nach ethnischen Hauptgruppen

„Aus vielen eins" – *Melting Pot, Salad Bowl* oder Pizza?

„We define ourselves as a nation of immigrants [...], that's who we are – in our bones." (Präsident Barack Obama, 2013). Überprüfen Sie, inwieweit das Selbstverständnis der US-Amerikaner als eine homogene Nation und ein „Land der unbegrenzten Möglichkeiten" auf die unterschiedlichen Migrantengruppen zutrifft.

Für das amerikanische Nationalgefühl steht die Metapher des *Melting Pot*. Diese soll ausdrücken, dass sich die Bevölkerungsgruppen durch kulturellen Austausch und wechselseitige Angleichung zu einer neuen, homogenen Nation zusammenfinden. In Abgrenzung zum *Melting Pot* hat sich das Bild der *Salad Bowl* für die multikulturelle Gesellschaft etabliert. Dieser Begriff beinhaltet, dass verschiedene Bevölkerungsgruppen wie die Bestandteile eines gemischten Salats nebeneinander leben und ihre unterschiedlichen Lebensweisen und Identitäten bewahren, während sie nur sehr lose von dem Dressing der gemeinsamen amerikanischen Nation zusammengehalten werden. Für andere kommt als goldener Mittelweg die gemeinsame Identität der US-Bevölkerung am besten in einer Pizza zum Ausdruck: vielfältig belegt mit verschiedenen Zutaten, die ihren Charakter behalten, dabei aber zugleich auf einer gemeinsamen Basis miteinander verschmolzen sind.

M2 *Melting Pot, Salad Bowl* oder Pizza?

„Das Schlagwort von der multikulturellen Gesellschaft signalisiert zwar eine Akzeptanz der Andersartigkeit und eine harmonische Koexistenz der verschiedenen Bevölkerungsgruppen, aktuelle Entwicklungen zeigen jedoch eine zutiefst segregierte US-amerikanische Gesellschaft. [...] Das wichtigste Bindeglied im Land der unbegrenzten Möglichkeiten sind immer noch Besitz und Wohlstand. [...] In der kultivierten Vorstellung der Amerikaner von ihrem Land sollte es jeder zu etwas bringen können, auch wenn er nicht die richtige Schulbildung hat, schlecht Englisch spricht, seine Hautfarbe ihn zu einer Minderheit macht, sein gesellschaftlich-kultureller Hintergrund nicht hochstehend genug ist. [...]
In der Realität sind jedoch viele Bevölkerungsgruppen unzureichend integriert. In Los Angeles sprechen die Kinder in den öffentlichen Schulen über 100 verschiedene Muttersprachen und fast die Hälfte der Einwohner spricht zu Hause nicht Englisch. Wohngebiete verschiedener **Ethnien** grenzen sich voneinander ab. Nicht selten sind solche Wohnviertel auch Gebiete großer Armut. [...] Entgegen dem Image der USA als *Melting Pot* bestehen viele ungelöste und sich verschärfende soziale Probleme. Hinsichtlich der gleichberechtigten Teilhabe am öffentlichen Leben gibt es ausgesprochene Tendenzen zur Verstärkung von **Segregation** und Disparitäten zwischen den Bevölkerungsgruppen. [...] Das Thema multikulturelle Gesellschaft treibt zusehends einen Keil in die amerikanische Gesellschaft. So ist heute die ethnische Vielfalt erkennbar durch Diskriminierung und Ablehnung geprägt. [...] Die Überzeugung einer durch die **Integration** vieler Ethnien bereicherten amerikanischen Gesellschaft wird heute von vielen mehr denn je hinterfragt."

Quelle: nach Rita Schneider-Sliwa: Politische Kultur in den USA und Deutschland, Wissenschaftliche Buchgesellschaft. Darmstadt 2005, S. 124

M3 USA – auf dem Weg zu einer multikulturellen Gesellschaft?

1. Ermitteln Sie in der Klasse, welche der drei Metaphern (M2) am besten auf die heutige Gesellschaft der USA zutrifft und diskutieren Sie Ihre Entscheidungen (M3).

2. Erläutern Sie, inwieweit die Veränderung der Bevölkerungsstruktur (M1) für die Gesellschaft der USA eine Chance bzw. ein Problem sein kann (M4 – M7).

M4 Proteste gegen die Diskriminierung von Hispanics und Afroamerikanern in den USA

Die ***Hispanics*** sind die am schnellsten wachsende unter den großen Sprachgruppen der USA. Daher werden sie in absehbarer Zeit einen Großteil der US-Amerikaner stellen. Dies erzeugt bei einigen Amerikanern Misstrauen und Vorurteile. In Los Angeles sind sie heute schon die größte Bevölkerungsgruppe. Der Vorort Whittier ist zum Anziehungspunkt für die gut situierte *Hispanic*-Mittelschicht geworden – eine Veränderung, die sich eine Generation zuvor niemand hätte vorstellen können. Ricardo Zapanta bewohnt dort mit seiner Familie eine große Villa im italienischen Stil. Ricardos Vater kam 1960 als Erntehelfer ohne Dokumente nach Texas. Später lebte er in den Ghettos von East Los Angeles, wo auch Ricardo aufwuchs. Eine echte Bindung zu Mexiko verspürt dieser nicht. „Ich bin mexikanischer Amerikaner in der zweiten Generation", erzählt der erfolgreiche Chirurg.

M5 Wie *Hispanics* die USA verändern.

„Gegenwärtig erscheint die Beziehung zwischen der *Black Community* und dem *White Mainstream* voller Widersprüche. Einerseits erlangen Afroamerikaner als Stars in Film, Musik oder Sport beim weißen Publikum höchste Anerkennung und zunehmende Beachtung in Politik, Wirtschaft und Wissenschaft. Doch in den Medien wird allzu oft nur über Gangs, Verbrechen und Armut berichtet. So finden Afroamerikaner, die erfolgreich Unternehmen gründen, kaum mediale Beachtung. Fakt ist jedoch, dass Afroamerikaner in die Mittelschicht aufsteigen, einen hohen Bildungsgrad erreichen, wirtschaftlichen oder politischen Erfolg haben und durch ihren Einfluss die sozioökonomischen Verhältnisse verändern können.

So gibt es leider immer noch zwei *Black Americas*: eine überaus erfolgreiche Ober- und Mittelschicht und eine kaum am Wirtschaftsleben beteiligte Unterschicht. Bei einigen sind die Chancen, ins Gefängnis zu kommen, größer, als einen *High-School*-Abschluss zu erzielen."

M6 Statement einer US-Basketball-Legende

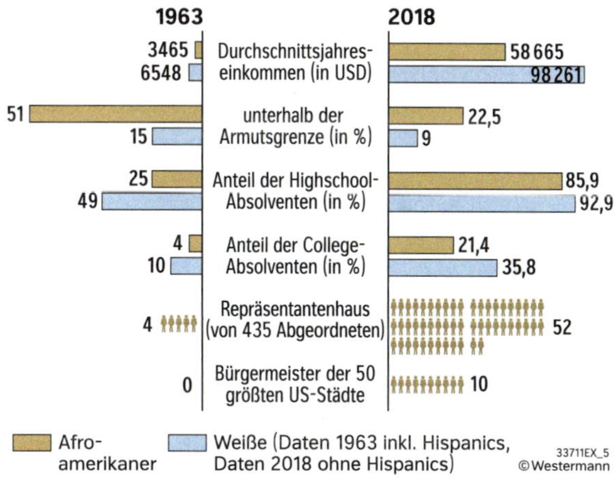

M7 Vergleich ausgewählter Daten von weißen und afroamerikanischen US-Bürgern

❸ Im Jahr 1963 formulierte der Friedensnobelpreisträger Dr. Martin Luther King Jr. seine Vision *„I have a dream"* von einem gleichberechtigten Miteinander von Schwarzen und Weißen in den USA. Beurteilen Sie, inwieweit dieses Ziel heute verwirklicht ist (M4, M7).

GeoKompakt

Länder mit Immigration wie die USA stehen vor der Herausforderung, unterschiedliche Bevölkerungsgruppen in die bestehende Gesellschaft gleichberechtigt zu integrieren und dabei deren Lebensweisen und Identitäten zu wahren.

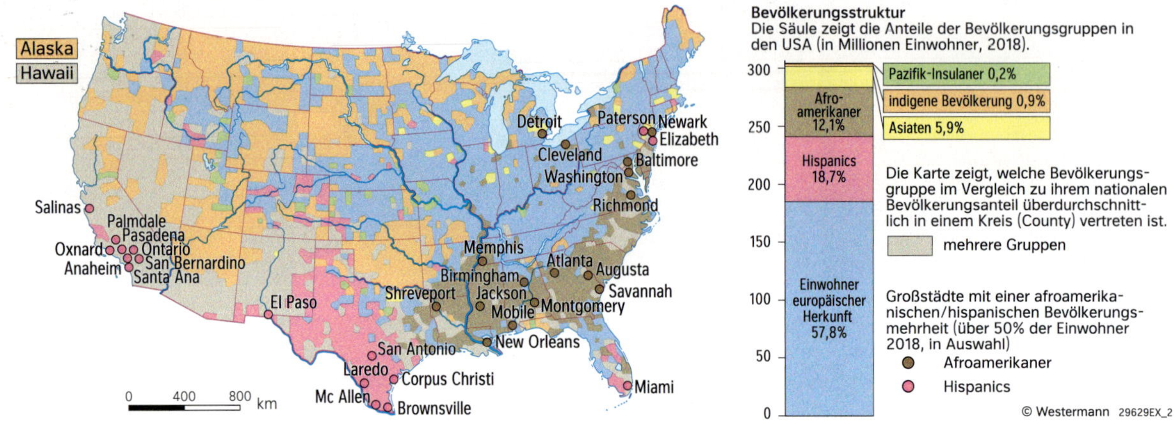

M1 Verteilung von ethnischen Bevölkerungsgruppen (2020)

Die Bevölkerungsverteilung in den USA – Ergebnis von Ein- und Binnenwanderung

In den USA gibt es neben kaum besiedelten Gebieten sehr dicht bewohnte Räume. Zudem sind einzelne Ethnien im Vergleich zu ihrem nationalen Anteil in manchen Regionen des Landes überdurchschnittlich vertreten. Was sind die Gründe für diese räumliche Bevölkerungsverteilung?

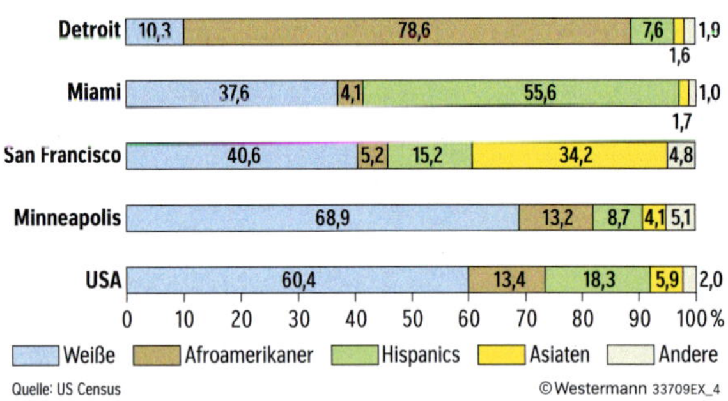

M2 Anteile ethnischer Gruppen (2018)

❶ Erläutern Sie anhand der naturräumlichen Gegebenheiten sowie der Siedlungsgeschichte die räumliche Verteilung der Bevölkerung in den USA (Atlas).

❷ Wiederholen Sie in einer Partnerabfrage die wesentlichen Gründe für die unterschiedliche Verteilung der ethnischen Gruppen in den USA (M1) sowie deren Anteile in ausgewählten Städten (M2, Atlas).

❸ Legen Sie wesentliche Ursachen für die Binnenmigration in den USA dar (M5, Atlas).

❹ Entwerfen Sie Werbeflyer für eine Rentnerstadt oder einen Trailerpark (M4 – M8, Internet).

Mit 34 Einw./km² (2021) zählen die USA zu den Ländern mit geringer Bevölkerungsdichte (Deutschland: 235 Einw./km²), doch existieren innerhalb der USA beträchtliche räumliche Disparitäten. Die am dichtesten besiedelten Regionen liegen an der Atlantikküste und den Großen Seen im Osten sowie der Pazifikküste im Westen. Dazwischen befinden sich ausgedehnte und nur sehr dünn besiedelte Gebiete.

In den meisten US-Bundesstaaten stellen *White Americans* die absolute Mehrheit. *African Americans* konzentrieren sich nach wie vor im Südosten, wo ihre Vorfahren im 17. und 18. Jahrhundert als Sklaven auf den Tabak- und Baumwollplantagen arbeiten mussten. Zudem leben viele Afroamerikaner in den Industriestädten des Nordostens.

Der Großteil der *Hispanics* hat sich hingegen in den südlichen, an Mexiko grenzenden Staaten von Kalifornien bis Texas angesiedelt. In deren ländlichen Regionen sind viele von ihnen als billige Arbeitskräfte in der Landwirtschaft tätig. Florida weist einen hohen Anteil kubanischer Immigranten auf. Asiaten leben vor allem in den Metropolen des Landes. Die indigene Bevölkerung ist in allen Staaten nur eine kleine Minderheit. Mittlerweile weisen neben Washington D.C. auch Bundesstaaten wie Kalifornien und New Mexiko eine *majority of minorities* auf.

M3 USA – Bevölkerungsdichte und Ethnien

M4 Rentnerstadt Sun City/Arizona – Luftbild und Kartenausschnitt

Bis heute kommt es in den USA zu großräumiger **Binnenmigration**. Verzeichneten in der ersten Hälfte des 20. Jahrhunderts die industriell geprägten Regionen des Nordostens den stärksten Bevölkerungszuwachs, so kam es in den letzten Jahrzehnten mit der hohen Zuwanderung in den Westen und den Süden zu einer deutlichen Trendwende. Neben arbeitsplatzorientierten Motiven spielten dafür das angenehme Klima, die höhere Lebensqualität und das Aufstreben neuer, wachstumsstarker Industrien in diesen Regionen eine große Rolle. Dem standen im Nordosten die Krisen der Schwerindustrie und des Fahrzeugsbaus sowie der wirtschaftliche Strukturwandel und die sich verschlechternden Lebensbedingungen in manchen Städten gegenüber. Eine Sonderform ist die Migration wohlhabender Rentner aus dem „rauen Norden" in den „milden Süden" (M4).

M5 USA – Binnenmigration

Generell weisen die USA eine hohe Mobilität ihrer Bewohner auf. So ziehen jährlich etwa 15 Prozent aller US-Amerikaner z. B. zur Verbesserung ihrer Wohn-, Arbeits- oder Lebensverhältnisse um. Begünstigt wird die Mobilität durch den Wunsch nach einem Eigenheim. Geringe Bodenpreise, kaum vorhandene Bauvorschriften, die Holzbauweise sowie das große Angebot an komplett möblierten Immobilien fördern dies. Ein weiterer Grund für häufige Umzüge ist die Steuerfreiheit auf Gewinne aus dem Verkauf eigengenutzter Immobilien.
Weniger begüterte Amerikaner wohnen oft in *Mobile Homes*, die in Größe und Ausstattung Einfamilienhäusern entsprechen und zu jedem gewünschten Standort transportiert werden können. Dort werden sie z. B. in *Trailerparks* abgeladen, an die Infrastruktur angeschlossen und schon sind sie einzugsbereit.

M7 Wohnmobilität – immer unterwegs

M6 *Trailerpark* mit *Mobile Homes* in Delaware

M8 Transport von *Mobile Homes*

GeoKompakt

Die Bevölkerung der USA sowie deren ethnischen Bevölkerungsgruppen sind im Land aufgrund natürlicher bzw. historischer Faktoren sehr unterschiedlich verteilt. Außerdem verändern die räumliche Mobilität und die damit verbundene Binnenmigration die Struktur der Bevölkerungsverteilung kontinuierlich.

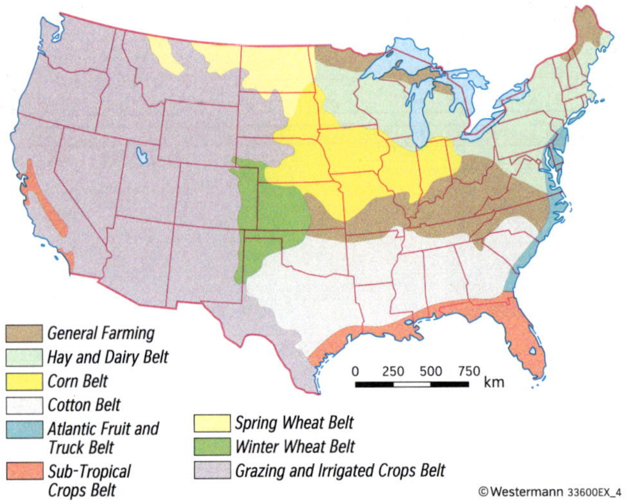

M1 Das klassische *Belt-System* – räumliches Modell der US-Landwirtschaft bis 1930

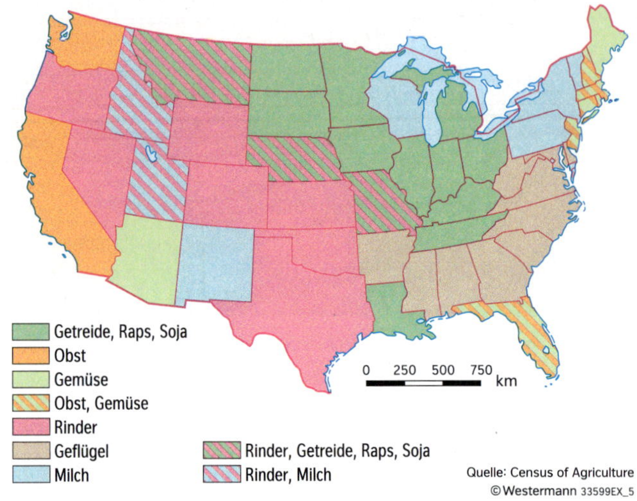

M3 Die wichtigsten Agrarprodukte der US-Bundesstaaten gemessen am Verkaufswert (2020)

USA – Weltmeister in der Erzeugung und im Export von Agrarprodukten

Die US-Landwirtschaft zeigt gewaltige Dimensionen: riesige Felder und Viehbestände, enorme Exportquoten, modernste Agrartechnologie. Seit Jahrzehnten produzieren die US-Agrarunternehmen mehr Lebensmittel, als die eigene Bevölkerung konsumiert und exportieren deshalb in großen Mengen landwirtschaftliche Erzeugnisse in die ganze Welt. Was macht die US-amerikanische Landwirtschaft so produktiv?

Anteil am BIP	0,9 %
Anteil der Beschäftigten	1,6 %
Wert der Gesamtagrarproduktion	389 Mrd. USD
Exportanteil der Agrargüter	11,8 %
Exportwert der Agrargüter	140 Mrd. USD
Farmen	2,04 Mio.
bewirtschaftete Fläche	364 Mio. ha (etwa 37 % der Landesfläche)
durchschnittliche Betriebsgröße	178 ha (Deutschland: 66 ha)
durchschnittliches Einkommen/Farm	43 053 USD/Jahr

M2 Strukturdaten zur US-amerikanischen Landwirtschaft (2018)

Weizen	Produktion in Mio. t	Export in Mio t. (2021)
China	137	-
Indien	100	6
Russland	76	27
USA	45	24
Australien	34	26
Ukraine	33	19

Rindfleisch	Produktion in Mio. t	Export in Mio. t
USA	12,8	1,6
Brasilien	10,4	3,0
Indien	4,4	1,5
Australien	2,0	1,3

M4 Bedeutende Weizen- und Rindfleischproduzenten bzw. -exporteure (2022)

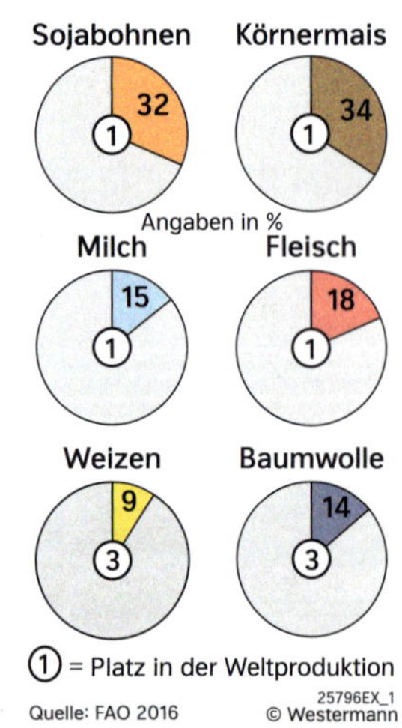

M5 Anteile der US-Landwirtschaft an der Weltproduktion (2018)

❶ Belegen Sie anhand von Colorado, Iowa und New York, dass die Belts (M1) das Ergebnis natürlicher Bedingungen, der Marktorientierung sowie der Verderblichkeit der Produkte sind (Atlas).

❷ Nehmen Sie in einem Bericht Stellung zu der Aussage „Die USA sind eine Agrarnation" (M2 – M4).

❸ Erstellen Sie eine Mindmap zu den Ursachen und Folgen des Strukturwandels in der US-amerikanischen Landwirtschaft (M7 – M11).

❹ Begründen Sie, inwieweit sich das klassische Beltsystem (M1) in der aktuellen Agrarproduktion der US-Bundesstaaten (M3) widerspiegelt.

M6 Milchwirtschaft in Wisconsin: klassische *Family-Farm* und moderner Großbetrieb

War die US-Landwirtschaft schon immer führend beim Einsatz von Maschinen, Mineraldünger, Schädlingsbekämpfungsmitteln und Saatzuchtgut, brachte ein intensiver Strukturwandel in den letzten Jahrzehnten weitere Fortschritte. So wurde die Bewässerungslandwirtschaft immer mehr ausgeweitet. Gentechnische Veränderungen von Saatgut und Nutztieren steigerten die Erträge. Auch der Einsatz digitaler Hilfsmittel machte die Anbaumethoden immer effektiver. Zugleich führte die zunehmende Spezialisierung zu einem kleineren Anbauspektrum und zur Haltung weniger Tierarten. Schließlich unterstützte der Staat durch Subventionen wie Preisstützungen, Handelsbarrieren und den Aufkauf von Überschüssen die Farmer massiv.
Damit sich die hohen Investitionen zur Modernisierung der Betriebe rentierten, vergrößerten viele Farmer unter dem Motto *„grow bigger or give up"* ihre Anbauflächen und Viehbestände. Dies führte jedoch durch Verschuldungskrisen zu vielen Betriebsaufgaben. Infolge des Strukturwandels hat sich eine duale Struktur entwickelt: auf der einen Seite eine Vielzahl von Familienfarmen, auf der anderen Seite wenige Großbetriebe bzw. Megafarmen des Agrobusiness, die heute den überwiegenden Teil der Agrarproduktion erwirtschaften.

M7 Bericht zum Strukturwandel in der US-Landwirtschaft

	Zahl der Anbauprodukte				
	1	2	3	4	> 4
	Anteil der Farmen in %				
1996	23	23	25	16	13
2018	31	32	21	9	7

M8 Anzahl der Anbauprodukte in US-Farmen

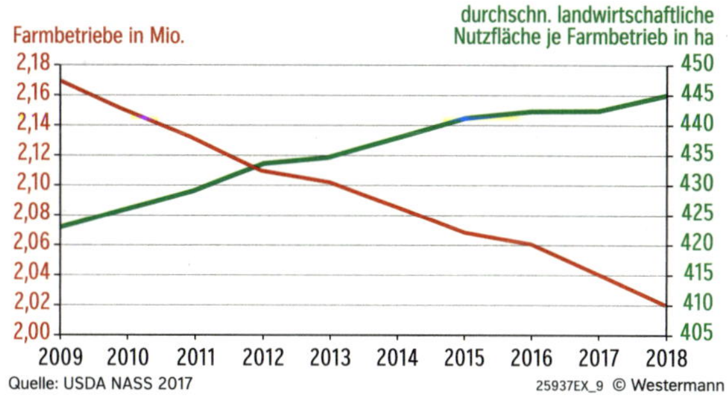

M9 USA – Entwicklung der Farmbetriebe

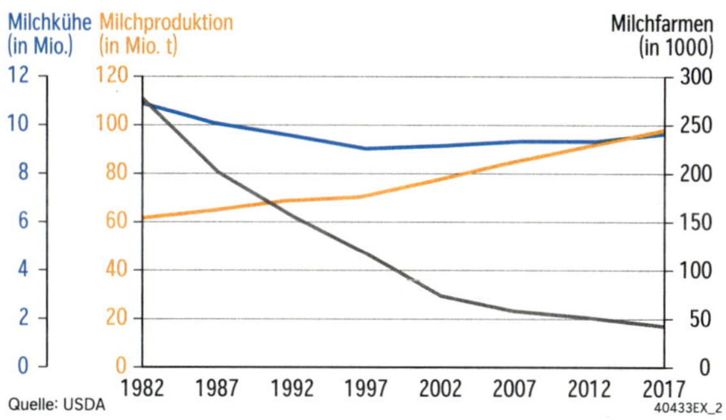

M10 USA – Milchfarmen, -produktion und -kühe

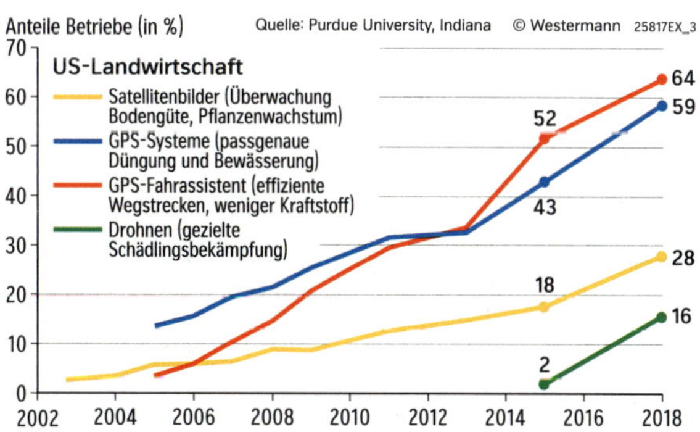

M11 Digitale Hilfsmittel in der Landwirtschaft

GeoKompakt

Die hohe Agrarproduktion der USA lässt sich heute nur teilweise auf die Naturfaktoren zurückführen. Ursache hierfür ist vielmehr der Strukturwandel: Spezialisierung, Mechanisierung und Intensivierung veränderten nicht nur die Produktivität, sondern auch die Anbauregionen und -produkte sowie die Anzahl und Größe der Betriebe.

M1 *Kuner Feedlot* in Colorado – Mastviehhaltung in *feedlots* von 60 x 60 m (3 600 m² pro Einheit) mit bis zu 300 Rindern

Agrobusiness – Rindermast in *Factory Farms*

Die Great Plains sind das Zentrum der agrarindustriellen Rindermast in den USA. Untersuchen Sie anhand des *Kuner Feedlots* in Colorado die Organisations- und Produktionsstruktur eines solchen Betriebs und hinterfragen Sie diese Art von Fleischproduktion kritisch.

INFO

Agrobusiness ist ein komplexes landwirtschaftliches System, bei dem alle Prozesse von der Erzeugung bis zur Vermarktung in agrarischen Großunternehmen nach industriellen Organisations- und Produktionsmethoden, z. B. extreme Spezialisierung, Massenproduktion, hoher Einsatz von Fremdkapital, Technologie und Logistik, ablaufen.

„Früher lagen die Rinderzuchtgebiete in den semiariden Grasländern der Plains. Hier hüteten die Cowboys die Rinder und trieben diese in wochenlangen Trecks zu den Eisenbahnstationen oder Schlachthöfen im Nordosten. Heute werden die Rinder in mechanisierten *Factory Farms* gemästet, in firmeneigenen Schlachthäusern zerlegt und portioniert an die Handelsketten geliefert.
Für uns Cowboys beginnt der Tag frühmorgens im Futterwerk, wo wir die Futtermühle anheizen, damit der Mais im Dampf wie Cornflakes ausflockt. Die Futter-Lkw-Fahrer kommen um 5:30 Uhr, um in der ersten Runde der täglich drei Futtergaben die automatisierten Futtertröge mit einer genau abgewogenen Futtermenge zu füllen. Bei Sonnenaufgang reiten wir dann die kilometerlangen Pferche ab. Wir überprüfen, ob die Tiere gesund und die Mastbuchten in Ordnung sind. Im Laufe des Tages werden neue Rinder angeliefert. Wir helfen bei deren Entladung, tierärztlicher Untersuchung und Impfung gegen Seuchen. Danach treiben wir die Tiere in die *Feedlots*. Die Entsorgung der tierischen Exkremente bereitet uns keine Probleme. Aufgrund des Klimas bringen wir diese im Freien aus, wo sie schnell trocknen. Hier in den siedlungsarmen Plains stehen noch genügend freie Flächen zur Verfügung und es gibt kaum Umweltschutzauflagen."

M3 Ein Cowboy des *Kuner Feedlots* berichtet über seinen Alltag

- Besitzer: JBS Five Rivers (elf weitere *Feedlots* in sechs US-Bundesstaaten), Unternehmensteil von Pinnacle Asset Management (Finanzdienstleister)
- Beschäftigte: im *Feedlot* 65, im unternehmenseigenen Schlachthaus 3000
- Kapazität: 100 000 Rinder gleichzeitig
- Produktion: 330 000 Rinder pro Jahr
- Kälber aus North und South Dakota, Wyoming
- Futtermittel: Weizen, Mais (Zukauf aus Kansas, Nebraska), Luzerne (regionaler Zukauf)
- Abgabe der tierischen Exkremente nach Trocknung an der Luft als Dünger an lokale Farmen
- Export von 30 % der Produktion in 20 Länder weltweit

M2 Steckbrief *Kuner Feedlot* (2020)

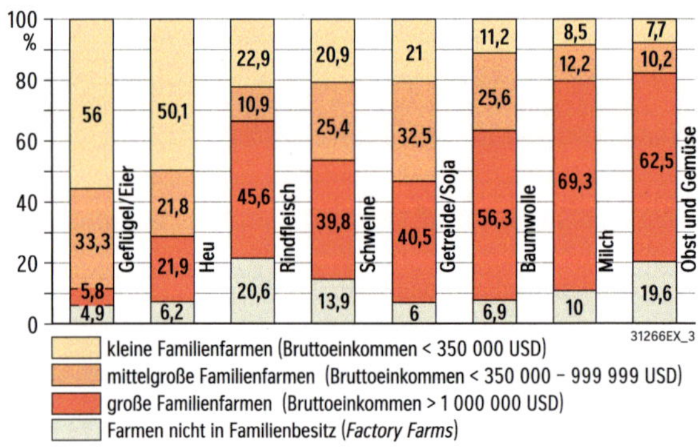

M4 Anteil von Betriebstypen am Produktionswert ausgewählter Agrargüter

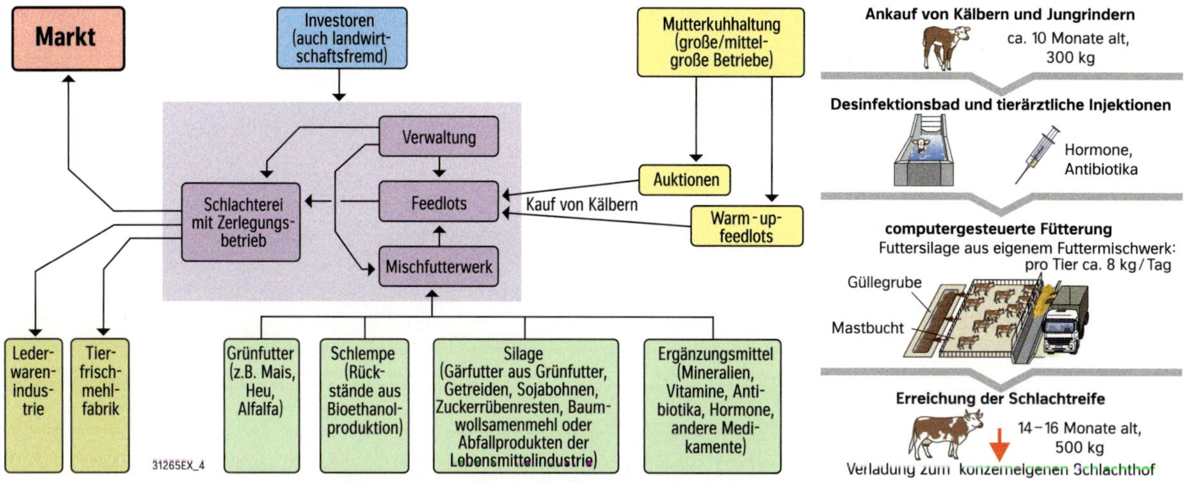

M5 Produktionsverbund der Mastrinderproduktion eines agroindustriellen US-Großunternehmens

Agrarindustrielle Rinderhaltung produziert in hohem Maß organischen Dünger. Obwohl Mist und Gülle wertvolle Nährstoffe sind, schädigt ihre konzentrierte Ausbringung Luft, Boden und Wasser. Die Nutztierhaltung ist mit etwa 18 Prozent an den globalen Treibhausgasemissionen in CO_2-Äquivalenten und neun Prozent aller anthropogenen CO_2-Emissionen beteiligt. In den USA verursacht sie 50 Prozent des Antibiotikaverbrauchs und 33 Prozent der Wasserbelastung mit Stickstoff und Phosphat. Weltweit ist sie mit etwa acht Prozent am landwirtschaftlichen Wasserverbrauch beteiligt, vor allem für die Bewässerung beim Futtermittelanbau. Der Wasserbedarf zur Herstellung von einem Kilogramm Rindfleisch wird in den USA auf 20 bis 43 m^3 geschätzt. In den Great Plains wurde die Ausweitung und Intensivierung des Anbaus von Futtermitteln erst durch die Karusselbewässerung und die Nutzung der fossilen Grundwasservorräte des Ogallala Aquifers möglich. Der Wasservorrat dieses gigantischen unterirdischen Speichers droht jedoch zunehmend knapper zu werden, weil er durch die geringen Niederschläge kaum aufgefüllt wird. Rinder fressen natürlicherweise Gras. Die allermeisten Tiere werden heute aber mit Getreide gefüttert, das dann der Lebensmittelversorgung verloren geht. Das über den Umweg von Futtermitteln hergestellte Fleisch verliert stark an Energiegehalt (Umwandlungsrate bei Rindern 7:1). Dieser Energieverlust könnte theoretisch 3,5 Mrd. Menschen ernähren.

M6 Ökologische und soziale Folgen der Rinderhaltung

INFO

Als **vertikale Integration** wird die Zusammenarbeit aufeinanderfolgender Produktionsstufen in einem Unternehmen bezeichnet.
Horizontale Integration hingegen ist der Zusammenschluss von Betrieben gleicher Produktionsstufe.
Beides erhöht durch Zeit- und Kostenvorteile die Wettbewerbsfähigkeit der Unternehmen.

1. Beschreiben und erklären Sie die räumliche Lage der Feedlots in den USA (Atlas).
2. Präsentieren Sie die *Factory Farm Kuner Feedlot* in einem anschaulichen geographischen Kurzreferat (M2, M3, M5, Atlas, Internet).
3. Belegen Sie, dass es sich beim *Kuner Feedlot* um ein agrarindustrielles Unternehmen sowie einen vertikalen und horizontalen Produktionsverbund handelt (M1 – M5).
4. Bewerten Sie den Verzehr von Fleisch aus *Factory Farms* unter ökologischen und sozialen Gesichtspunkten (M6).

GeoKompakt

Die Rinderzucht in spezialisierten US-Großmastbetrieben ist Teil des Agrobusiness, das in vertikaler und horizontaler Integration auf Massenfleischherstellung mit höchster Produktivität ausgelegt ist. Jedoch schließt dies auch negative Folgen für die Umwelt und die Verbraucher mit ein.

M1 Anbauprodukte in den kalifornischen *Counties* nach Verkaufswert – Karte und Blockbild Zentralkaliforniens

Obst- und Gemüsegarten Kalifornien – ökologisch sinnvoll und zukunftsfähig?

Kalifornien versorgt mit nur drei Prozent der landwirtschaftlichen Nutzfläche die US-amerikanische Bevölkerung mit 25 Prozent aller Anbauprodukte der USA und erzeugt jährlich ein Siebtel der US-Agrarexporte. Arbeiten Sie die besonderen Voraussetzungen, den Stellenwert, aber auch die ökologischen Folgen der gigantischen kalifornischen Agrarproduktion heraus.

Das Central Valley ist der Kernraum der kalifornischen Landwirtschaft. Mit 3000 ha gehört die *Terra Nova Ranch* zu den größeren Farmen im San Joaquin Valley. Mehr als 25 Gemüsesorten werden hier angebaut, dazu Mandeln, Oliven und Weintrauben. Das wichtigste Produkt sind Tomaten.
Bis zu 150000 t pro Saison liefert Farmmanager Don Cameron an Ketchup-Hersteller und an Konservenfabriken. Mineralstoffreiche Böden, das mediterrane Klima und intensive Bewässerung ermöglichen drei Ernten im Jahr. Von Vorteil im arbeitsintensiven Gemüseanbau sind die niedrigen Löhne der mexikanischen Arbeitskräfte.

M2 Gemüseanbau im San Joaquin Valley

„Tomatenmark ist heute das weltweit am weitesten verbreitete Agrarprodukt. Jährlich konsumiert jeder Bewohner der Erde durchschnittlich 5,2 kg verarbeitete Tomaten. [...]. In der Kleinstadt Williams im Sacramento Valley stellt die *Morning Star Company* in drei gigantischen Fabriken 12 % des weltweit konsumierten Tomatenmarks her. [...] 1350 t frische Tomaten werden hier in jeder Stunde zu Konzentrat verarbeitet. Das Waschen, Zerkleinern und Verdampfen ist komplett automatisiert."
Quelle: Jean-Baptiste Malet: Der rote Einheitsbrei. In: Die Essensmacher. Edition Le Monde Diplomatique Nr. 24, 2019, S.16

M4 Tomatenmark aus dem Sacramento Valley

	in Mrd USD	US-Rang
Mandeln	6,02	1
Trauben	5,29	1
Beeren	3,02	1
Pistazien	2,91	1
Salat	2,48	1
Tomaten	1,18	1
Reis	1,02	1
Brokkoli	0,78	1

M3 Agrarprodukte Kaliforniens nach Wertschöpfung 2021

1 Erläutern Sie die unterschiedliche agrarwirtschaftliche Nutzung innerhalb Kaliforniens anhand der natürlichen Bedingungen sowie der Ansprüche der einzelnen Agrarprodukte (M1, Atlas, Internet).

Anteil an der Anbaufläche von Industrietomaten in den USA: 94 %
Anzahl der Farmen: 344
durchschnittliche Betriebsgröße: 270 ha

1949: Züchtung von maschinell zu erntenden Tomaten
1970: Einsatz von Industrietomaten-Vollerntern
1976: Einsatz elektronischer Sortierer

M5 Fakten und Geschichte des Industrietomatenanbau in Kalifornien (2021)

M6 Mandelbäume bei Sacramento, Erdbeerfeld im Salinas Valley und Salatanbau im San Joaquin Valley

Das Central Valley, das wichtigste Anbaugebiet Kaliforniens, weist von Norden nach Süden zwischen 250 mm bis 500 mm Jahresniederschläge auf – zu wenig für die Intensivlandwirtschaft. Ermöglicht wird der ganzjährige Anbau erst durch technische Maßnahmen der Wasserversorgung. Die in Nordkalifornien und der Sierra Nevada reichlich fallenden Niederschläge werden in großen Stauseen gespeichert. Von dort wird das Wasser durch Pipelines und Bewässerungskanäle von ca. 560 km Gesamtlänge in die Bedarfsgebiete gepumpt und verteilt. Oftmals reichen jedoch die gespeicherten Wassermengen für die sommerliche Bewässerung der immensen Agrarflächen nicht aus. Um dennoch genügend Wasser zu erhalten, betreiben die Farmer tiefreichende Grundwasserbrunnen. Durch deren enorme Wasserentnahme entstehen im Untergrund Hohlräume, die zu Landabsenkungen führen. In Küstennähe wiederum dringt salziges Meerwasser in den Grundwasserkörper ein. Zudem kommt es zur Versalzung der Ackerböden, da mineralreiches Bewässerungswasser an der Oberfläche verdunstet. Langjährige Dürreperioden, die klimawandelbedingt immer extremer ausfallen, verschärfen zudem die Anbaubedingungen. Die Wasserbehörde empfiehlt dringend, Wasser einzusparen und aufzubereiten, wenn nicht Tausenden Menschen das Wasser abgedreht werden soll. Vor allem Landwirte wären davon existenziell betroffen.

M7 Wasserversorgung der kalifornischen Intensivlandwirtschaft

Nordkalifornien		Südkalifornien	
1/3 Landesfläche		2/3 Landesfläche	
75 % des kalifor. Niederschlags		80 % der kalifor. Wassernachfrage	
222 Mrd. m³ Niederschlag fallen in Kalifornien.			
111 Mrd. m³ verdunsten		111 Mrd. m³ verbleiben	
Von den verbleibenden 111 Mrd. m³ entfallen			
55,5 Mrd. m³ als Abfluss (Flüsse)	41,9 Mrd. m³ für die Landwirtschaft	11,1 Mrd. m³ für die städtische Nutzung	2,5 Mrd. m³ für andere Nutzungen

Agrarprodukte	Wasserbedarf
1 Orange	60,8 l
1 Kopf Brokkoli	23,7 l
1 Walnuss	21,5 l
1 Kopf Blattsalat	15,4 l
1 Tomate	14,5 l
1 Mandel	4,8 l
1 Pistazie	3,3 l
1 Erdbeere	1,7 l
1 Weintraube	1,3 l

M8 Niederschlagsangebot und Wasserbedarf in Kalifornien

❷ Erläutern Sie die Sonderstellung der kalifornischen Landwirtschaft innerhalb der USA (M1 – M6).

❸ Erklären Sie, warum die Niederschlagsverhältnisse Kaliforniens die Anlage von Bewässerungssystemen notwendig machen (M6 – M7, Atlas).

❹ „Der größte Teil des kalifornischen Wasserfußabdrucks ist mit der Nahrungsmittelproduktion verbunden." Diskutieren Sie diese These (M6 – M8).

❺ „Unsere zunehmend industrialisierte Landwirtschaft gräbt sich selbst das Wasser ab!" Erläutern Sie diese Aussage eines Bewohners aus Kalifornien anhand eines Kurzvortrags (M6 – M8).

GeoKompakt

Das Kalifornische Längstal ist das wichtigste Anbaugebiet der USA für Obst und Gemüse, aber auch für Wein und Reis. Etwa ein Viertel der Lebensmittel der USA wird hier produziert. Grundlage dafür ist in dieser sommerlich trockenheißen Region eine gut ausgebaute Bewässerungslandwirtschaft, die jedoch bedingt durch den rezenten Klimawandel zunehmend mit den Folgen längerer Dürreperioden zu kämpfen hat.

- beträchtliche, vielfältige Ressourcenausstattung
- großes Arbeitskräftepotenzial, risikobereites und innovationsfreudiges Unternehmertum
- Spitzentechnologie durch intensives Engagement in Forschung und Entwicklung (FuE)
- welthöchste Produktivität durch hohen Automatisierungsgrad und modernste Digitalisierung
- riesiger, konsumfreudiger Binnenmarkt, daher geringere Exportabhängigkeit der Wirtschaft
- hoher Anteil weltweit agierender Konzerne, Weltmarktführer bei vielen Produktmarken
- Zentrum der weltweiten Finanzindustrie, Börsenplatz New York, Dollar als Leitwährung der Welt
- dominierende Rolle bei weltwirtschaftspolitischen Entscheidungen (z. B. Weltbank)
- stabile Demokratie, liberale Marktwirtschaft, wirtschaftsfreundliche Rahmenbedingungen

M1 Entwicklung zur Weltwirtschaftsmacht USA

Staat	BIP (in Mrd. USD 2020)		BIP/ Einw. (in USD 2020)	
	nominal	KKP	nominal	KKP
USA	22997	22997	69231	71379
China	17458	27206	12358	19267
Japan	4937	5615	39339	44737
Deutschland	4225	4856	56794	58339
EU (ohne UK)	14447	18042	35780	52295

M2 BIP der wirtschaftsstärksten Staaten in der Welt

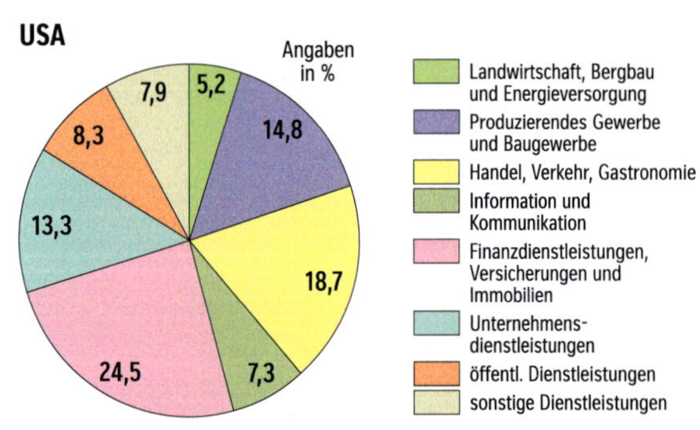

Quelle: BEA, Statistisches Bundesamt 33552EX_4

M3 US-BIP nach Wirtschaftsbereichen 2020

❶ Vergleichen Sie die Wirtschaftskraft der fünf wirtschaftsstärksten Staaten und begründen Sie die Vormachtstellung der USA (M1 – M3).

❷ Formulieren Sie in einem Partnerinterview Fragen zum sektoralen und räumlichen Strukturwandel der USA (M3 – M8), die Ihre Partnerin oder Ihr Partner beantworten sollte.

Weltwirtschaftsmacht USA im Wandel

In ihrem Selbstverständnis fühlt sich die US-Bevölkerung nicht nur politisch und militärisch als die Nummer Eins in der Welt, sondern auch wirtschaftlich. Doch seit einigen Jahren kratzen China und die Europäische Union an dieser Spitzenposition. Finden Sie heraus, inwieweit der seit den 1960er-Jahren stattfindende sektorale und räumliche Strukturwandel die Vormachtstellung der US-Volkswirtschaft beeinflusst hat.

In den USA hat die industrielle Produktion bis Mitte des 20. Jahrhunderts maßgeblich die Wirtschaftsentwicklung bestimmt. Ab 1960 fand – wie in vielen Industrieländern – ein sektoraler Strukturwandel zu einer Wirtschaft statt, in der Hightech und hochwertigere Dienstleistungen eine immer wichtigere Rolle spielen. Das führte dazu, dass zahlreiche traditionelle Produktionsbereiche weitgehend aufgegeben bzw. arbeitsintensive Industrien in Länder mit billigeren Produktionsmöglichkeiten ausgelagert wurden. Erzeugnisse mit geringerer Wertigkeit, wie z. B. Spielwaren oder Bekleidung, aber auch Kraftfahrzeuge und Maschinen wurden nun vor allem aus Asien und Europa importiert.
Dies führte seit etwa 1990 zu einem drastischen Außenhandelsdefizit. Exportüberschüsse werden fast nur noch bei Agrarerzeugnissen und ausgewählten Hochtechnologieprodukten erzielt.
Im Zuge dieses Wandels verloren altindustrielle Kernräume wie der *Manufacturing Belt* an Bedeutung. Die wirtschaftlichen Aktivitäten verlagerten sich in neue, ehemals landwirtschaftlich geprägte Räume wie den *Sunbelt*, die heute von der Hightech-Industrie und Petrochemie geprägt sind (M5).

M4 Wirtschaftlicher Strukturwandel

❸ Arbeiten Sie aus einer Atlaskarte Räume mit einer hohen Konzentration von Erdölraffinerien, Hightech- und Maschinenbauunternehmen heraus und begründen Sie deren Lage (M4, M5).

❹ Erläutern Sie die Unterschiede in der Entwicklung des BIP (Bruttoinlandsprodukts) sowie im Pro-Kopf-Einkommen in den US-Regionen (M5 – M8, QR-Code).

ascadia: neuer Industrieraum
vestlich der Kaskadenkette: traditio-
elle Holz- und Aluminiumindustrie
uf der Basis von Wasserkraft, Luft-
nd Raumfahrtindustrie, aufstre-
ende Hightech-Branchen

Manufacturing Belt: älteste Industrieregion der USA, traditionelle Eisen- und Stahlindustrie, Maschinenbau, Automobilindustrie; Entwicklung durch die Deindustrialisierung zum *Rust Belt* (Vergleich: Ruhrgebiet)

unbelt: wachstumsstarke
irtschaftsregion im Süden,
doch nur einzelne wirt-
chaftliche „Hotspots": High-
ech (Rüstung, Elektronik,
uft- und Raumfahrt, Bio-
echnologie, Medizin), Petro-
chemie (Basis Erdöl, Erdgas)

Industrieregionen

- traditionelle Industrieregion (starkes Wachstum ca. 1870–1970)
- junge Industrieregion (starkes Wachstum seit ca. 1970)
- führender Hightech-Standort

Industriegürtel (industrial belt concepts) mit Jahrzehnt der ersten Erwähnung

- Manufacturing Belt (1920er; = „Rust Belt", 1980er)
- Mainstreet Canada (1970er)
- Sunbelt (1970er)
- Cascadia (1990er)

M5 Industrieregionen der USA

Das älteste Industrierevier der USA ist der *Manufacturing Belt*. Rohstoffgrundlage für dessen Entstehung waren Kohle aus den Appalachen und Eisenerz aus dem Gebiet des Oberen Sees. Auf der Basis der von Eisenhütten und Stahlwerken erzeugten Produkte entstanden Unternehmen der Metallindustrie, des Maschinen- und Fahrzeugbaus. In den 1960er-Jahren sank die Nachfrage nach Stahl. Eisenhütten, Stahlwerke und Fabriken wurden geschlossen. Steigende Arbeitslosigkeit war die Folge. Die Region geriet in eine Wirtschaftskrise. Zeitgleich zu dieser Krise wurde der *Sunbelt* als Standort für neu entstehende Wachstumsindustrien interessant. Er bot zum Beispiel gut ausgebildete Arbeitskräfte, Forschungseinrichtungen, Steuervorteile und staatliche Hilfen. Ebenso bildeten die Erdöl- und Erdgasvorkommen am Golf von Mexiko eine Grundlage für die Entwicklung der Petrochemie.

M6 Entwicklung der US-Industrieregionen

	Gesamt		Industrie	
	1976	2020	1976	2020
New England	5,3	4,6	5,6	4,4
Mideast	20,6	17,8	13,8	10,1
Great Lakes	19,8	14,4	31,1	16,8
Plains	7,6	6,3	7,0	7,5
Southeast	19,7	21,6	22,6	24,1
Southwest	9,0	11,8	10,7	11,1
Rocky Mountains	2,7	3,4	2,1	1,8
Far West	15,3	20,2	15,2	24,2

M7 Anteile der Regionen am US-BIP (in %)

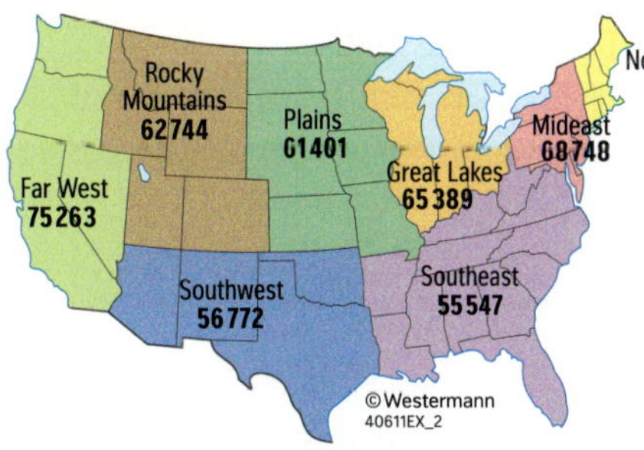

M8 Pro-Kopf-Einkommen in USD nach Regionen (2020)

GeoKompakt

Trotz einiger Probleme nimmt die Wirtschaft der USA gegenwärtig noch eine Vormachtstellung in der Welt ein. Obwohl heute im Zuge des Strukturwandels hauptsächlich innovative Dienstleistungen die Wirtschaftskraft bestimmen, spielt die Industrie weiterhin eine wichtige Rolle. Räumlich spiegelt der Strukturwandel erhebliche Disparitäten zwischen den altindustriellen Räumen und den jungen Industrie- und Dienstleistungsregionen wider.

Web-Code: WES-115093-055

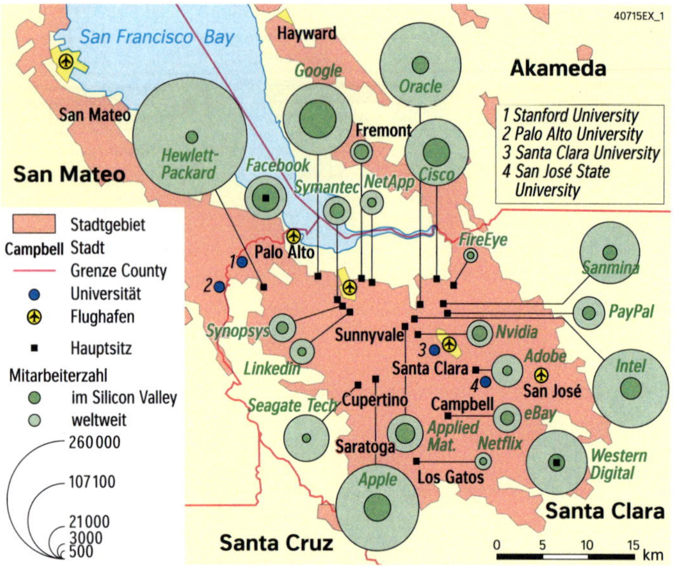

M1 IT-Standorte im Silicon Valley

- hochqualifizierte Arbeitskräfte aus der ganzen Welt
- Ausbildungs-, Forschungs-, Entwicklungseinrichtungen
- vorhandenes Know-how
- Standorte der Luft-, Raumfahrt- und Rüstungsindustrie
- Konzepte für innovative Produkte
- Risikobereitschaft der Unternehmer und Investoren
- geringe bürokratische Hürden
- Wissensaustausch über formelle/informelle Kontakte
- Agglomerationsvorteile
- personelle Mobilität zwischen FuE-Einrichtungen/Betrieben
- Regierungsaufträge
- räumliche Konzentration ähnlicher Branchen
- günstige Verkehrsanbindung
- hoher Wohn- und Freizeitwert
- Prestige und Werbewirksamkeit des Standortes
- hohes Kapitalaufkommen

M4 Standortfaktoren des Silicon Valley

Silicon Valley – Hotspot der Innovationen

Silicon Valley, benannt nach dem Element Silizium für die Halbleiterproduktion, gilt weltweit infolge der engen Vernetzung von Technologie- und Wissenschaftsfeldern als Musterbeispiel eines modernen Wirtschaftsclusters. Wie kam es dazu und wo liegen die Stärken und Schwächen dieser Region?

Wer sich im dichten Verkehr auf knapp 80 km Länge zwischen San Francisco und San José den Highway 101 entlangwälzt, kann ziemlich jede Ausfahrt nehmen, an jeder Tür klingeln – die Wahrscheinlichkeit ist groß, dass dahinter an einer Idee oder technischen Erfindung getüftelt wird. Diese sollte dann unseren Alltag einfacher und bequemer machen, während diejenigen, die sich dies ausgedacht haben, zu Millionären werden. [...] Über Jahrzehnte ist ein System entstanden, das auf einzigartige Weise Köpfchen, Kapital und Risikobereitschaft kombiniert. Die Elite-Universitäten Stanford und Berkeley produzieren Erfindungen [...] in Serie. Oft entstehen daraus [Startups], die die Innovationen im Hightech-Bereich vorantreiben. An Geld für Unternehmensgründer mit schlauen Einfällen mangelt es hier nie. [...] Doch der Hightech-Standort ist weit mehr als eine Ansammlung von Unternehmen, hochqualifizierten Arbeitskräften, Kapital und Technologie, sondern das Ergebnis der engen Verzahnung von **FuE-Einrichtungen**, Wirtschaft und Investoren. Silicon Valley lässt sich am besten als eine über Jahrzehnte entstandene Kultur einer technisch orientierten Gemeinschaft verstehen, die zeitgleich miteinander im Wettbewerb stehend Innovationen kreiert. Quelle: Karsten Lemm: Erfolgsstory Silicon Valley. BPB Bonn, 10.10.2008

M2 Die Erfolgsstory des Silicon Valley

Computer Hard- und Software	Marktwert (Mrd. USD)	IT-Dienstleistungen	Marktwert (Mrd. USD)
Apple	2 252 (1)	Alphabet	1 539 (5)
Microsoft (USA)	1 967 (2)	Facebook	870 (6)
Samsung (Südkorea)	510 (12)	Alibaba (China)	657 (9)
NVIDIA	396 (17)	PayPal	317 (27)
Intel	263 (30)	Netflix	242 (34)
Adobe Systems	251 (32)	Cisco	222 (40)

M3 Rang der IT-Unternehmen weltweit (Silicon Valley; 2021)

1. Ordnen Sie die Standortfaktoren des Silicon Valley tabellarisch nach sogenannten harten, z. B. Rohstoffe, Arbeitskräfte, Transportkosten, Energie, und weichen Kriterien, z. B. Agglomerationsvorteile, Freizeitwerte (M1 – M5, Atlas).

2. Fertigen Sie eine Mindmap zum Wirtschaftscluster im Silicon Valley an (M1 – M5, M7).

3. Führen Sie eine SWOT-Analyse (→ S. 96) zum IT-Standort Silicon Valley durch (M1 – M9).

„Big data has been dominating the tech scene in the last few years. It aims at mapping, networking and processing huge amounts of data, thus helping organizations identify new business opportunities and operations across the globe. It focusses on a distinct analysis of data spotting correlations by means of specific algorithms. Silicon Valley boasts of numerous big data companies at the forefront of analytical innovation."

M5 *Big Data* – neue Ära der Digitalisierung

Das Silicon Valley ist der bedeutendste IT- und Hightech-Standort weltweit und Musterbeispiel eines wissens- und innovationsbasierten Wirtschaftsclusters. Dieses ist gekennzeichnet durch eine einzigartige Konzentration von Informationstechnologie zur Entwicklung von Hardware, Software und Internetdienstleistungen. Um deren Global Player gruppieren sich Tausende mittelständische sowie kleine hochspezialisierte **Start-up-Unternehmen**. Dieses Cluster wird unterstützt durch Netzwerke zwischen einzelnen Unternehmen und den Investoren. Es herrscht eine Unternehmenskultur vor, die Konkurrenz, Risikobereitschaft und Experimentierfreude inklusive der Akzeptanz des Scheiterns vereint. Eine strategische Aufgabe solcher Cluster ist es, eine hohe Flexibilität bei der Entwicklung neuer Produkte zu zeigen, um ihre globale Spitzenstellung dauerhaft zu sichern. Deshalb ist das Silicon Valley einem ständigen Anpassungsdruck unterworfen.

M6 Hightech-Cluster Silicon Valley

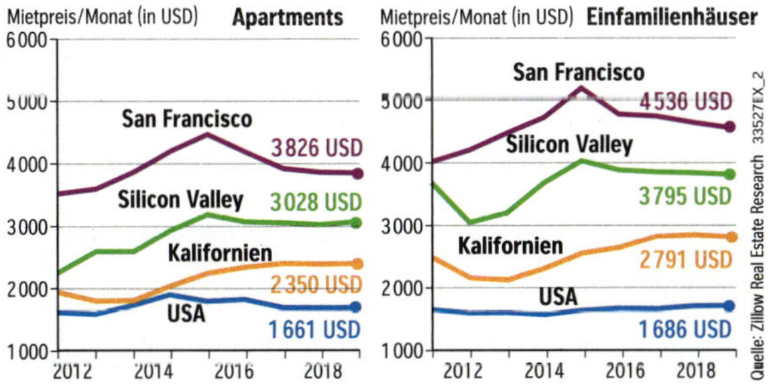

M7 Durchschnittliche Mietpreise im Vergleich

Ende 19. Jh.: Gründung der Stanford University (1891) sowie von Unternehmen der Elektro- und Radiotechnik

1950er-Jahre: Forschungsaufträge des US-Verteidigungsministeriums: Mikroelektronik, Kommunikationsgeräte, Radar- oder Mikrowellentechnik; Gründung des Stanford Industrial Parks

1960er-Jahre: Entwicklung von integrierten Schaltkreisen, Prozessoren und Speicherchips

1970er-Jahre: Herstellung der ersten PCs

1980er-Jahre: Ausweitung der PC-Industrie, Gründung kleiner IT-Firmen

1990er-Jahre: Internationales Erstarken von Internetunternehmen, z. B. Yahoo, eBay, Google, Cisco

2000er-Jahre: Gründung von Social-Media-Unternehmen, z. B. Facebook, Instagram, YouTube

seit 2010: *Clean-Tech* (Ressourcen- und Umweltschutz), *Artificial Intelligence* (Automatisierung künstli-chen Verhaltens, *Deep Learning*), *Genomics* (Analyse der Funktion von DNA-Sequenzen), *Big Data* (Erhebung und Verarbeitung von Daten)

M8 Entwicklungsphasen im Silicon Valley

Im Silicon Valley kann man sogar mit einem Zelt im Garten ein gutes Geschäft machen. Mr. Potter stellte ein Angebot auf eine Online-Plattform: Für eine Nacht in seinem drei mal zwei Meter großen Zelt verlangt er 41 Euro bzw. 900 Euro pro Monat! Dazu bietet er für die vielen Interessenten Schlafsack und Kissen sowie eine Dusche im Haus.

Quelle: Nicole Markwald: Wohnungsnot im Silicon Valley. Deutschlandradio online. Köln, 29.07.2015; verändert

Im Silicon Valley herrscht eine Zweiklassengesellschaft: Neben hoch bezahlten IT-Entwicklern arbeiten Millionen Menschen im Hintergrund bei Subunternehmern für einen Mindestlohn. Viele von ihnen können sich die hohen Mietpreise nicht leisten und pendeln mehrere Stunden täglich zu ihrem Arbeitsplatz.

Quelle: Marcus Schuller: Bitte keine Gewerkschaft. Deutschlandfunk Nova online. Köln, 18.05.2018; verändert

M9 Die Schattenseiten des Silicon Valley

GeoKompakt

Silicon Valley, anfänglich nur Zentrum der Halbleiterindustrie, entwickelte sich seit den 1950er-Jahren durch seine einzigartige Standortkonzentration von Bildungs- und Forschungseinrichtungen, Informations-, Umwelt- und Biotechnologie, Luft- und Raumfahrtindustrie zu einem der bedeutendsten Hightech-Cluster der Welt. Es hat aber auch einen US-Spitzenplatz bei den Mietpreisen und Lebenshaltungskosten inne.

M1 Skyline von Pittsburgh/Pennsylvania – 1953: Schwerindustrie, heute: Forschungszentren, Wohnungen, Freizeit- und Sportanlagen auf der ehemaligen Industriebrache

Reindustrialisierung – Chance für die US-Wirtschaft

Altindustrielle Standorte in den USA versuchen, auf der Basis vorhandener Infrastruktur und nicht unerheblichen Know-hows über Produktionsabläufe einen Modernisierungsprozess einzuleiten, um sich wirtschaftlich neu zu positionieren. Was sind die Faktoren für eine erfolgreiche **Reindustrialisierung** und wie beeinflusst diese die ehemals altindustriellen Räume?

1 Entwerfen Sie eine Broschüre, die für die Industrieregion Cascadia wirbt (M3, → S. 55 M6).

2 „Die historischen Standortvorteile sind der größte Trumpf für die Transformation des Manufacturing Belts!", behaupten US-Ökonomen. Bewerten Sie diese Aussage (M1 – M4, M6).

Großes Arbeitskräftepotenzial, umfassendes IT-Know-how und ein konsumfreudiger Binnenmarkt sind die Schlüsselfaktoren für das Wiedererstarken der Industrie in den USA seit 2010. Zum einen wurden die Produktionskosten durch die zunehmende Digitalisierung wieder international wettbewerbsfähig. Zum anderen sorgen Innovationen im Bereich mobiler Robotik und intelligenter Maschinen für eine hohe Automatisierung von immer vielfältigeren Fertigungsprozessen. Zugute kommen den altindustrialisierten Räumen niedrige Energiekosten aufgrund des Schiefergas-Booms. So erschlossen die USA binnen weniger Jahre mit ***Fracking*** enorme Energiereserven. US-Unternehmen bezahlen nicht einmal halb so viel für Elektrizität wie Wettbewerber in Europa. Eine unternehmensfreundliche Niedrigzinspolitik der US-Notenbank ermöglichte günstige Kredite. Konjunkturpakete der US-Regierung unterstützen diesen Prozess zusätzlich. Damit werden beispielsweise Infrastrukturprojekte zur Modernisierung des Nah- und Fernverkehrsnetzes sowie der Stromversorgung finanziert.

M3 Reindustrialisierung – Wiedererstarken der Industrie in den USA

M2 *NASA Glenn Research Center* in Cleveland/Ohio

M4 Ionen-Raketenantrieb im *Glenn Research Center*

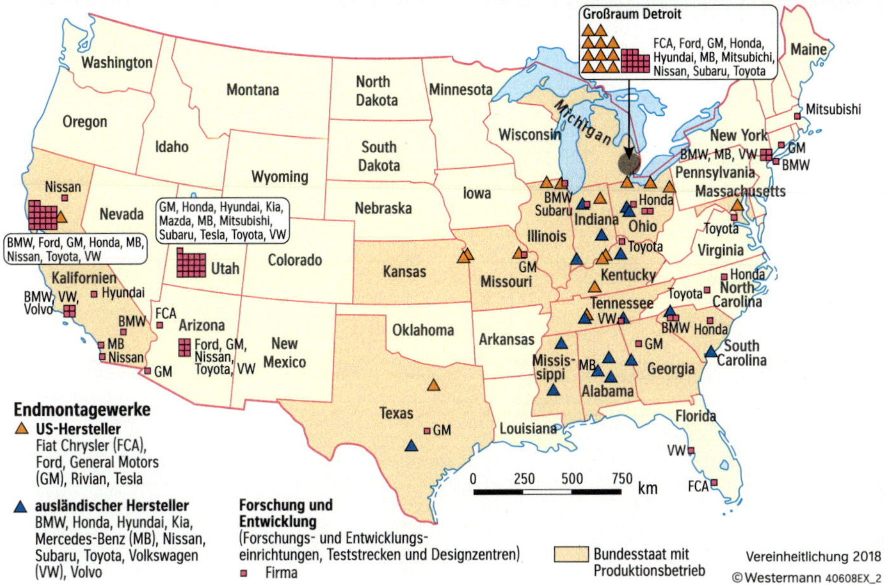

M5 Standorte der Automobilindustrie in den USA

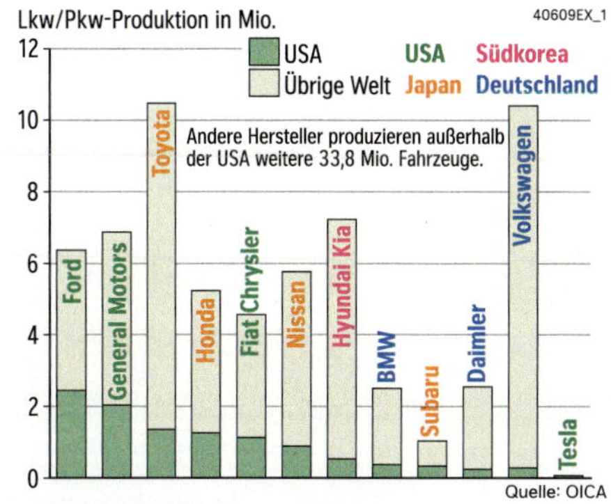

M9 Produktion von Kraftfahrzeugen in den USA und weltweit (2018, Auswahl)

Früher waren Pittsburgh und Cleveland Zentren der Schwerindustrie. Heute sind im Stadtbild keine Schlote und kein Ruß mehr zu sehen. In Pittsburgh haben Unternehmen wie Apple, Google oder Microsoft ihre Forschungsabteilungen angesiedelt. Cleveland ist heute Standort eines Forschungszentrums der NASA für Luft- und Raumfahrttechnologien. Aus ehemaligen „Roststädten" wurden Start-up- und Hightech-Metropolen. Ein großer Vorteil für die Regionen im *Manufacturing Belt*, in dem ein Drittel aller Amerikaner lebt, sind die weiterhin vorhandenen Standortvorteile: Verkehrsgunst, qualifizierte Arbeitskräfte und kapitalkräftiges Unternehmertum. Heute entwickeln sich hier in Kooperation mit bedeutenden Universitäten, wie z. B. der *Harvard University* und des Massachusetts *Institute of Technology* in Boston, moderne Hightech-Industrien.

M6 Der neue *Manufacturing Belt*

Heute wächst die US-Automobilbranche wieder, denn die *„Big Three"* (M7) haben nach ihrem Absatztief 2009 ihre Produktpalette modernisiert und diversifiziert. Zudem haben sich durch eine Umstrukturierung der Produktion, u. a. in nachhaltigere Antriebstechnologien, die Absatzchancen deutlich verbessert. Auch ausländische Unternehmen investieren wieder verstärkt in den Standort USA. Um deren Standortwahl ist ein innerstaatlicher Wettbewerb entbrannt. Vor allem die Staaten im Südosten konnten mit günstigen Arbeitskräften, Steuerbefreiungen und Subventionen diesbezüglich punkten. So startet ein deutscher Konzern in Chattanooga/Tennessee ab 2022 nach einer Erweiterung seiner Werksfläche sowie dem Bau eines Batteriezellenwerks mit der Produktion von elektrischen *Pick-up-Trucks* für den US-Markt.

M8 Automobilindustrie im Wandel

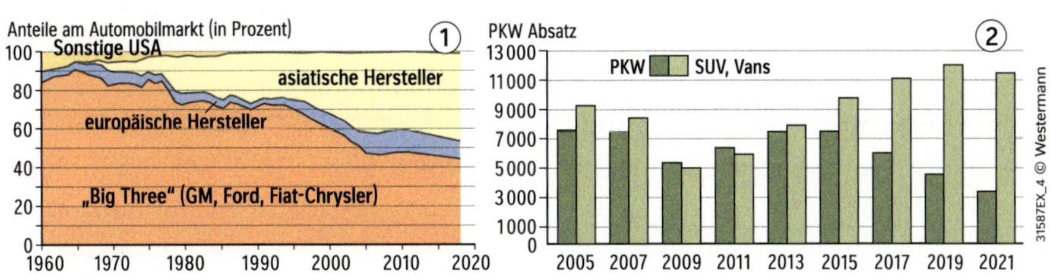

M7 Anteile von internationalen Herstellern am US-Automobilmarkt ① und Anzahl verkaufter Personenkraftfahrzeuge in den USA ②

❸ Erläutern Sie die Entwicklungen der Automobilindustrie in den USA unter Berücksichtigung der veränderten Produktionsbedingungen und neuer Standortfaktoren (M5, M7 – M9, QR-Code).

GeoKompakt

Bei der Reindustrialisierung in den USA kommt es einerseits zu einer Erneuerung und Modernisierung der industriellen Produktion ausgewählter traditioneller Industriebranchen in altindustriellen Gebieten. Andererseits entstehen Hightech-Industrien an bestehenden Standorten, aber auch in neuen Räumen.

Web-Code: WES-115093-059

M1 Chicago/Illinois am Michigansee (Einwohner der *Metropolitan Statistical Area* 9,6 Mio. 2020)

❶ Entwerfen Sie ein Plakat, das die Merkmale der einzelnen Teilbereiche der nordamerikanischen Stadt anschaulich darstellt (M1 – M4, Internet).

❷ Erklären Sie den Prozess der Suburbanisierung in US-amerikanischen Städten anhand eines selbst erstellten Info-Textes (M2 – M4).

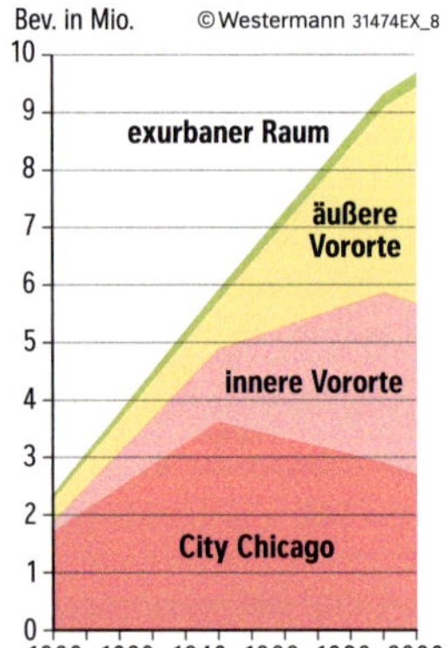

M2 Chicago – Bevölkerungsentwicklung

Chicago – eine typisch nordamerikanische Stadt

In modellhafter Verallgemeinerung spricht man vom Typus der nordamerikanischen Stadt, da sich bestimmte Merkmale in den meisten US-amerikanischen Städten wiederfinden. Was sind diese typischen Merkmale und welche Prozesse haben zum räumlichen Muster der nordamerikanischen Städte geführt?

Durch die private Motorisierung und den Ausbau des Highway-Netzes zogen seit den 1940er-Jahren viele Besserverdienende in die städtische Peripherie und ermöglichten sich dort den Traum vom Eigenheim im Grünen. Da jedoch keine Stadtplanung und Bauaufsicht stattfand und die Einfamilienhaussiedlungen der Ober- und Mittelschicht von privaten Unternehmen gebaut wurden, entstanden meist unkontrolliert in die Fläche ausufernde *Suburbs* von oftmals trostloser Gleichförmigkeit (***urban sprawl***).
Diese exzessive Suburbanisierung wird zwar mit den typisch amerikanischen Idealen der grenzenlosen Freiheit und des Drangs nach Individualisierung erklärt. Jedoch wurde dieser Prozess vor allem durch die staatliche Steuerpolitik gefördert, die Neubauten steuerlich zu Lasten der Erhaltung des Wohnungsbestandes begünstigte.
Die im suburbanen Raum ursprünglich noch fehlenden Standorte des tertiären Sektors folgten der abgewanderten Bevölkerung in das Umland. So entstanden entlang der Ausfallstraßen häufig *Commercial Strips* mit Einzelhandelsgeschäften und Dienstleistungsbetrieben. Später entwickelten sich an verkehrsgünstigen Knotenpunkten *Shopping malls* mit Kaufhäusern, Einzelhandelsgeschäften und Freizeiteinrichtungen. Zudem wurden im Randbereich der *Suburbs* gut erreichbare Büro- und Industrieparks errichtet.
Heute werden die USA mit einem Verstädterungsgrad von über 80 Prozent häufig als Stadtland USA bezeichnet, da durch den *urban sprawl* riesige zusammenhängende metropolitane Ballungsräume entstanden sind.

M3 Der Prozess der Suburbanisierung

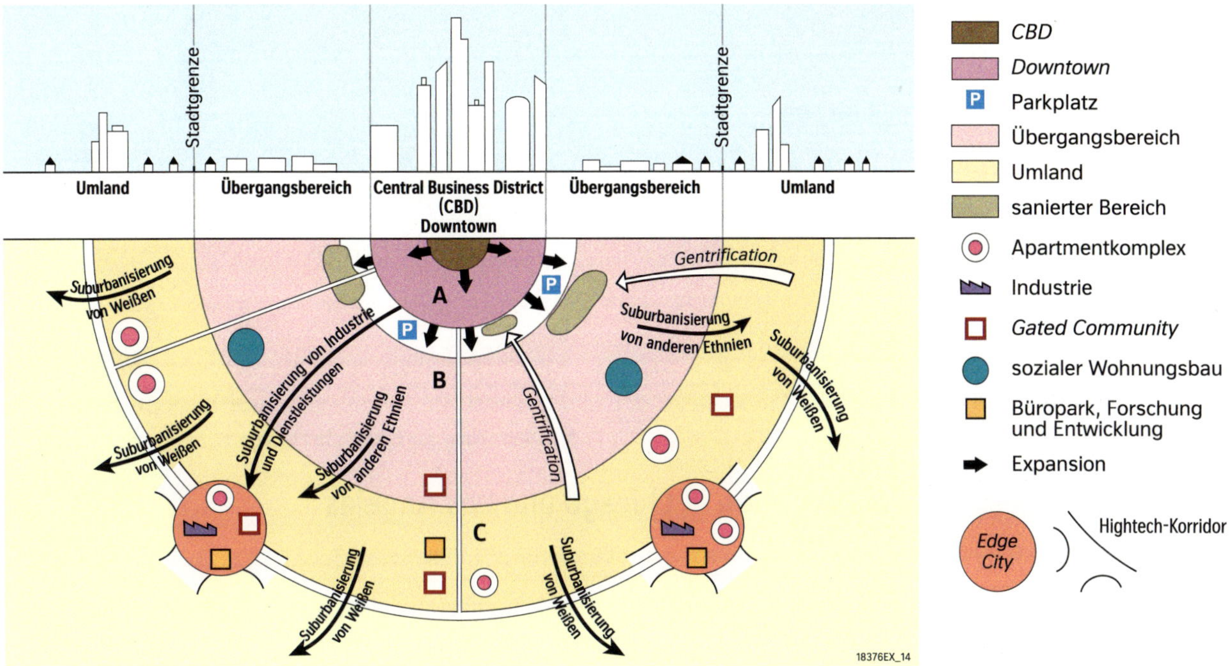

A Innenstädte heißen in den USA *Downtown*. Innerhalb der *Downtown* gibt es den ***Central Business District*** (CBD). Der CBD repräsentiert mit seiner Skyline aus Wolkenkratzern das Bild der nordamerikanischen Stadt. Er hat heute kaum noch eine Versorgungsfunktion als Hauptgeschäftszentrum. Er ist vielmehr Standort hochwertiger multifunktionaler Dienstleistungsbereiche des Finanz- und Managementsektors.

C Im Zuge der Suburbanisierung entstanden im suburbanen Raum an Autobahnausfahrten ***Edge Cities***. Sie weisen mit Büro-, Industrie- und Forschungsparks, aber auch Apartmentkomplexen und Malls eine räumliche Verdichtung von Cityfunktionen auf. Ihre verkehrsgünstige Lage erleichtert die Erreichbarkeit für den Berufs- und Einkaufsverkehr aus der näheren Umgebung.

B *Downtown* und Übergangsbereich sind meist gekennzeichnet durch ein schachbrettartiges Straßennetz. Die rechteckigen Straßenblöcke verleihen den Kernstädten eine gewisse Monotonie.
Funktional dienen *Downtown* und Übergangsbereich als Wohnstandorte mit unterschiedlicher sozioökonomischer Prägung bis hin zur Obdachlosigkeit. Sie sind durch einen Mix aus Dienstleistungseinrichtungen, Gewerbebetrieben, Lagerhallen, Parkplätzen und großen Brachflächen infolge des großflächigen Abrisses von Gebäuden gekennzeichnet.
Heute werden Innenstadt und Übergangsbereich im Zuge der **Gentrifizierung** durch Sanierungsmaßnahmen sowie durch den Neubau von Hotels, Parkhäusern, Sportstätten, Museen oder Krankenhäusern aufgewertet. Außerdem entstehen hier hochwertig ausgestattete ***Gated Communities***.

M4 Das Modell der nordamerikanischen Stadt mit ihren Funktionen im Grund- und Aufriss

3 Sammeln Sie für eine Pro-Kontra-Debatte zur Thematik „Wohnen in *Suburbia* oder *Downtown*" die Vor- und Nachteile eines Lebens in diesen Stadtbereichen (M1 – M4).

4 Die USA werden häufig als Stadtland mit einer ausgesprochenen Monotonie bezeichnet. Setzen Sie sich kritisch mit dieser These auseinander (M3, M4).

GeoKompakt

Physiognomisch kennzeichnen die nordamerikanische Stadt ein schachbrettartiger Grundriss und eine vertikale Überhöhung des CBD durch Wolkenkratzer. Durch Suburbanisierung und Dezentralisierung kommt es zu einer ausgeprägten funktionalen Differenzierung zwischen dem CBD, einem sich wandelnden Übergangsbereich sowie den Wohnvierteln, Gewerbe- und Industrieparks und Versorgungszentren im ausufernden Umland.

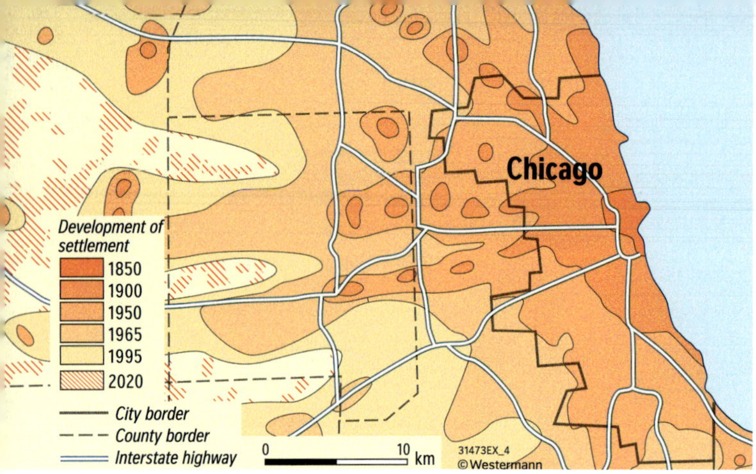

M1 *Development of settlement of Chicago*

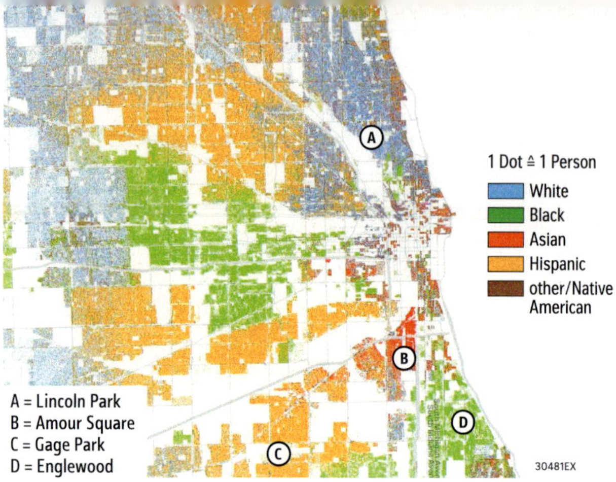

M4 Verteilung der Ethnien in Chicago

Segregation in Chicago und Los Angeles

INFO

Ethnische Segregation bedeutet eine räumliche Differenzierung nach Nationalität und ethnischer Zugehörigkeit, **soziale Segregation** hingegen nach Einkommen, Bildungsstatus und beruflicher Stellung.

In US-Metropolen zeugen Viertel wie *Little Italy oder Chinatown* von Segregation. Bis heute sind in den USA die ethnische und soziale Segregation zentrale gesellschaftliche Prozesse, die viele Probleme mit sich bringen. Welche Kriterien entscheiden darüber, in welchem Stadtteil welche Menschen wohnen? Welche Auswirkungen hat das auf diese Viertel und deren Bewohner?

Daten (2016) pro Jahr in Prozent	Chicago City	Lincoln Park	Armour Square	Gage Park	Englewood
< 49 999 USD	51,6	29,9	71,6	64,8	82,0
50 000 – 99 999 USD	26,8	25,0	18,3	28,2	14,1
> 100 000 USD	21,6	45,1	10,1	7,0	3,9
Highschool oder höher	81,6	96,9	66,4	51,6	71,5
Bachelor oder höher	34,9	82,3	21,1	5,6	6,0

M3 Haushaltseinkommen und Bildungsabschlüsse in Stadtteilen Chicagos

Die in der US-Gesellschaft fest verwurzelte Wohnsegregation verschärft auch heute noch die sozialen und wirtschaftlichen Probleme des Landes. Denn dadurch verharrt die in den äußerst ärmlichen Stadtvierteln geborene afroamerikanische Bevölkerung in einer benachteiligten Situation, wo ihnen der Zugang zu Bildung und guten Arbeitsplätzen von vornherein verwehrt bleibt und die Polizei sozusagen als Staatsmacht fungiert. Dies verhindert den sozialen Aufstieg dieses Teils der Bevölkerung: So haben afroamerikanische Kinder aus einkommensschwachen Familien in segregierten Vierteln eine höhere Wahrscheinlichkeit als Erwachsene arm zu bleiben als Kinder aus weißen einkommensschwachen Familien, die in einem durchmischten Stadtviertel aufwachsen. Um dieses Muster zu durchbrechen, sind Maßnahmen erforderlich, die die historische Einstellung der Regierung gegenüber Diskriminierung und Segregation, die letztlich zu der bestehenden Ungerechtigkeit geführt hat, aus dem Weg räumen.

M2 Diskriminierung und Segregation

1 Erläutern Sie die räumliche Verteilung der Ethnien in Chicago (M1 – M5, M7).

Ab den 1960er-Jahren verließ vor allem die weiße Mittel- und Oberschicht die Kernstädte. Verlierer dieser *White Flight* waren die Innenstädte, denn der frei gewordene Wohnraum wurde von den einkommensschwachen sozialen und ethnischen Minderheiten bezogen. Durch deren prekäre wirtschaftliche Situation sowie die Diskriminierung der dort lebenden Bevölkerung kam es zu einer räumlichen Segregation, auch **Ghettoisierung** genannt. Durch stark sinkende Immobilienpreise in diesen Vierteln und die dadurch ausbleibenden Investitionen in den Unterhalt der Wohnhäuser verfiel die Bausubstanz ganzer Straßenzüge. Zudem verschlechterten sich durch fehlende Steuereinnahmen die öffentliche Infrastruktur sowie durch den Wegzug des Einzelhandels die dortigen Lebensverhältnisse. Ethnische und soziale Probleme sowie überdurchschnittliche Kriminalitätsraten prägen bis heute diese Stadtviertel.

M5 Ghettoisierung und Segregation

M6 Soziales Problemgebiet South Los Angeles

M9 *Gated Community* Rolling Hills

Die Wohnstandortwahl – bedingt durch Lage, Naturraum, Boden- und Immobilienpreise sowie Freizeitangebot – spiegelt in hohem Maß die soziale Segregation wider. Ins Zentrum rückt dabei die Suche nach gesellschaftlicher Homogenität. Zudem dokumentiert die Art des Wohneigentums den bisherigen sozialen Aufstieg. Dabei lässt sich eine Tendenz der Wohnstandortverlagerung der einkommensstarken Haushalte in suburbane Gebiete feststellen, wo die Parzellen größer und damit auch teurer sind.

Gated Communities sind das Ergebnis sich verschärfender sozialer Disparitäten, stehen aber auch für eine zunehmende Privatisierung von Stadtteilen. Da sich reiche Nachbarschaften von ärmeren separieren, fragmentieren folglich die US-amerikanischen Städte einerseits in Ghettos der Unterschicht, andererseits in „vergoldete" Ghettos der Mittel- und Oberschicht. Verstärkt werden diese Prozesse generell durch die extrem hohe räumliche Mobilität der US-Bevölkerung.

M7 Suburbanisierung und Segregation

M10 Merkmale einer *Gated Community*

❷ Erstellen Sie zu den drei Bezirken in Los Angeles (M8) kurze Texte, die jeweils deren sozialräumliche Struktur charakterisieren (M7 – M10, → S. 69 Karte 1).

❸ Entwickeln Sie einen Interviewtext, in dem ein Bewohner seinen Einzug in eine *Gated Community* begründet (M6, M7, M10).

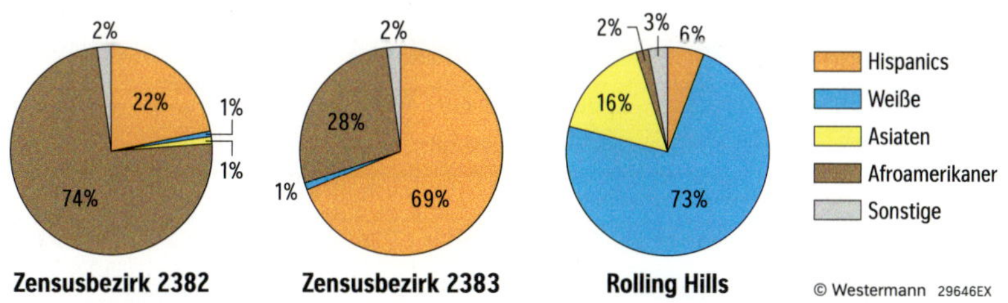

(alle Angaben als Durchschnitt der Jahre 2006-2009)	Zensusbezirk 2382	Zensusbezirk 2383	Rolling Hills
Bevölkerungsdichte (Einw. / km²)	5 013	8 921	225
Durchschnittseinkommen im Jahr (USD/ Einw.)	21 405	8 773	120 057
Bevölkerung unter der Armutsgrenze (in %)	19,3	46,3	0,9

M8 Segregation – Zensusbezirke 2382/2383 und Bezirk Rolling Hills in Los Angeles (Zensus 2010)

GeoKompakt

In den US-Metropolregionen lebt die Bevölkerung wohnräumlich weitgehend voneinander segregiert. So entstanden einerseits durch den Wegzug der weißen Mittel- und Oberschicht Viertel ethnischer oder sozioökonomischer Minderheiten in der *Downtown*. Andererseits entziehen sich diejenigen, die es sich leisten können, den sozialen und infrastrukturellen Problemen durch räumliche und bauliche Abkapselung in den *Suburbs*.

M1 Hauptquartier der *United Nations* – Broadway-Theater am Times Square – Börse in der Wall Street

Global City New York – Machtzentrum der globalisierten Welt

1 „New York ist die bedeutendste Global City der Welt". Hinterfragen Sie diese These (M1 – M4, → S. 69 Karte 2, Atlas).

2 Entwickeln Sie einen eigenen Katalog von Merkmalen für eine Global City (M2 – M4, → S. 69 Karte 2).

New York mit seinen über acht Millionen Einwohnerinnen und Einwohnern (Metropolitan Area etwa 22 Mio.) gilt als Paradebeispiel einer Global City. Erfahren Sie, welche Kriterien eine Metropole zu einer Global City machen und welche räumlichen Prozesse in derartigen Städten stattfinden können.

New York weist eine hohe Konzentration von Hauptquartieren internationaler Konzerne auf. In diesen Steuerungs- und Kontrollzentren werden Entscheidungen globalen Ausmaßes getroffen, weltumspannende Firmennetze koordiniert sowie wirtschaftliche Entwicklungen ganzer Regionen geprägt.
Im Süden Manhattans befinden sich die wichtigsten Börsenplätze und bedeutendsten Finanzzentralen der Welt. Diese gelten als Stützpunkte des global agierenden Kapitals. Der Sitz der Vereinten Nationen macht New York zum Schauplatz der Weltpolitik. Die Stadt beherbergt 53 Universitäten – mit der Columbia Universität sogar eine der acht prestigeträchtigsten US-Universitäten (*Ivy League*). Renommierte Museen und Opernhäuser, wie z. B. die *Metropolitan Opera*, unterstreichen den Ruf einer kulturellen Weltstadt. Außerdem ist New York ein globales Einkaufsparadies für Touristinnen und Touristen – nicht nur zur Weihnachtszeit.

Anzahl der Hauptquartiere der 500 umsatzstärksten Unternehmen der Welt 2021	
Peking	56
Tokio	52
Paris	18
New York	15
Größte Börsen der Welt nach Handelsvolumen 2021 (in Billionen USD)	
NYSE, N.Y.	24,9
Nasdax OMX, N.Y.	22,1
Shanghai Stock Ex.	7,6
Hong Kong Exchanges and Clearing	6,8
Meistbesuchte Kunstmuseen der Welt 2019 (Gäste in Mio.)	
Louvre, Paris	9,6
Nationalmuseum, Peking	8,0
Vatikan Museum	6,9
Metropolitan Museum of Modern Art, N.Y.	6,5
British Museum, London	6,2

M2 Verschiedene Städteranglisten

M3 Global City New York

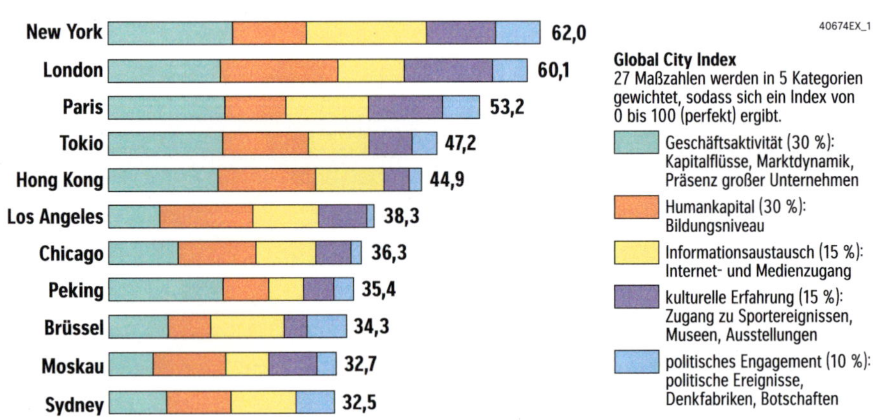

M4 Global City Index (2018)

M5 Luxusappartements im Jahr 2020 fertiggestellten Domino-Park auf dem ehemaligen Gelände der *Domino Sugar Factory* (linkes Bild im Vordergrund) am East River im Stadtviertel Williamsburg/Brooklyn

In den 1960er-Jahren erfolgte mit dem wirtschaftlichen Niedergang der Industrie der Verfall und soziale Abstieg von Williamsburg: Arbeitslosigkeit, Drogen und Kriminalität prägten den Stadtteil. Seit 1980 nutzten Kulturschaffende verfallene Wohn- und Industriegebäude für ihre Ateliers und Studios. Ebenso zogen wegen des bezahlbaren Wohnraums viele Studierende dorthin. Das Viertel mit seinen Galerien, trendigen Shops und alternativen Bars wurde zum „hippsten" Standort New Yorks. Dies lockte die Yuppies Manhattans sowie investitionsbereite Immobilienmakler an. Aufwendige Sanierungsmaßnahmen, die Anlage von Parks, aber auch die Bebauung der Industrieareale am East River mit edlen Apartment-Komplexen waren die Folgen – allerdings auch ein enormer Anstieg der Immobilienpreise. Dies wiederum verdrängte die alteingesessene Bevölkerung und die Pioniere der ersten Stunde, da sie sich dieses Mietniveau nicht mehr leisten konnten.

Quelle: Ben Furkmann; Wilfried Hoppe: Williamsburg, New York. Praxis Geographie 12/2015, S. 32-33; verändert

M6 Der Gentrifizierungsprozess in Williamsburg

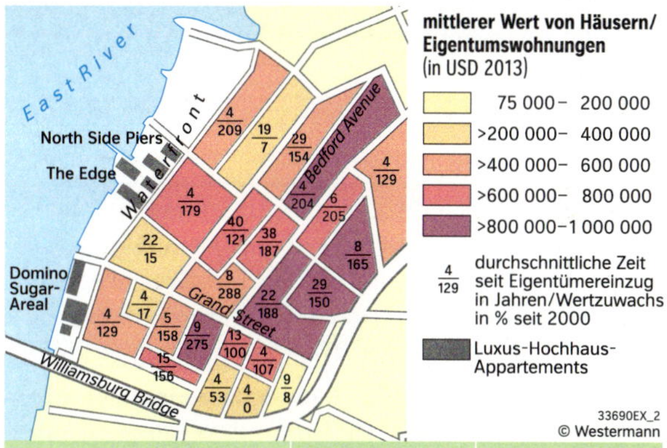

	Williamsburg		New York	
	2000	2017	2000	2017
Haushaltseinkommen (in USD)	41 740	78 070	59 200	62 040
Bevölkerung mit Bachelorabschluss	18,4 %	53,4 %	27,4 %	37,3 %
Mittlere Miete (in USD)	900	2 000	1 060	1 410

M8 Gentrifizierung in Williamsburg 2000 und 2017

❸ Erläutern Sie auf Basis von M7 in einem Partnerbriefing den Prozess der Gentrifizierung, wobei ein Teil der Klasse die Informationen aus dem Text M6, der andere Teil aus M8 herausarbeitet.

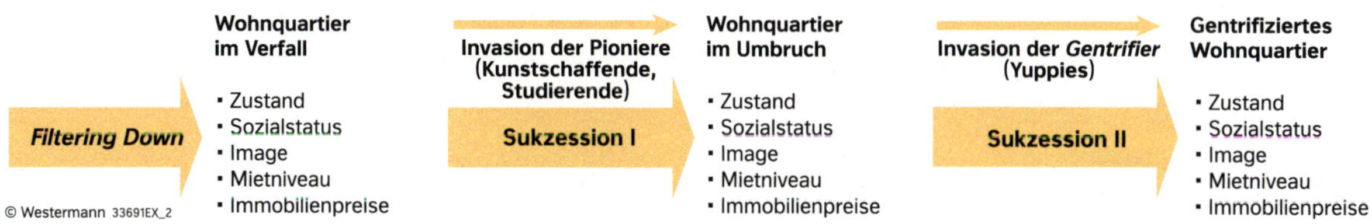

M7 Indikatoren zur Bewertung von Gentrifizierung in verschiedenen Phasen in New York

GeoKompakt

New York mit seinen wirtschaftlichen, soziokulturellen und politischen Einflüssen von globaler Bedeutung ist die herausragende Global City der Welt. In den vergangenen Jahrzehnten erleben viele Stadtteile durch Sanierung oder im Zuge eines Gentrifizierungsprozesses bauliche und strukturelle Veränderungen.

M1 Demonstranten in Hongkong 2019

M3 Demonstranten im Iran 2018

Kompetenzcheck Pro-Kontra-Debatte zu „Weltmacht USA – eine Kontroverse"

Die Stellung der USA in der internationalen Staatengemeinschaft wird häufig kontrovers diskutiert. Einerseits herrscht Wertschätzung hinsichtlich des Lebensstils und des erreichten politischen, wirtschaftlichen und kulturellen Niveaus der USA, andererseits wird deren Dominanz kritisiert. Debattieren Sie die Argumente zu dieser Thematik und versuchen Sie, andere von Ihrer Meinung zu überzeugen.

GeoMethode

Eine Pro-Kontra-Debatte führen

1 Vorbereitung: Legen Sie eine These für das Streitgespräch fest. Erheben Sie mit einer Abstimmung ein erstes Meinungsbild. Bilden Sie zwei Gruppen, die jeweils die Pro- oder Kontra-Argumente vertreten. Wählen Sie jeweils einen Gruppenleiter, einen Moderator sowie zwei Beobachter der Debatte. Erarbeiten Sie in der Gruppe mit Materialien und Ihrem Vorwissen Argumente für die von Ihnen zu vertretende Position.

2 Durchführung: Der Moderator eröffnet das Streitgespräch und legt die Regeln der Debatte fest. Anschließend halten die beiden Gruppenleiter jeweils ein kurzes Eingangsplädoyer. Danach erfolgt in Rede und Gegenrede der Austausch der Argumente und Gegenargumente.

3 Auswertung: Gesprächsleiter und Beobachter geben ein kurzes Feedback zu Gesamteindruck und Gesprächsverhalten. Führen Sie eine erneute Abstimmung durch und vergleichen Sie das Ergebnis mit dem ersten Abstimmungsergebnis.

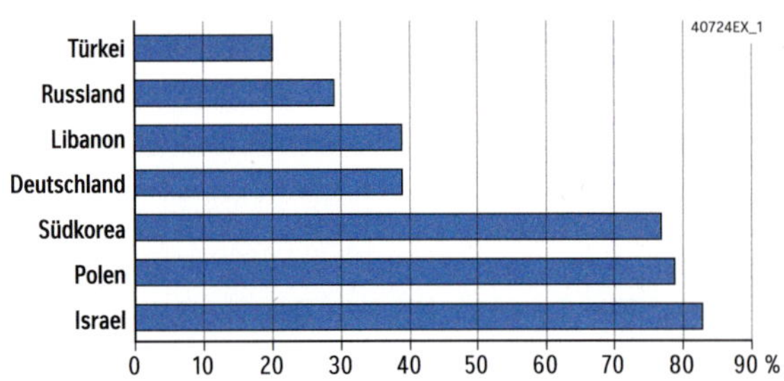

M2 Positive Bewertung zum Image der USA (Umfrage 2019, Anteile aller Befragten)

Land	Militärausgaben in Mrd. USD	Militärausgaben Anteil BIP	Aktive Streitkräfte	Atom-spreng-köpfe
USA	877	3,5 %	1 390 450	5 428
VR China	292	1,6 %	2 000 000	350
Saudi-Arabien	75	7,4 %	225 000	–
Indien	81	2,4 %	1 450 000	160
Frankreich	54	1,9 %	205 000	290
Deutschland	56	1,4 %	184 000	–

M4 Militärische Stärke ausgewählter Länder (2022)

Amerika assoziieren viele mit Vorstellungen wie etwa ständiges Mitglied im UN-Sicherheitsrat, Motor und Schaltzentrale der Weltwirtschaft, herausgehobene Machtstellung im Weltstaatensystem, „Weltpolizei", Führungsmacht zahlreicher Bündnissysteme und Trendsetter des kulturellen Alltags (Amerikanisierung). [...] Die Tatsache, dass so viele Ethnien aus aller Welt in den USA zu Hause sind, trägt wesentlich dazu bei, dass die USA immer der erste Adressat sind, wenn es darum geht, in Krisengebieten zu intervenieren, friedfertige, humanitäre Verhältnisse zu schaffen oder die Armut in der Welt zu mindern. [...] Dabei kollidiert die Bereitschaft zu Alleingängen im eigenen Interesse (**Unilateralismus**) mit der Option, als Führungsmacht im Rahmen eines vielfach institutionalisierten **Multilateralismus** voranzugehen.

Quelle: nach Gustav Schmid: Geschichte der USA. WBG. Darmstadt 2004

M5 Die Bedeutung der USA in der Welt

CHECK

Bereich	Beispiele
Produkte, Konsum	Soft Drinks, Fast Food, Jeans, Supermarkt, Personal Computer, Hot Dogs
Gesell-schaft	Lässiges Verhalten in der Öffentlichkeit, Konsummentalität, Übernahme von Festen wie z. B. Muttertag (1914) oder Halloween (1990er), Verwendung von Anglizismen
Kultur	Serien, Filmproduktionen, Jugendkulturen (z. B. Rock 'n' Roll, Disco, Hiphop), Privatfernsehen, Sportarten, Freizeitparks
Politik	politische Inszenierung, Talk-Shows, TV-Duelle
Wirtschaft	Leitsprache Englisch, Marketingkultur, Public Relations, Verwendung englischer Berufsbezeichnungen (z. B. Coach), Managementstrategien, Bachelor- und Master-Universitätsabschlüsse, Werbefinanzierung

M6 Aspekte der Amerikanisierung (Auswahl)

M8 Impressionen aus Brooklyn (NY)

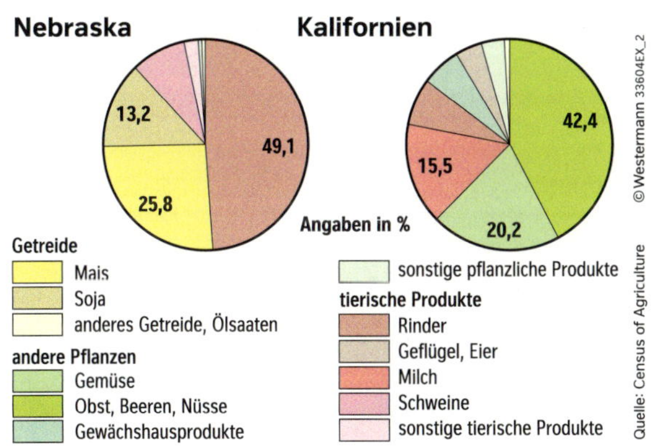

M7 Agrarische Wertschöpfung nach Verkaufswert in zwei US-Bundestaaten 2020

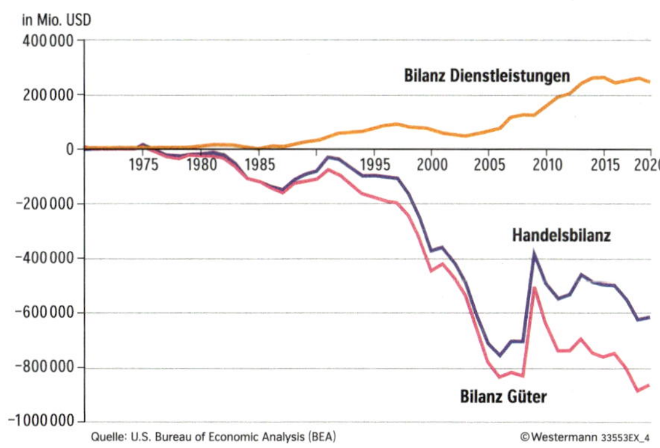

M9 Handelsbilanz der USA (1970 bis 2020)

❶ Vergleichen und begründen Sie das unterschiedliche Image der USA in verschiedenen Staaten der Welt (M1 – M3, Internet).

❷ Beurteilen Sie das politische und militärische Gewicht der USA in der Welt (M4, M5).

❸ „Der Begriff ‚Amerikanisierung' (M6) wird heutzutage durch die Begriffe ‚Globalisierung', aber auch ‚Regionalisierung' abgelöst." Nehmen Sie Stellung zu dieser Aussage.

❹ Beurteilen Sie anhand der in M7 aufgezeigten Bundesstaaten die Struktur und Bedeutung der US-Landwirtschaft kritisch.

❺ Stellen Sie tabellarisch die natürlichen Gunstfaktoren der USA den Ungunstfaktoren gegenüber. Wägen Sie ab, inwieweit sich die USA einer durch den anthropogenen Klimawandel zunehmenden Vulnerabilität von Gesellschaft und Wirtschaft stellt (Internet).

❻ Setzen Sie sich vor dem Hintergrund von Segregation und Gentrifizierung in US-amerikanischen Städten mit dem Slogan „USA – Land der unbegrenzten Möglichkeiten" auseinander (M8).

❼ Erörtern Sie mithilfe von M9, inwieweit die USA eine Welthandelsmacht sind.

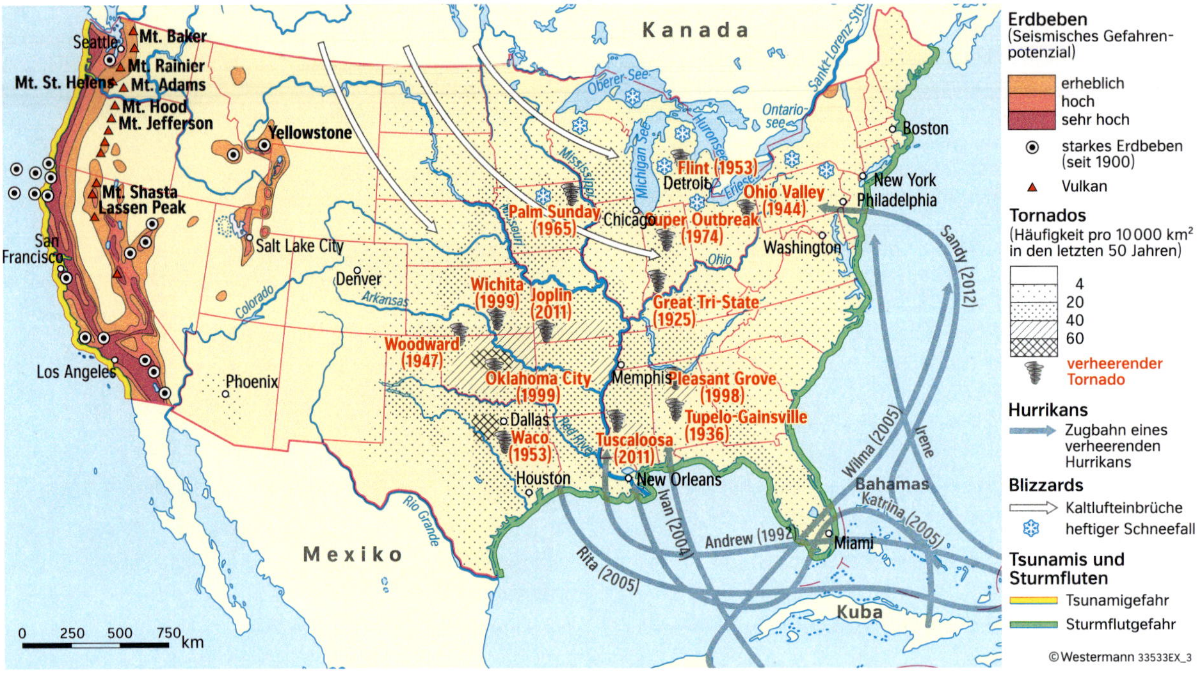

Karte 1 Naturrisiken in den USA

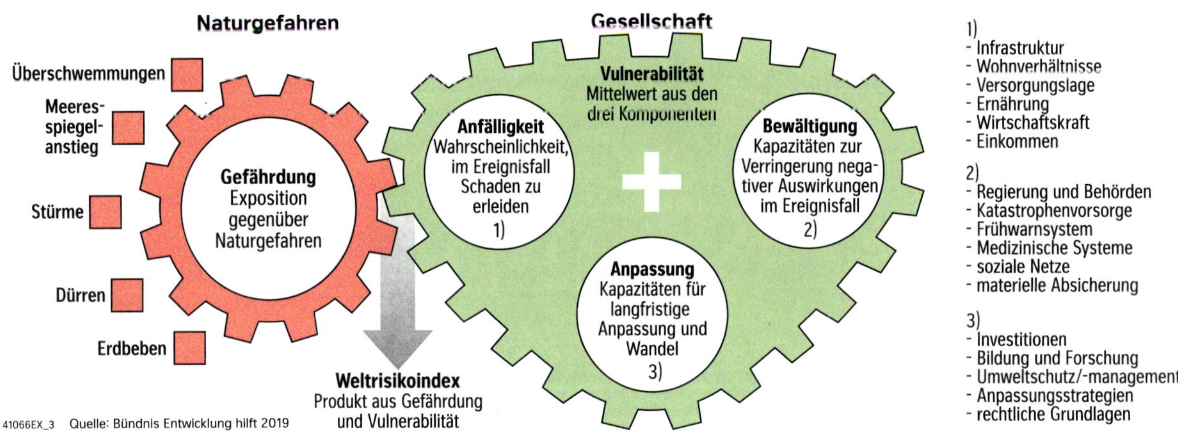

M1 Komponenten des Weltrisikoindex

Klasseneinteilung	Weltrisikoindex	Exposition	Vulnerabilität	Anfälligkeit	Mangel an Bewältigungs-kapazitäten	Mangel an Anpassungs-kapazitäten
sehr gering	0,30 – 3,25	0,85 – 9,57	22,68 – 34,21	9,03 – 16,68	38,35 – 58,92	14,22 – 24,78
gering	3,26 – 5,54	9,58 – 12,04	34,22 – 42,02	16,69 – 21,56	58,93 – 71,19	24,79 – 34,10
mittel	5,55 – 7,66	12,05 – 14,83	42,03 – 48,32	21,57 – 28,16	71,20 – 77,87	34,11 – 40,66
hoch	7,67 – 10,71	14,84 – 19,75	48,33 – 61,04	28,17 – 44,85	77,88 – 85,50	40,67 – 52,59
sehr hoch	10,72 – 47,73	19,76 – 82,55	61,05 – 75,83	44,86 – 70,52	85,51 – 93,17	52,60 – 70,13
Haiti	14,54	21,41	67,91	49,93	50,36	63,44
Niederlande	7,98	31,75	25,13	14,66	44,34	16,40
V.R. China	5,87	14,29	41,08	21,64	71,42	30,17
Brasilien	4,97	11,35	43,80	27,68	76,22	32,51
Neuseeland	4,96	17,59	28,20	16,06	47,45	21,08
Australien	4,54	18,07	25,12	15,66	43,67	16,02
USA	3,98	13,03	30,58	15,92	54,15	21,68
Russische Förderation	3,53	9,50	37,21	18,64	65,83	27,15
Deutschland	2,66	11,51	23,12	15,02	28,35	16,00

M2 Weltrisikoindex ausgewählter Länder 2021

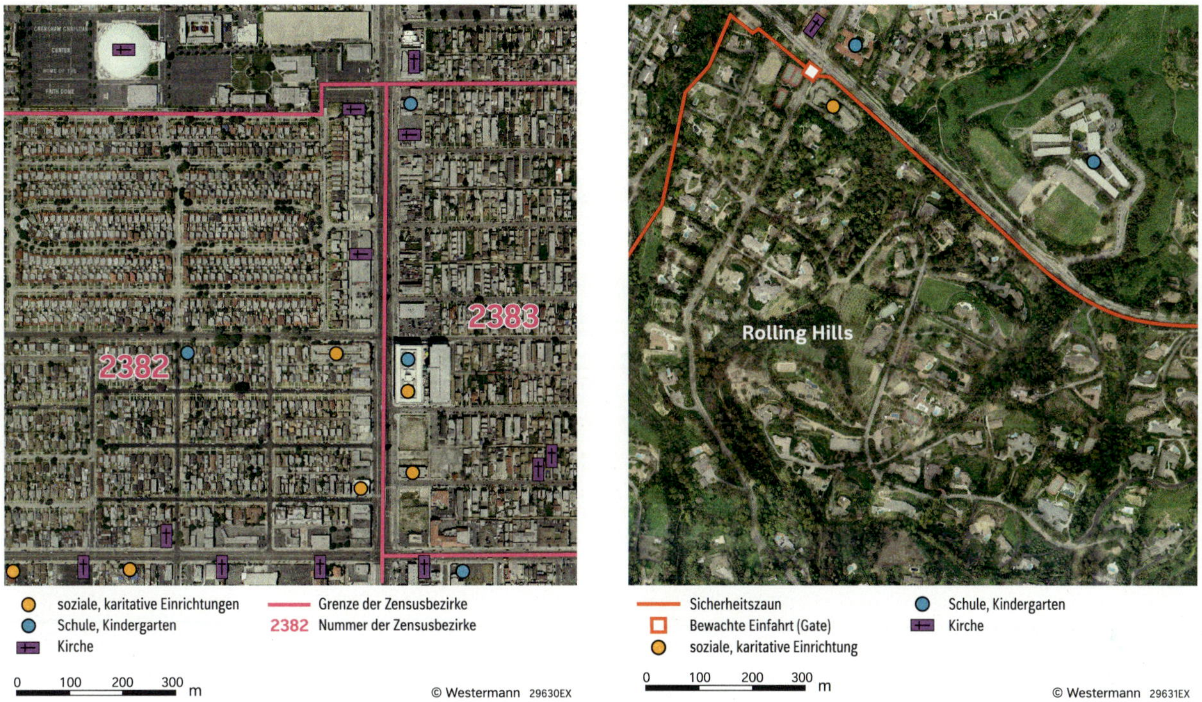

Karte 1 Segregation – Zensusbezirke 2382 und 2383 sowie Bezirk Rolling Hills in Los Angeles

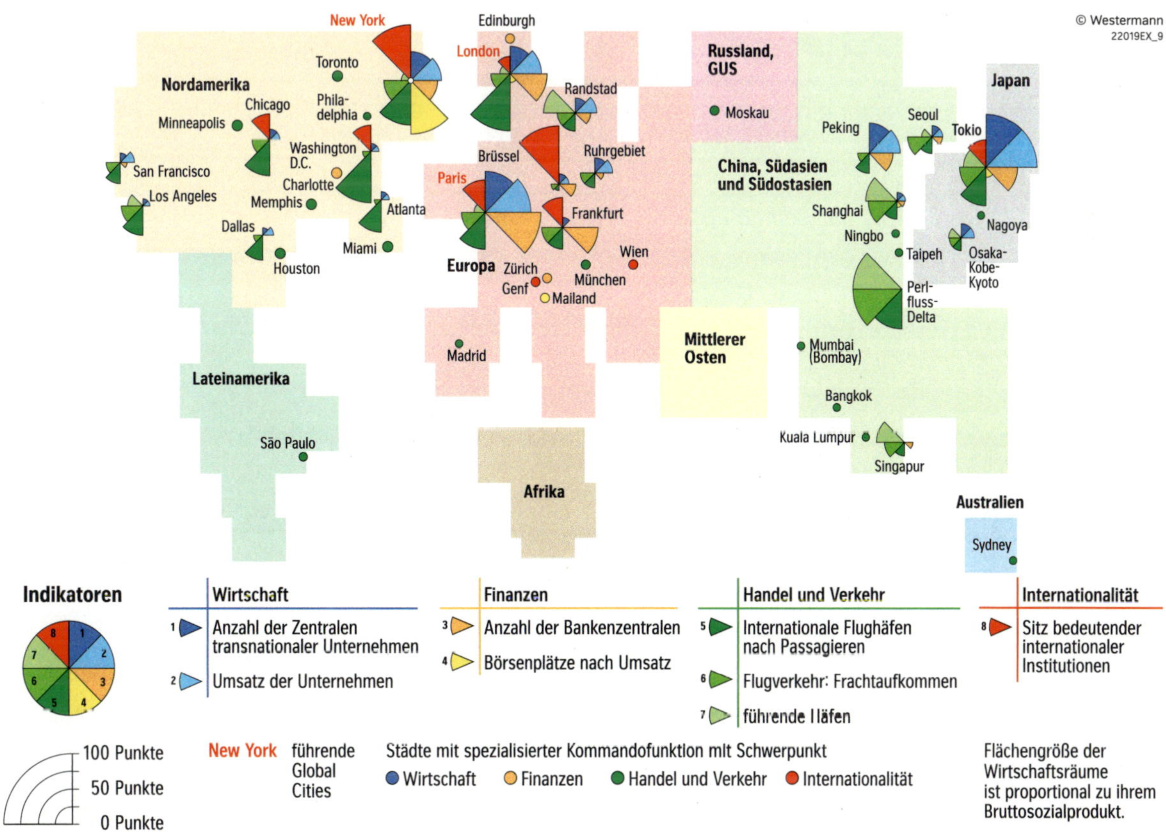

Karte 2 Global Cities – der Geograph Bronger bewertet Global Cities anhand von acht Indikatoren. Höchster Wert jedes Indikators sind 100 Punkte. Die Summe der Bewertung aller Indikatoren entscheidet über den Rang der jeweiligen Gobal City.

Russland – Raum als Potenzial und Herausforderung

Erdgas- und Erdölfelder mit Erdgaspumpstationen und -leitungen in der sibirischen Waldtundra

In diesem Kapitel erfahren Sie, ...
... welche Bedeutung Lage, Klima, Böden und Vegetation für die Erschließung und Inwertsetzung Russlands haben,
... welche ökologischen Herausforderungen bei der Erschließung peripherer Räume zu bewältigen sind,
... welche geopolitische Bedeutung Russland aufgrund seines Rohstoffreichtums sowohl im globalen als auch im europäischen Kontext hat.

Russland – Raum als Potenzial und Herausforderung?

Bereist man Russland mit der Transsibirischen Eisenbahn, bekommt man auf der 9 288 km langen Strecke ein ungefähres Gefühl für die Dimensionen des flächenmäßig größten Staates der Erde. Inwiefern stellt der riesige Raum ein Potenzial, aber auch eine Herausforderung dar?

Im sibirischen Dorf Urengoi (dt.: abgelegen/verschlafen) war es mit der Verschlafenheit vorbei, als dort 1966 das erste Gasfeld erschlossen wurde. Russland wurde zum weltweit größten Exporteur von Erdgas.

M1 Erdgasförderung in Nowy Urengoi

Moskau – mit 12,6 Mio. Einwohnern (2023) die größte Stadt Europas – ist zur Stadt der Superlative geworden. Eine hohe Konzentration von russischen und internationalen Unternehmen, enorme Zuwanderungsraten, horrende Boden- und Mietpreise kennzeichnen die Hauptstadt heute.

M2 Hauptstadt Moskau

Russland verfügt über große Flächen von fruchtbaren Schwarzerdeböden. Hier lässt sich intensiver Ackerbau betreiben. Mit dem Zerfall der Sowjetunion im Jahre 1991 kam es zur Transformation von Gesellschaft und Wirtschaft, mit weitreichenden Folgen für die Landwirtschaft.

M3 Getreideernte bei Wolgograd

Name	Russland; Russische Föderation
Einwohner	144,5 Mio. (9.)
Staatsform	Föderale Republik
Regierungs-system	Semipräsidentielle Republik
Föderale Gliederung	85 Föderationssubjekte (22 Republiken, 9 Regionen, 46 Gebiete, 3 Städte, 1 autonomes Gebiet, 4 autonome Kreise)
BIP gesamt	4 136 Mrd. USD (6.)
BIP/Ew.	28 184 USD (58.)
HDI	0,824 (52.)

M4 Steckbrief Russland 2023 (Rang)

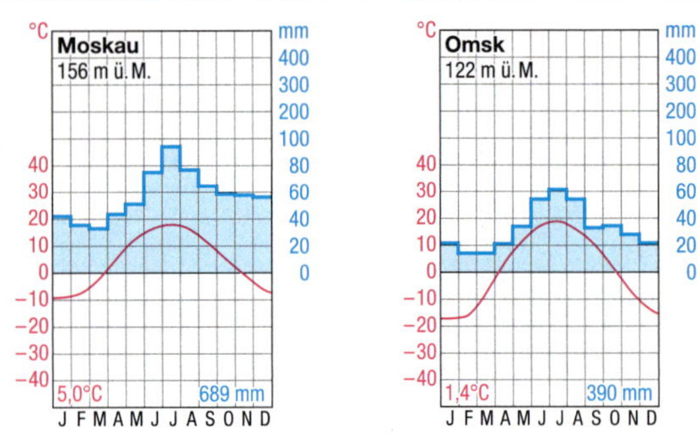

M5 Klimadiagramme von West …

Norilsks Rohstoffreichtum ist Segen und Fluch zugleich: Binnen kurzer Zeit wuchs die Stadt zur nördlichsten Großstadt der Welt heran. Aufgrund der emissionsintensiven Industrie wurde sie aber über Jahre zu den zehn schmutzigsten Orten der Erde gezählt.

M6 Industriestadt Norilsk

Leben am Kältepol! Im Dorf Oimjakon wurden mit -67,8 °C die kältesten Temperaturen aller bewohnten Gebiete der Erde gemessen. Im Sommer steigen die Temperaturen allerdings regelmäßig auf über 30 °C.

M8 Oimjakon – am Kältepol der Erde

Wladiwostok am Japanischen Meer ist ein wichtiger Zugang zum Pazifik, zumal der Hafen ganzjährig eisfrei ist. Von dort bestehen wichtige Handelsrouten nach Japan, China und Südkorea.

M9 Wladiwostok – das Tor nach Südasien

M7 Lage und Topographie Russlands

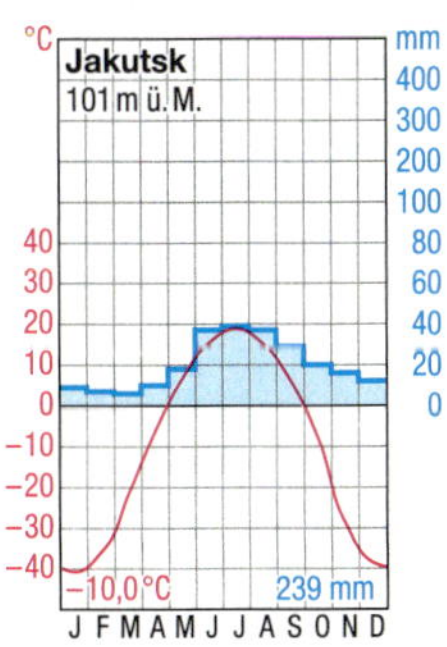

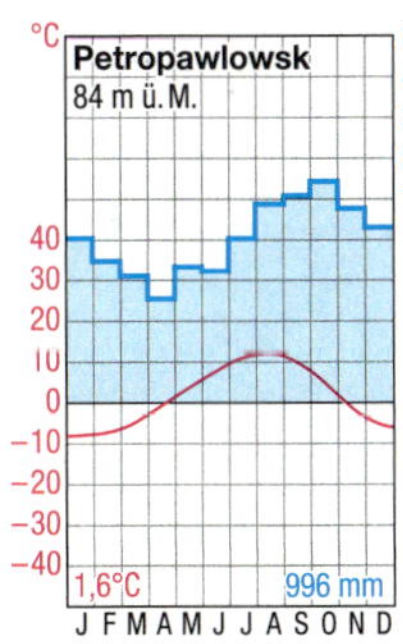

... nach Ost

❶ Vergleichen Sie tabellarisch anhand von M4 (→ S. 31 M6) sowie geeigneter Atlaskarten die globale Lage, Größe und naturräumliche Ausstattung Russlands (M7) mit derjenigen der USA.

❷ Gestalten Sie ein digitales Reisetagebuch, das die Großlandschaften beschreibt, die Sie bei einer Fahrt mit der Transsibirischen Eisenbahn durchqueren würden (M7, Atlas).

❸ Arbeiten Sie Potenziale und Herausforderungen des Naturraums heraus (M1 – M9).

❹ Erstellen Sie anhand von M5 ein klimatisches West-Ost-Profil Russlands, das die mittlere Januar- und Julitemperatur sowie die mittleren Jahresniederschläge zeigt und erklären Sie deren Verlauf.

GeoKompakt

Russlands Raumgröße ist Potenzial und Herausforderung zugleich. So besitzt etwa Sibirien ein großes Rohstoffpotenzial, dessen Erschließung aus klimatischer, logistischer und ökologischer Sicht aber eine große Herausforderung darstellt.

M1 Vegetationszonen in Russland

Vegetations- und Bodenzonen in Russland

Russland weist viele unterschiedliche Vegetations- und Bodenzonen auf. Finden Sie heraus, welche Chancen und Herausforderungen sich aus diesen natürlichen Bedingungen für die Erschließung und Inwertsetzung des Raumes für die Landwirtschaft ergeben.

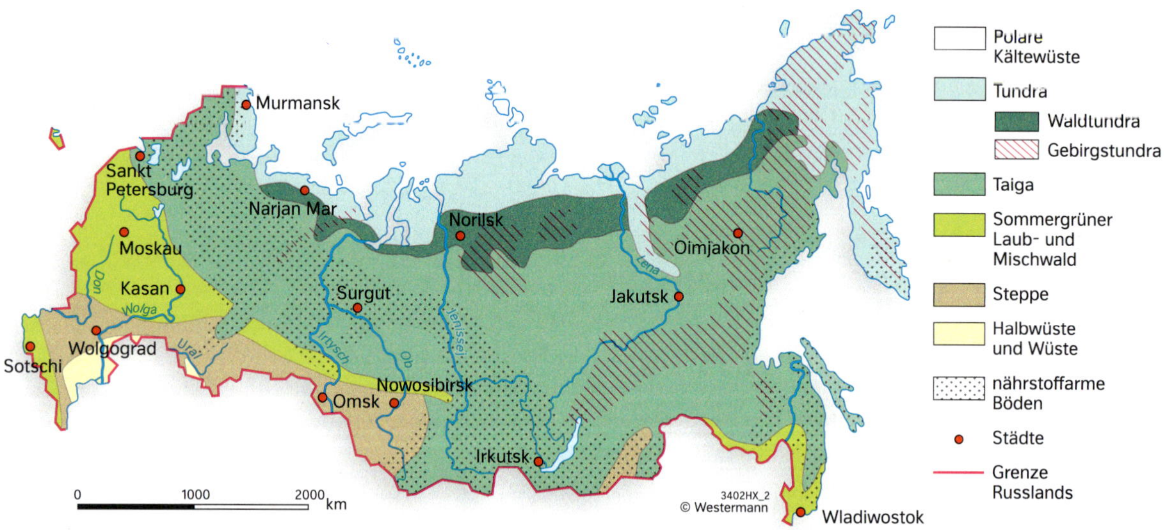

M2 Vegetationszonen in Russland

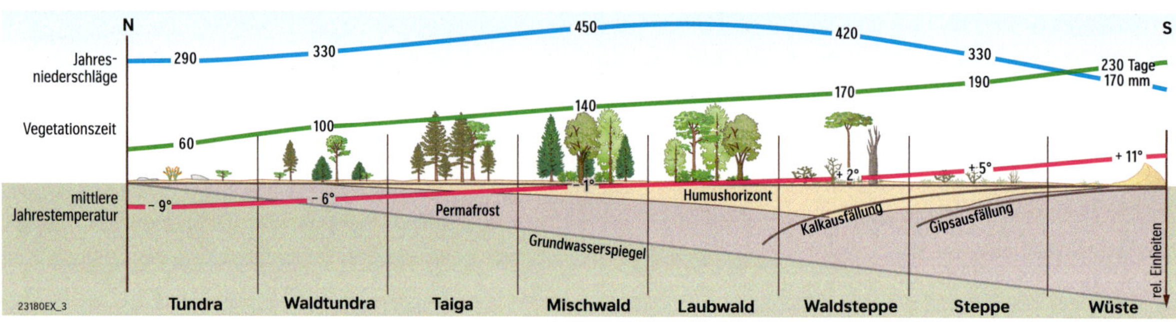

M3 Vegetationsprofil durch Russland auf 100° ö. L.

INFO

Böden entstehen durch Verwitterung von Gestein sowie Zersetzung von organischem Material.

Die **Bodenbildung** wird bestimmt durch ihre Dauer und durch die Faktoren Klima, Relief, Vegetation und Bodenlebewelt. Sie führt durch Verlagerungsprozesse zur Entstehung von Bodentypen mit charakteristischen Bodenhorizonten.

Auch der Mensch ist zu einem weiteren wichtigen Bodenbildungsfaktor geworden.

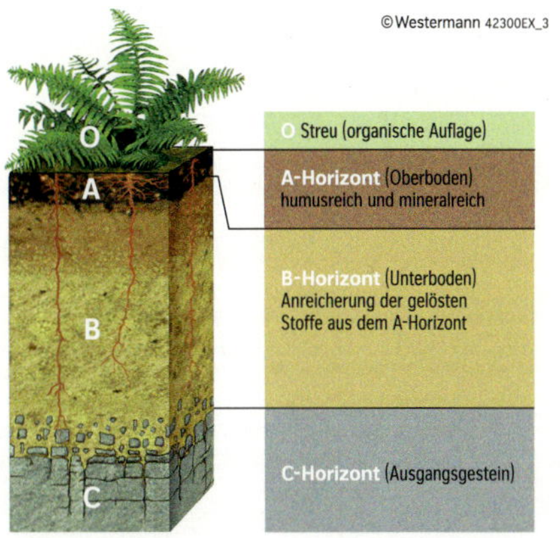

Schwarzerden, **Gleye**, **Podsole**, auch Braun- und Parabraunerden sowie kastanienfarbene Böden kommen in Russland vor. Die Gleye finden sich vor allem dort, wo im Sommer der Boden oberflächlich auftaut. Hoch stehende Grundwasserspiegel, die durch Staunässe entstehen, führen zu Oxidations- und Reduktionsprozessen und beeinflussen diese Böden, die auch in Flussauen vorkommen. Die Gleye mit ihren vom Grundwasser beeinflussten B-Horizonten sind wenig fruchtbar, im Winter tief gefroren und zudem schwer zu bearbeiten. Die Podsole hingegen bilden sich anders. Die große Menge an anfallender Nadelstreu sorgt für ein chemisch saures Milieu im Boden. Bei niedrigen Temperaturen und ausreichend Niederschlägen wird der Oberboden durch Auswaschung von Aluminium- und Eisenionen stark ausgebleicht (Eluvialhorizont). Er erscheint gräulich. Im Unterboden, dem mineralischen B-Horizont, werden diese Metalle wieder ausgefällt und verhärten oft (Anreicherungshorizont). Es entsteht die dunkle und harte sogenannte Ortsteinschicht. Das mindert die Fruchtbarkeit der Podsole. Sowohl Podsole als auch Gleye weisen einen nur geringmächtigen, humosen A-Horizont auf.

M4 Bodentypen Russlands

Go Oxidationshorizont; Gr Reduktionshorizont; Ae Eluvialhorizont; Bs Sesquioxidhorizont

M5 Bodenprofile mit Horizonten von Bodentypen in Russland

1. Ordnen Sie die Bilder (M1) den Vegetationszonen Russlands (M2) begründet zu.

2. Erläutern Sie das Nord-Süd-Profil der Vegetation (M3) in einem Kurzvortrag.

3. Charakterisieren Sie den für Russland bedeutenden Bodentyp Schwarzerde (M4, M5, → S. 40 M3 USA).

4. Ordnen Sie die Bodenprofile in M5 begründet den Bodentypen Podsol, Schwarzerde und Gley zu (M4).

5. Erstellen Sie eine grobe Kartenskizze Russlands, in der die Verbreitung der Bodentypen von M5 ersichtlich ist.

6. Stellen Sie dar, welche Chancen und Herausforderungen die Böden Russlands für die Inwertsetzung des Raumes bieten.

GeoKompakt

Die Steppengebiete Russlands sind von Schwarzerdeböden geprägt und landwirtschaftlich sehr gut nutzbar. Tundra und Taiga hingegen weisen dauerhaft gefrorene Böden, Podsole und Gleye auf, die schwerer inwertzusetzen sind.

M1 Steppenlandschaften – Kornkammern unter Stress

Russland – agrarische Nutzung und deren natürliche Grenzen

Russland verfügt über etwa 50 Prozent aller globalen Schwarzerdeflächen, ist aber nicht der größte Produzent von Agrarerzeugnissen. Welche natürlichen und anthropogenen Einflüsse setzen der agrarischen Nutzung Grenzen?

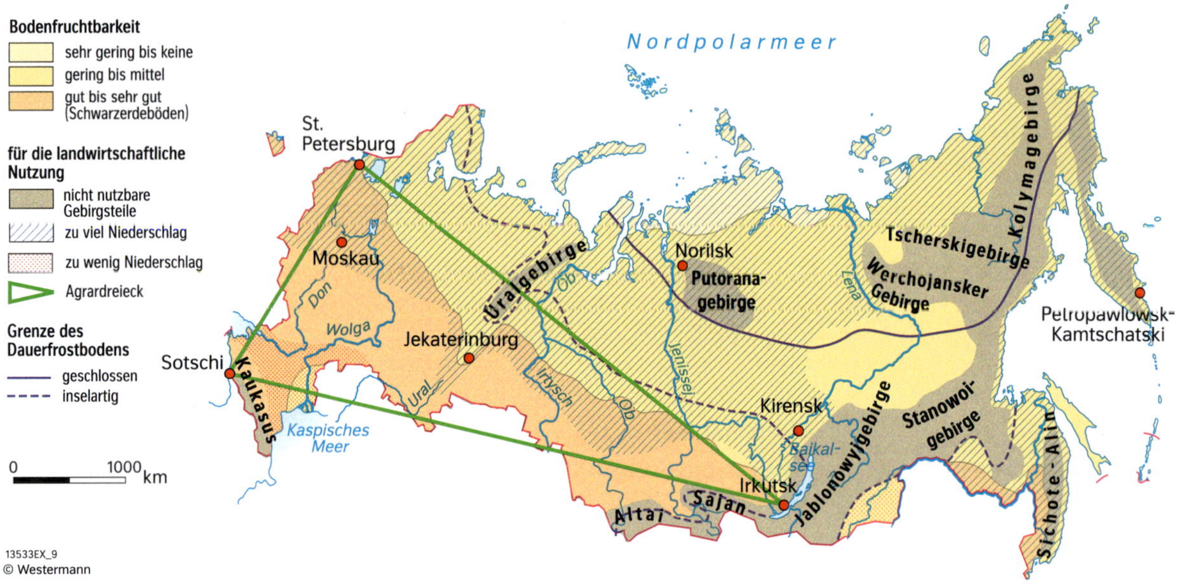

M2 Natürliche Voraussetzungen für agrarische Nutzung in Russland

INFO

Das **Agrardreieck** ist ein Gebiet intensiver ackerbaulicher Nutzung in Russland. Seine Grenzen werden nach Osten durch die zunehmende Kontinentalität, nach Süden durch Trockenheit und im Norden durch Kälte definiert.

Die Regionen im Süden Russlands mit ihren meist fruchtbaren Schwarzerdeböden bilden Gunsträume für eine ertragreiche Landwirtschaft. Doch mit dem Umpflügen der Steppe setzte im Zuge der Ausbreitung des Ackerbaus in den Schwarzerdegebieten auch die Erosion ein, begünstigt durch die Lockerheit des Bodens. Die Häufigkeit von Starkregen im südlichen Russland verstärkt diese Gefahr, ebenso die rasche Erwärmung im Frühjahr und eine damit sprungartig einsetzende Schneeschmelze. Schätzungen zufolge werden in Russland jährlich 535 Mio. t Boden abgeschwemmt. Auf stark erosionsgeschädigten Schwarzerdeböden wurden Ertragsrückgänge um bis zu 80 Prozent gegenüber ungeschädigten Flächen berechnet. Wo die Bodenerosion tief eingeschnittene Erosionsrinnen schuf, sind Teile der Blockfluren nicht mehr nutzbar. Zwar kennt man bodenkonservierende Maßnahmen und die Anlage von Schutzwaldstreifen, jedoch werden Projekte hierzu selten verwirklicht.

M3 Schwarzerde in Gefahr

M4 Herausforderung Permafrost

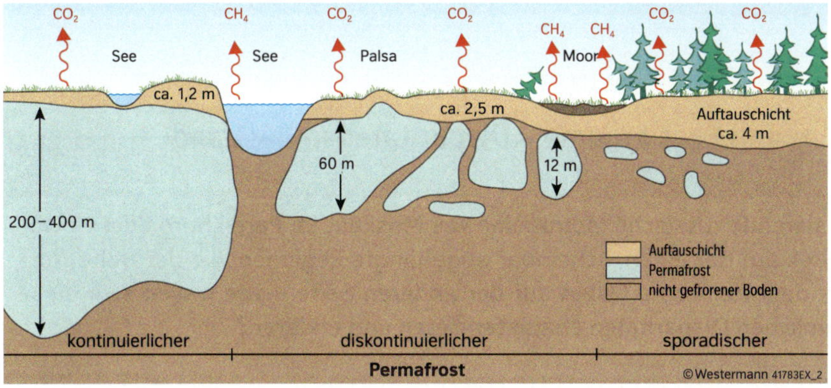

M5 Permafrost in Ostsibirien

Auf nahezu 50 Prozent der Fläche Russlands gibt es Dauerfrostböden. Bei Jahresdurchschnittstemperaturen unter 0 °C, langen Wintern und kurzen, kühlen Sommern sind diese meist ganzjährig gefroren. Eine geringe Vegetations- und Schneebedeckung begünstigen ihre Bildung bis in große Tiefen. Meist taut nur die obere Schicht im Sommer auf, was deren Nutzung zusätzlich erschwert. Die dauerhaft gefrorenen Bodentypen, vor allem Podsole und Gleye, sind zudem wenig fruchtbar. Aber auch nährstoffreiche Braunerdeböden sind betroffen. Neben schlechter Bodenqualität und erschwerter Bearbeitbarkeit schränken somit auch die klimatischen Bedingungen in vielen Regionen eine landwirtschaftliche Inwertsetzung ein. Außerdem stellt das sommerliche Auftauen des Oberbodens eine große technische Herausforderung für die Erschließung und Entwicklung der Räume mit Permafrost im hohen Norden und fernen Osten Russlands dar.

M6 Russlands Böden – Potenzial und Nutzung

GeoKompakt

Die Klimabedingungen und die Bodengüte schränken die landwirtschaftlich nutzbare Fläche Russlands erheblich ein. Im intensiv genutzten Agrardreieck kommen hauptsächlich Schwarzerdeböden vor. Nahezu die Hälfte aller Böden Russlands wird von Permafrost geprägt und ist agrarwirtschaftlich ungeeignet. Zudem stellt der Permafrost ein Hindernis für die Erschließung und Entwicklung dar.

1. Beschreiben Sie die Bilder in M1 und zeigen Sie einen möglichen Zusammenhang auf.

2. Verorten Sie das Agrardreieck und begründen Sie dessen Lage und Abgrenzung sowie sein Potenzial für Russlands Landwirtschaft (M2, Atlas).

3. Zeigen Sie Maßnahmen zum Schutz von Schwarzerdeböden in Russland auf (→ S. 40 M5).

4. Gestalten Sie ein Wandplakat, das zwei Herausforderungen bei der Inwertsetzung Sibiriens darstellt (M4, M5).

5. Der Permafrost ist ein wichtiges Kippelement im Klimasystem. Begründen Sie diese Aussage (M5).

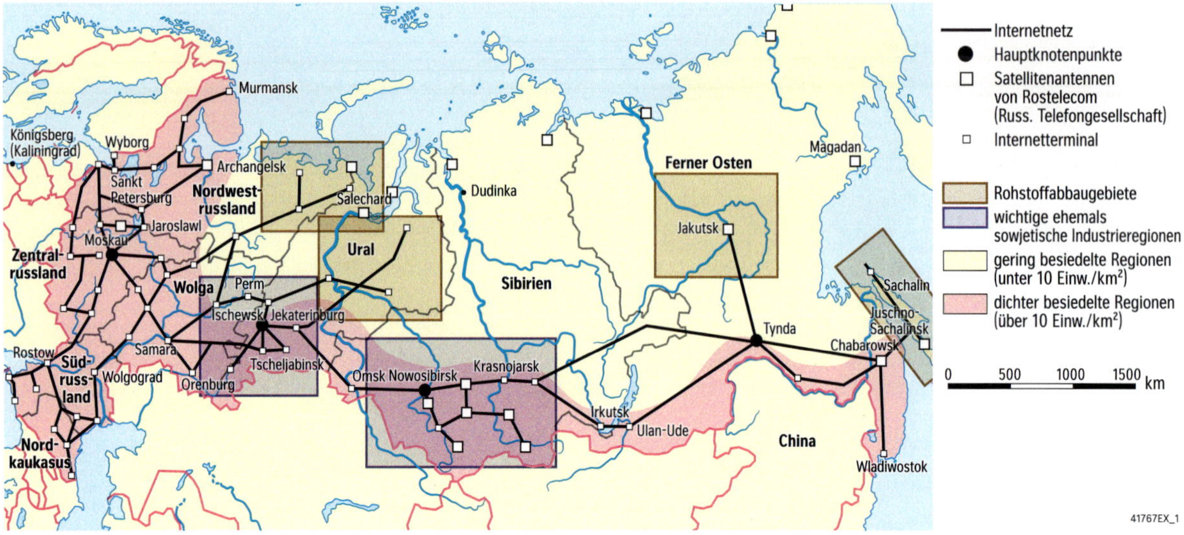

M1 Internetabdeckung in Russland

Aktiv- und Passivräume – Disparitäten in Russland

Pulsierende russische Metropolen wie Moskau, St. Petersburg oder Nowosibirsk auf der einen, scheinbar abgehängte Regionen wie der Hohe Norden oder der Ferne Osten auf der anderen Seite – wie lassen sich diese räumlichen Disparitäten charakterisieren und erklären?

1. Analysieren Sie die Karte M1 und das Satellitenbild (QR-Code) im Hinblick auf räumliche Disparitäten.

2. Ordnen Sie die Bilder in M2 begründet den Begriffen Aktivraum und Passivraum zu.

3. Erklären Sie die Bevölkerungsverteilung in M3 als Folge der naturräumlichen, wirtschaftlichen und politischen Rahmenbedingungen (M4, M7, Atlas).

4. Erläutern Sie soziale und räumliche Disparitäten in Russland (M5, M6).

5. Begründen Sie die unterschiedliche Armutsverteilung in den Russischen Republiken Komi, Tuwa sowie in Moskau (M6).

M2 Metro in Moskau und Rentierzüchter in der Republik Komi

M3 Bevölkerungsverteilung in Russland (2022)

M4 Hauptströme der Migration nach 1990

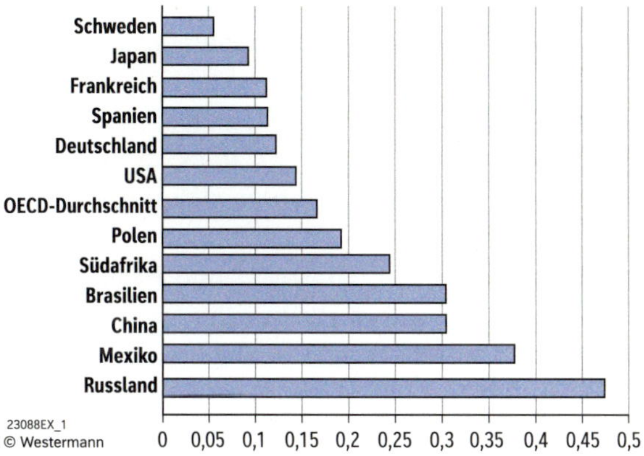

Gini-Index: 0 = Gleichverteilung
1 = extreme Ungleichverteilung

In Moskau konzentrieren sich 20,6 % der russischen Wirtschaftsleistung (BIP) auf nur 0,03 % der Landesfläche, in der russischen Republik Tuwa (an der Grenze zur Mongolei) sind es nur 0,07 % des BIP auf 1 % der Fläche.

M5 Regionaler Gini-Koeffizient (2022)

Auslöser für Migrationsbewegungen waren vor allem die politischen Rahmenbedingungen: Bereits zu Sowjetzeiten wurden ethnische Minderheiten, Kriminelle oder politische Gegner in den dünn besiedelten Norden und Osten Russlands deportiert. Mit der planwirtschaftlich organisierten industriellen Erschließung Sibiriens nach dem Zweiten Weltkrieg erhielten diese Regionen Bevölkerungsgewinne. Diese Arbeitsmigration kehrte sich allerdings nach dem Ende der Planwirtschaft und dem damit verbundenen Ende der Subventionen wieder um. Der Zerfall der Sowjetunion führte zudem zu einer gewaltigen Migrationswelle russischer Bevölkerung aus den ehemaligen Sowjetrepubliken, weil diese Menschen entweder ihren Arbeitsplatz verloren hatten oder weil die neue Amtssprache oder Regierung nicht akzeptiert wurden.

M7 Politisch motivierte Migration

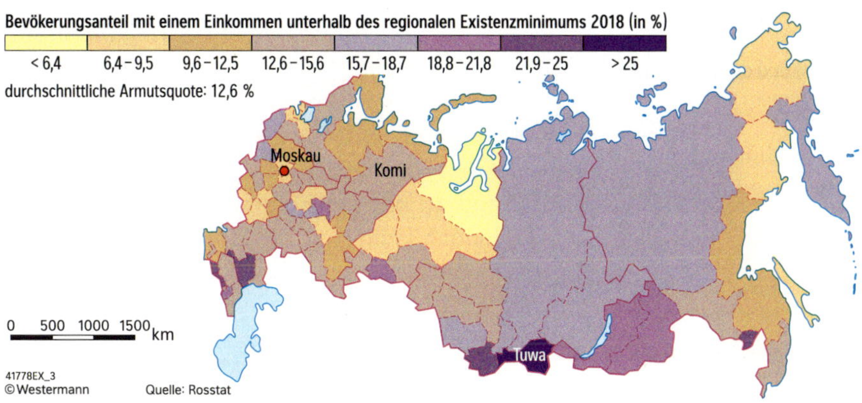

M6 Regionale Armutsverteilung in Russland

GeoKompakt

Russlands räumliche Disparitäten spiegeln sich in den Aktiv- und Passivräumen wider. Ursächlich sind die naturräumlichen Voraussetzungen sowie wirtschaftliche, soziale und politische Entwicklungen. Migrationsprozesse wirken verstärkend.

Web-Code: WES-115093-079

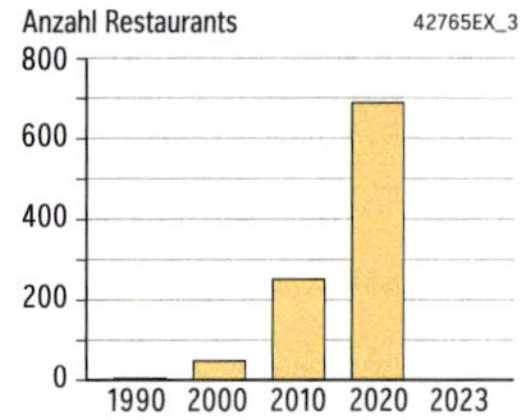

M1 Eröffnung des ersten Restaurants einer US-amerikanischen Fast-Food-Kette am 31. Januar 1990 und Zahl der Filialen in Russland

Russlands Transformation von zentraler Plan- zur Marktwirtschaft

Indikator	1993	2021
HDI	0,733	0,822
Lebenserwartung	65,8 Jahre	72,6 Jahre
Bevölkerung in Mio.	148,5	144,7
Bev. < 15 Jahren	22,6 %	18,2 %
Bev. > 65 Jahren	11,5 %	15,0 %
BIP in Mrd. USD	435	1 779
BIP/Kopf in USD	2 929	12 194
Arbeitslosenquote	4 %	4,8 %

M2 Sozioökonomische Indikatoren 1993 und 2021

INFO

Transformation ist ein umfassender, politisch gestalteter Wandel, der sich aus autoritären Systemen und staatlich dominierten Wirtschaftsordnungen heraus in Richtung mehr Demokratie und zunehmender Marktwirtschaft bewegt.

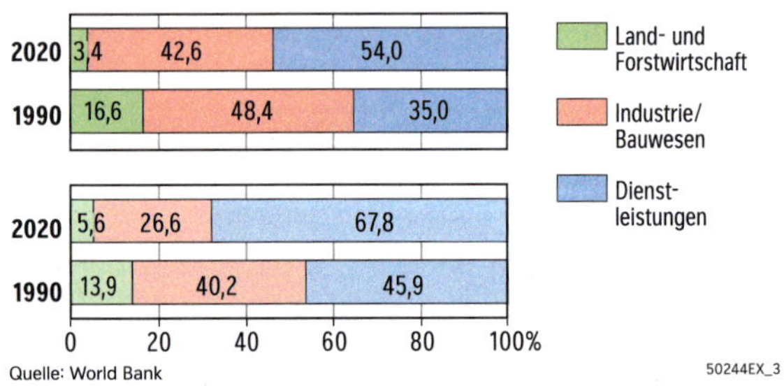

M3 Veränderung der Anteile am BIP (oben) und der Anteile der Beschäftigten in den Wirtschaftssektoren (unten)

1. Erläutern Sie Ursachen, die zur Auflösung der Sowjetunion führten (M4, → S. 98 Karte 1).

2. Erstellen Sie eine Mindmap zu den Transformationsprozessen in Russland (M1 – M5).

3. Verfassen Sie einen Zeitungsartikel zum Thema „Cluster als Bausteine einer erfolgreichen industriellen Transformation" (M5 – M7, → S. 98 Karte 2).

Die Eröffnung des ersten amerikanischen Fast-Food-Restaurants galt als Symbol des wirtschaftlichen Wandels. Verschaffen Sie sich einen Überblick über die Transformationsprozesse seit dem Zerfall der Sowjetunion 1991.

Ende der 1970er-Jahre war die **Planwirtschaft** der Sowjetunion (**UdSSR**) bereits durch sinkende Wirtschaftsleistung, sinkenden Lebensstandard und wachsenden technologischen Rückstand zu den westlichen Industrienationen gekennzeichnet. Trotz zahlreicher Reformbestrebungen unter Präsident Gorbatschow (**Glasnost** und **Perestroika**) führte die zunehmende Krise schließlich im Jahre 1991 zum Zerfall der Sowjetunion.
Das strukturelle Erbe der Planwirtschaft erschwert bis heute die **Transformation** in eine international konkurrenzfähige **Marktwirtschaft**. Folgende Altlasten fallen dabei besonders schwer ins Gewicht: ein übermäßig aufgeblähter Staatssektor, eine überdimensionierte Schwer- und Rüstungsindustrie, eine zentral gelenkte Standortwahl vor allem für Industriebetriebe, überalterte Produktionsanlagen infolge unterlassener Modernisierungsinvestitionen sowie ein hoher Konzentrationsgrad der Produktion auf einzelne **Industriekombinate**.
Der Übergang zur Marktwirtschaft löste zunächst einen Transformationsschock aus. Seit den 2000er-Jahren änderte sich dies. Insbesondere durch den Rohstoffreichtum und -export fand Russland zu neuer wirtschaftlicher Stärke. Politisch jedoch isoliert sich Russland seit Mitte der 2010er-Jahre zunehmend, was nicht zuletzt wirtschaftliche Konsequenzen in Form von Sanktionen und Handelsbeschränkungen durch westliche Staaten nach sich zieht.

M4 Von der Plan- zur Marktwirtschaft

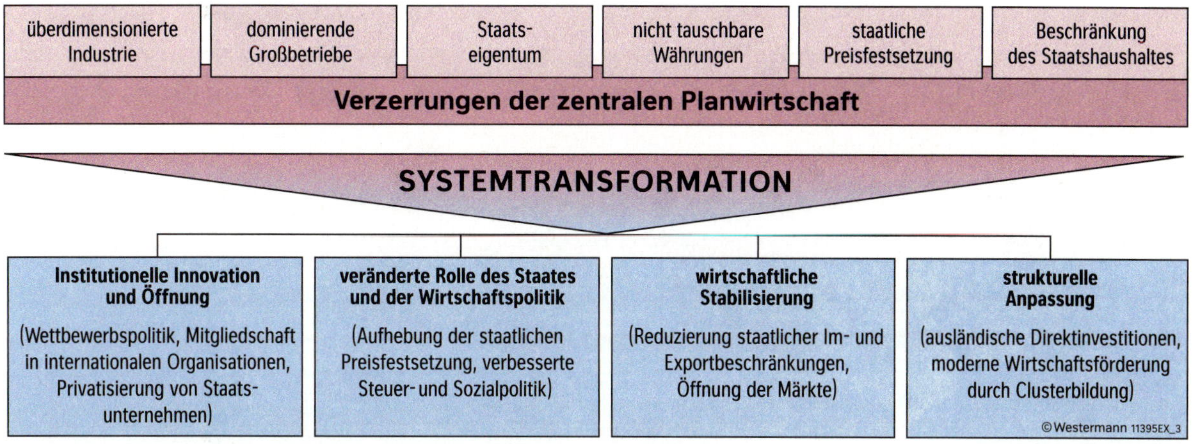

M5 Systemtransformation von der Plan- zur Marktwirtschaft

Was macht die Transformation so schwierig?
„Die Durchführung der Privatisierung war herausfordernd. Die alten Märkte und Zulieferbeziehungen innerhalb der Ostblockstaaten brachen weg. Man wollte zudem die gesamte Bevölkerung zu Massenbesitzern von Volksaktien machen. Aber statt der erhofften Streuung konzentrierten sich die Aktien rasch in wenigen Händen. In der Industrie vollzog sich eine besonders rücksichtslose Privatisierung. Einzelne sogenannte Oligarchen wurden reich und sind heute sehr mächtig."

Und wie verlief sie in anderen Sektoren?
„In Sowjetzeiten wurden das bäuerliche Privateigentum und die Produktionsmittel verstaatlicht. Die ehemaligen Bauern waren in den **Kolchosen** und **Sowchosen** als angestellte Arbeiter tätig. In der Landwirtschaft war die Privatisierung besonders schwierig, weil hier die Kollektivbetriebe nur sehr schwer wieder aufgeteilt werden konnten."

Ist die Landwirtschaft heute konkurrenzfähig?
„Na ja, immerhin ist Russland dank der schrittweisen Weiterentwicklung seiner agrarindustriellen Großbetriebe in Verbindung mit ausländischem Know-how heute zum weltweit führenden Weizenexporteur aufgestiegen."

Und der Dienstleistungssektor?
„Die russische Wirtschaft bleibt vom Rohstoffsektor dominiert. Doch der Dienstleistungssektor wächst sehr schnell und holt immer mehr auf. Dies trifft insbesondere auf die großen russischen Städte, wie z. B. die Global City Moskau, zu. Dort gewinnen der tertiäre und **quartäre Sektor** enorm an Bedeutung."

M6 Ein Transformationsforscher im Interview (August 2021)

Die sowjetische Planwirtschaft stellte Forschung und Technologieentwicklung primär dem militärisch-industriellen Sektor zur Verfügung. Die Produktion konzentrierte sich auf spezialisierte Standorte im gesamten Land, wobei die Schwerindustrie im Mittelpunkt stand. Im Zuge der Transformation und der damit verbundenen Gründung von Privatunternehmen bot sich die Chance zur Bildung von Clustern und damit zur Diversifizierung der Industrie. Die Ansiedlung solcher Betriebe wurde beispielsweise in der Industriestadt Kaluga politisch gefördert (→ S. 98 Karte 2). Hier wurden bis 2021 ausländische Firmen, die sich auf Zulieferprodukte für die Automobilindustrie spezialisierten, angeworben.
Die Regierung versucht, die Abhängigkeit der Wirtschaft von der Rohstoffproduktion und der Schwerindustrie zu reduzieren und durch Cluster zu diversifizieren. Ein wichtiger Baustein ist neben den Investitionen im Maschinen- und Fahrzeugbau die Förderung von Forschungseinrichtungen. So sollen Standorte wie Kaluga langfristig konkurrenzfähig werden. Seit 2022 wird dabei verstärkt auf die Ansiedlung russischer Firmen gesetzt.

M7 Moderne Industriepolitik im Cluster Kaluga

GeoKompakt

Russlands Wirtschaftssektoren sind von der Transformation stark betroffen. Noch heute ist das Land vom Export von Rohstoffen und Agrarprodukten abhängig – was Chancen, aber auch immense Risiken bietet. Clusterbildung soll helfen, den Industriesektor weiter zu entwickeln und langfristig Wissen und Know-how anzusiedeln.

M1 Rohstoffe in Russland

Erdöl- und Erdgaswirtschaft in Russland

Russland gehört zu den Staaten der Erde, die über die weltweit größten Reserven an Erdöl und Erdgas verfügen. Untersuchen Sie die Bedeutung des Erdöl- und Erdgasreichtums für Russland.

Anfang der 1960er-Jahre wurden in Westsibirien Erdöl- und Erdgasvorkommen in großen Tiefen bis 3000 m entdeckt. Die immensen Kosten für die **Exploration** im hohen Norden und die großen Entfernungen zu den Verbrauchern bzw. Exportmärkten verzögerten die Erschließung, sodass erst Mitte der 1970er-Jahre die Förderung begann. Schnell erlangte man eine Spitzenposition in der weltweiten Erdöl- und Erdgasförderung (M3).
Mit der Transformation wurde die Förderung durch die vom Staat gelenkten Unternehmen effektiver und rationeller. Die Fördermengen übersteigen heute bei Weitem den russischen Eigenbedarf. So wurde Russland zu einem der größten Energieexporteure weltweit.
Die Bedeutung des Erdöl- und Erdgassektors ist für die russische Wirtschaft und Gesellschaft enorm (bis Anfang 2022: 20 % Anteil am BIP). Die globale Nachfrage nach Energierohstoffen verspricht Russland weiterhin hohe Einnahmen. Zudem sind viele der bekannten Erdöl- und Erdgaslagerstätten noch nicht erschlossen (M1).

M2 Russische Erdöl- und Erdgasförderung

	Russland	USA	Saudi-Arabien	Katar
Erdöl				
Reserven*	6,2 %	4 %	17,2 %	1,5 %
Produktion	10,9	16,7	10,9	1,7
Verbrauch	3,4	18,7	3,6	0,3
Angaben in Millionen Barrel pro Tag (2020); *Anteile weltweit				
Erdgas				
Reserven*	19,9 %	6,7 %	3,2 %	13,1 %
Produktion	701,7	934,0	117,3	177,0
Verbrauch	475,0	826,7	117,3	40,0
Angaben in Milliarden Kubikmeter (2021); *Anteile weltweit				

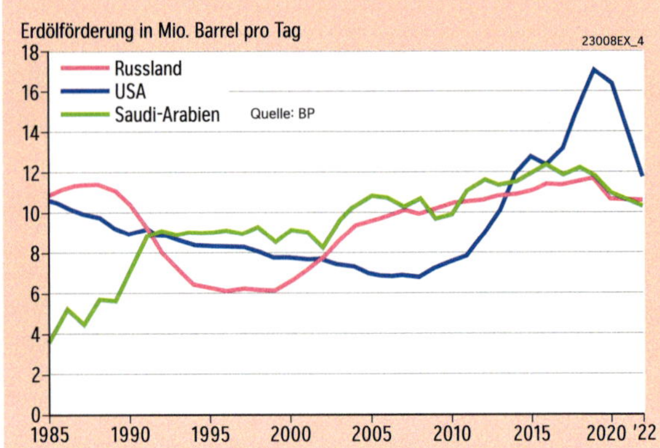

M3 Daten zu Erdöl und Erdgas (Daten: Statistical Review of World Energy 2022)

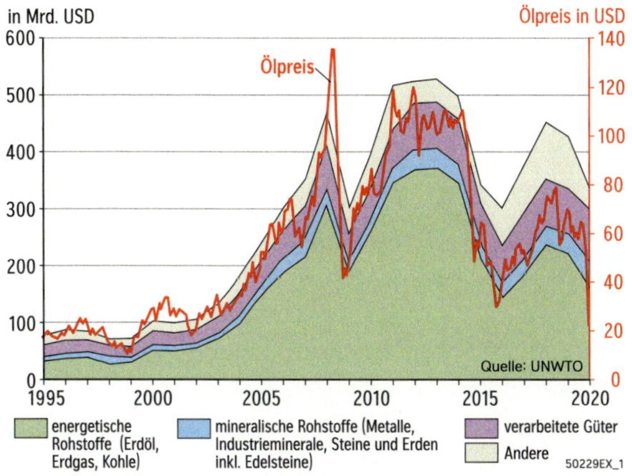

M4 Entwicklung des russischen Außenhandels und des Ölpreises

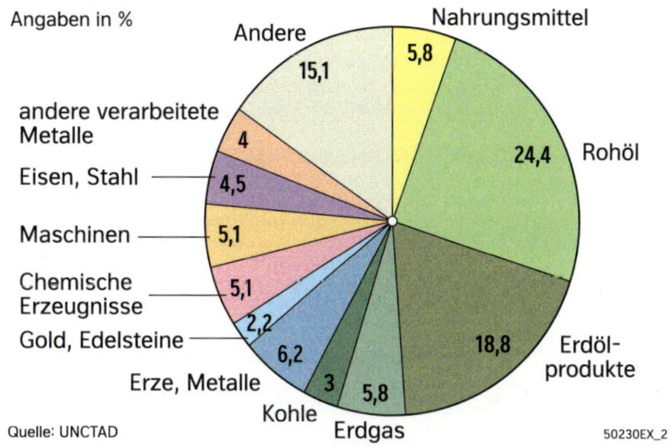

Hinweis: Erdölprodukte sind Heizöl, Benzin oder weitere raffinierte Produkte.

M6 Russlands Exporte (2021)

Der russische Staat ist seit Jahrzehnten von den Einnahmen aus dem Export von Erdöl und Erdgas abhängig. Allerdings werden diese Einnahmen nur zum Teil in den Ausbau der Infrastruktur und die Modernisierung des sekundären Sektors investiert. Sie dienen dazu, die sehr hohen militärischen Ausgaben zu decken. Die nach wie vor zu geringen Investitionen in die russische Wirtschaft verhindern deren Diversifizierung und Modernisierung. Die daraus resultierende wirtschaftliche Rückständigkeit mindert zusehends die Zukunftsfähigkeit des Landes.

Das Festhalten an der rohstoffbasierten Wirtschaft macht allerdings auch weitere Investitionen in die Rohstoffförderung notwendig, um über vermehrte Exporte die Importe hochwertiger Produkte für die Industrie und die Verbraucher bezahlen zu können. Besonders problematisch ist die Abhängigkeit der Staatseinnahmen von den starken Schwankungen der Rohstoffpreise auf dem Weltmarkt. So ist Russland wegen seiner einseitigen Ausrichtung auf die rohstoffbasierte Wirtschaft besonders anfällig gegenüber möglichen Sanktionen, wie z. B. einem Rohstoffembargo wegen des Kriegsgeschehens in der Ukraine.

M5 Die „russische Krankheit"

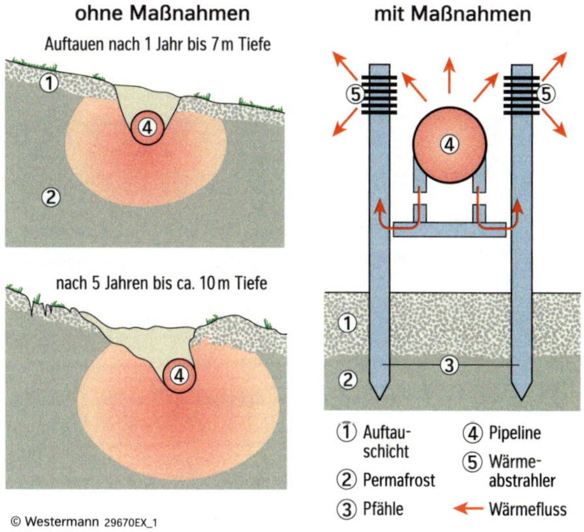

M7 Aufwendiger Pipelinebau im Permafrost

GeoKompakt

Russland ist nach wie vor stark von Energierohstoffen wie Erdöl, Erdgas oder Kohle abhängig. Preisschwankungen, instabile politische Institutionen, der Permafrost und die globale Energiewende stellen Russlands Energiewirtschaft trotz der vielen Potenziale vor enorme Herausforderungen.

1. Beschreiben Sie die Lage der russischen Erdöl- und Erdgaslagerstätten und leiten Sie daraus Herausforderungen bei der Förderung und dem Transport dieser Rohstoffe ab (M1, M7).

2. Erarbeiten Sie für ein Partnerbriefing die nationale und globale Bedeutung der Erdöl- und Erdgaswirtschaft Russlands (M3, M4, M6).

3. „Die Kombination aus Rohstoffabhängigkeit und staatlich gelenkter Wirtschaft wird als russische Krankheit bezeichnet." Bewerten Sie diese Aussage kritisch (M5, M6).

4. Recherchieren Sie Hintergründe zu den Schwankungen des Ölpreises und des russischen Außenhandels (M4).

Erdgas – wichtiger Energierohstoff für Russland und Europa

Russland versorgte bis 2022 viele Staaten der EU über Pipelines mit Erdgas. Diskutieren Sie die Konsequenzen dieser Handelsbeziehungen für Russland und Europa.

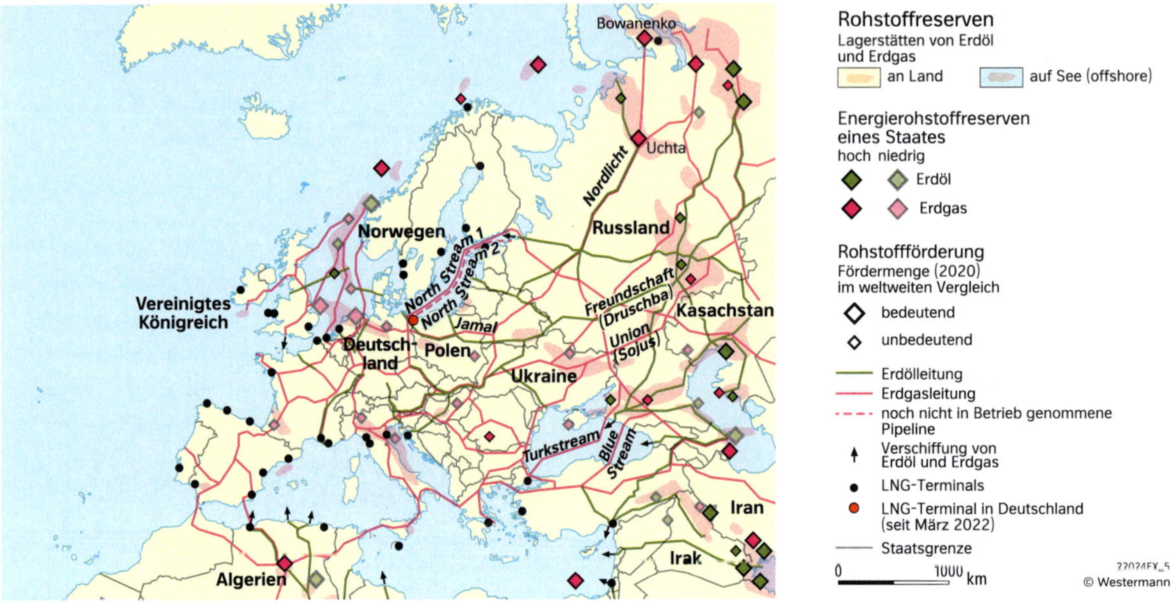

M1 Europa – Energierohstoffe und Transportwege

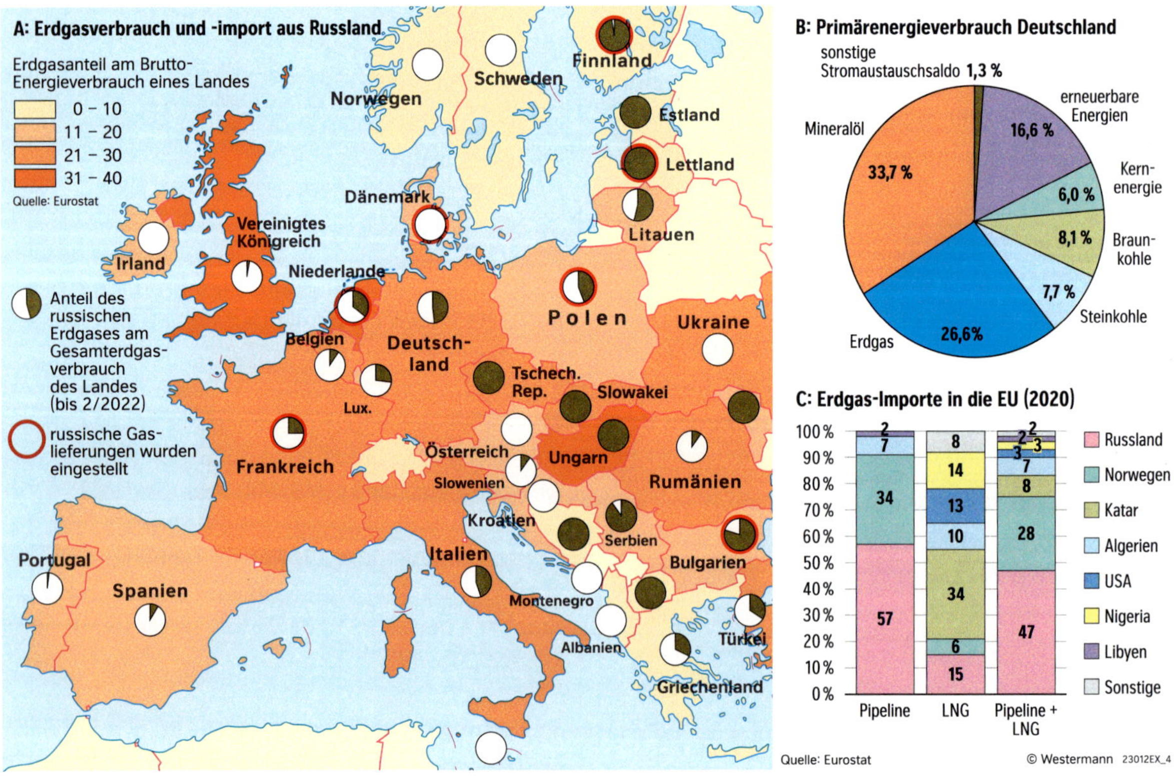

M2 Bedeutung von Erdgasimporten für die Energieversorgung Europas und Deutschlands (bis 2022)

① **Staatssekretär im deutschen Wirtschaftsministerium**
1. Erdgas ist sehr wichtig für uns
2. stabile Preise für deutsche Verbraucher
3. Energiewende benötigt sehr viel zusätzliches Erdgas
4. ...

② **Vertreter eines russischen Energiekonzerns**
1. große Mengen sehr sicher lieferbar
2. neueste und sichere Transporttechnik
3. Erdgasförderung der EU rückläufig
4. ...

③ **Regierungsvertreter US-Außenministerium**
1. zu Sanktionen gezwungen
2. EU darf nicht von russischem Gas abhängig sein
3. Frackinggas wäre eine Alternative
4. ...

④ **Vertreter der Transitstaaten russischer Energie-Pipelines**
1. Deviseneinnahmen für Durchleitung unsicher
2. Russland nicht mehr auf uns angewiesen
3. alternative Gaslieferanten werden gesucht
4. ...

⑤ **Vorsitzende eines deutschen Umweltvereins**
1. Klimaziele mit Gas erreichen geht nicht
2. Vermeidung statt Substitution als Credo
3. Versteckte Emissionen (Methan) bei Gewinnung und Transport
4. ...

⑥ **Wirtschaftsjournalistin**
1. mögliche Alternativen für Europa
2. Substitution durch Gas aus Nahem Osten
3. Atomenergie als Brückentechnologie umstritten
4. ...

⑦ **Chinesischer Diplomat:**
1. Pipeline „Sila Sibiri = Stärke Sibiriens" stärkt die Zusammenarbeit
2. China als verlässlicher asiatischer Partner und Abnehmer von Gas
3. extrem hohe Kosten schnell erwirtschaftet
4. ...

⑧ **Indische Unternehmervertreter**
1. Energiehunger unseres Landes wird sich extrem steigern
2. „Russisches Erdöl" aus Indien ist ein gutes Geschäft. EU-Staaten haben großes Interesse
3. Pipeline-Bau statt Tanker-Lieferung als langfristige Lösung
4. ...

M3 Positionen zur Energieversorgung Europas

1 Legen Sie die Bedeutung von Erdöl und Erdgas aus Russland für die europäischen Staaten bis zum Jahr 2022 dar (M1, M2, QR-Code). Diskutieren Sie die aktuelle Situation für die EU und Russland.

2 Ergänzen Sie die Positionen zur Energieversorgung Europas (M3, Internet) mit aktuellen Argumenten.

3 Legen Sie in einem Rollenspiel die unterschiedlichen Positionen zur Energieversorgung Europas in der Klasse dar.

4 Beurteilen Sie in einem Wertequadrat, inwieweit eine alternative Energieversorgung Europas die Abhängigkeit von russischen Erdgasimporten verringern muss.

GeoMethode

Ein Wertequadrat erstellen

1. Arbeiten Sie sich in die Positionen der verschiedenen Akteure ein.
2. Übernehmen Sie das Wertequadrat, Linienlänge jeweils ca. 10 cm.
3. Tragen Sie mit Bleistift die Nummern der acht Positionen (Rollenkarten) auf der Waagerechten und Senkrechten ein.
4. Bilden Sie den Schnittpunkt beider Hilfslinien.
5. Markieren Sie mit Bleistift Ihre eigene Position im Wertequadrat.

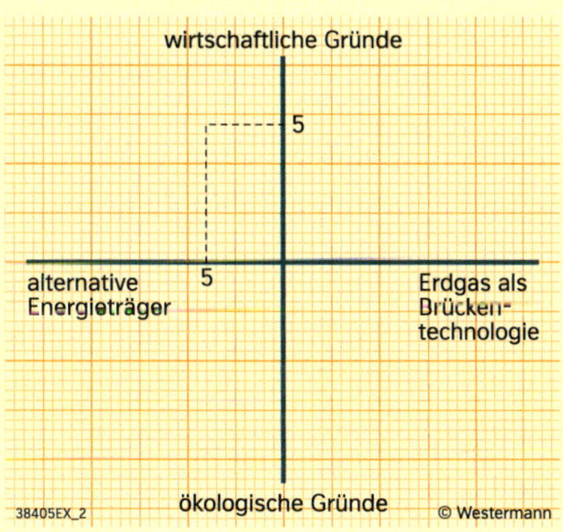

GeoKompakt

Aufgrund geringer eigener Erdgasförderung waren bis 2022 sehr viele Länder der EU stark von Gasimporten aus Russland abhängig. Alternative Gaslieferanten und Substitutionsstrategien werden seit 2022 verstärkt in Europa in Erwägung gezogen und realisiert.

Web-Code: WES-115093-085

M1 Blick auf Norilsk

Norilsk – Bergbaustadt nördlich des Polarkreises

Norilsk, 300 km nördlich des Polarkreises gelegen, zählt zu den bedeutendsten Bergbaustädten weltweit. Welche Herausforderungen stellen sich bei der Nutzung der Bodenschätze nördlich des Polarkreises und welche ökologischen Belastungen treten dabei in der Region auf?

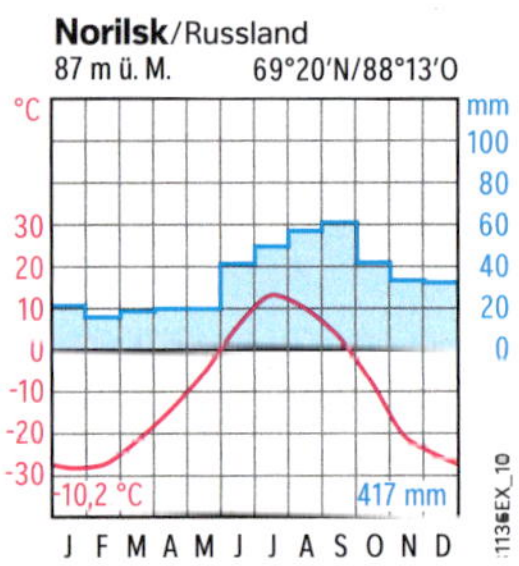

M2 Klimadiagramm von Norilsk

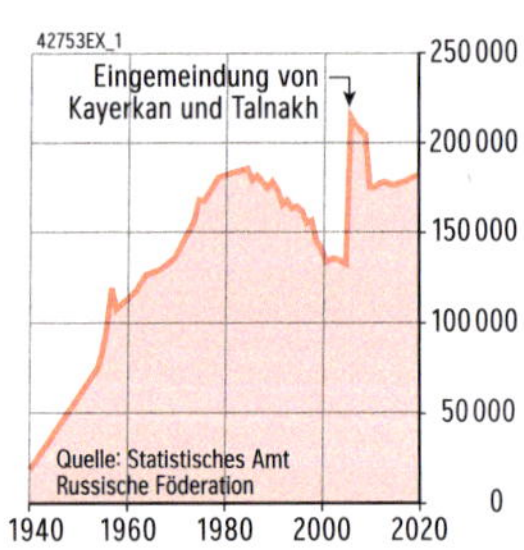

M3 Bevölkerungsentwicklung Norilsk

Norilsk ist die zweitgrößte Stadt (175 000 Einw.) Russlands nördlich des Polarkreises. Ohne das riesige Vorkommen an Bodenschätzen wäre in dieser peripheren, unwirtlichen Region nie eine Stadt entstanden. Neben der Steinkohle spielt vor allem der große Reichtum an seltenen Metallen eine bedeutende Rolle. So stammt ein großer Teil der weltweiten Produktion des Edelmetalls Palladium z.B. für Katalysatoren aus den Gruben Norilsks. Bekannt ist Norilsk vor allem für die Nickellagerstätten. Das schwefelhaltige Erz wird unter dem Permafrost in Tiefen von bis zu 1500 m abgebaut und in der Nickelhütte Nadeschda, dem angeblich größten luftverschmutzenden Betrieb der Welt, verhüttet. Die bei der Verhüttung freiwerdenden Emissionen an Schwefeldioxid führen zu einer starken Beeinträchtigung der Luftqualität und zu saurem Regen. Hinzu kommen schwermetallbelastete Stäube und Abwässer, die die Stadt sowie Seen und Wälder verseuchen. Das russische Bergbauunternehmen, das auch Produktionsstätten in Finnland und Südafrika besitzt, zählt zu den weltweit führenden Anbietern des Stahlveredlers Nickel.

M4 Norilsk – die schmutzigste Bergbaustadt nördlich des Polarkreises

M5 Fluss bei Norilsk nach dem Austritt von Dieselöl im Mai 2020

1 Stellen Sie die Probleme für das Leben der Menschen in der Region Norilsk dar, die sich aus der Lage und dem Naturraum ergeben (M2, M7, Atlas).

2 Erläutern Sie die Bevölkerungsentwicklung in Norilsk (M3).

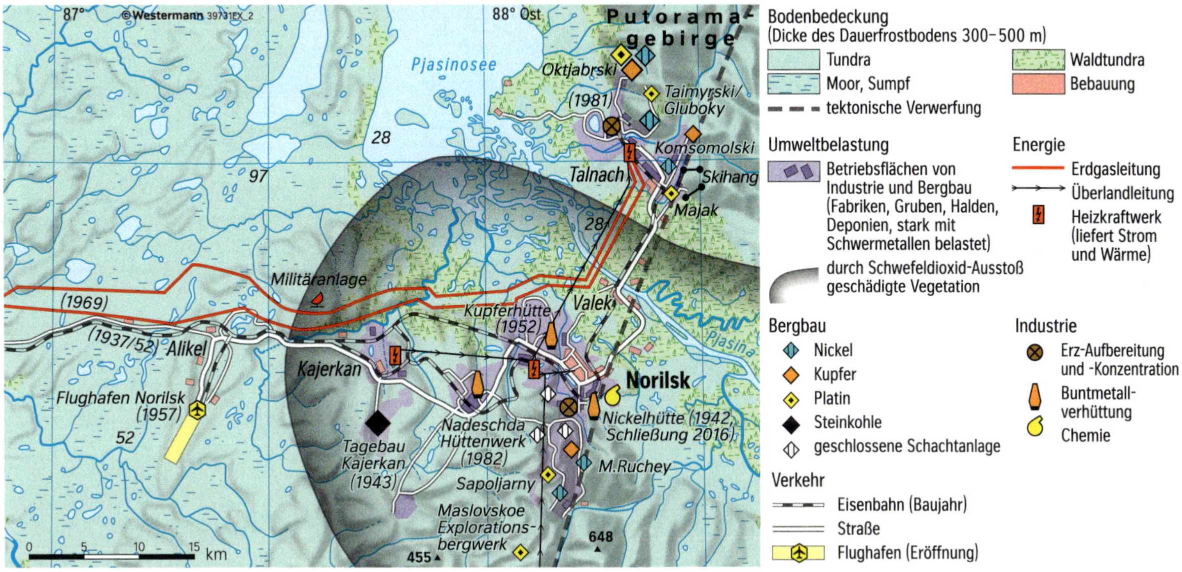

M6 Die Bergbauregion Norilsk

„Keiner kommt freiwillig hierher. Schneestürme, sieben bis neun Monate Schnee und Eis, zwei Monate Polarnacht und Extremtemperaturen bis zu -60° C erschweren das Leben. Zu Sowjetzeiten waren meine Arbeits- und Lebensbedingungen noch besser: Es gab höhere Löhne, drei Monate bezahlten Urlaub, Vergünstigungen für die Kinder, Pensionierungen mit 45 Jahren und nach 20 Jahren Tätigkeit eine Wohnungszuweisung im Westen Russlands. Mittlerweile sind viele Privilegien von früher Geschichte. Zudem sind die Nahrungsmittel teurer, weil sie von weit her herangeschafft werden müssen. Miete und Heizkosten kann ich kaum mehr bezahlen, weil der Unterhalt der Gebäude aufgrund der Kälte und des Dauerfrostbodens enorm hohe Kosten verursacht. Hinzu kommen die hohen Umweltbelastungen, die bei meinen Kolleginnen und Kollegen zu gesundheitlichen Problemen, z. B. Atemwegs- oder gar Krebserkrankungen, geführt haben."

M7 Eine Arbeiterin berichtet

Anteile an der globalen Förderung	Anteile an der russischen Wirtschaft:	angestrebter Umweltschutz (bis 2030):
• Palladium: 44 %	• 1 % am BIP	• Emissionen: –80 %
• Nickel: 31 %	• 4,3 % an den Exporten	• NOx-Emissionen: – 65 %
• Kobalt: 18 %	• 4,2 % an Industrieprodukten	• Wasserverbrauch: – 50 %
• Platin: 15 %		• Flächenverbrauch: – 90 %
• Rhodium: 12 %	**Betriebsgewinn:**	**Ausgaben Umweltschutz:**
	• 2,4 Mrd. Euro	• 2020: 422 Mio. Euro

M8 Das führende russische Bergbauunternehmen in Zahlen (2020)

Die zuletzt positiven Nachrichten aus Norilsk in Verbindung mit der Reduzierung der Luftverschmutzung durch den Einsatz moderner Filteranlagen bei der Verhüttung werden immer wieder durch neue Unfälle überschattet. So liefen beispielsweise am 29. Mai 2020 aus dem Tanklager eines Kraftwerks etwa 21 000 t Dieselol aus und gelangten in den Boden sowie die nahegelegenen Flüsse. Einen Monat später traten aus einem Absetzbecken große Mengen Abwasser mit Schwermetallen und Schwefelsäure aus, die in die Tundra abgepumpt wurden. Beide Male versuchte der Konzern die Vorfälle zu verheimlichen und kleinzureden.

M9 Umweltkatastrophen in Norilsk – Pressemeldung vom 20.06.2020

3 Erstellen Sie eine Mindmap der Herausforderungen, die sich bei Abbau, Verarbeitung und Abtransport der Rohstoffe in Norilsk ergeben (M1 – M9).

4 Werten Sie M6 und das Satellitenbild (→ S. 99 M1 und M2) im Hinblick auf die ökologischen Veränderungen in Norilsk aus.

5 Beurteilen Sie, inwieweit eine nachhaltigere Nutzung der Ressourcen in Norilsk möglich ist (M8, M9).

GeoKompakt

Norilsk besitzt ein enormes Potenzial an Bodenschätzen, die auf dem Weltmarkt stark nachgefragt werden. Der Bergbau nördlich des Polarkreises ist jedoch extrem herausfordernd und mit starken ökologischen Beeinträchtigungen verbunden.

M1 Sowjetische Spitzentechnologie – erster Weltraumsatellit Sputnik (1957), erstes Überschallpassagierflugzeug Tupolew TU-144 (1968), Atom-U-Boot K-3 Leninski Komsomol (1957)

Russland – ein Staat mit Spitzentechnologie?

Zu Zeiten der Sowjetunion war der Kosmonaut Jurij Gagarin der erste Mensch im Weltraum und der Konstrukteur Andrei Tupolew baute das erste Überschallverkehrsflugzeug der Welt. Doch wie steht es heute um den russischen Hightech-Sektor im globalen Wettbewerb?

Indikator	Russland	Deutschland
Nationale FuE-Ausgaben in Mio. USD	44 501	148 150
FuE-Anteil am BIP in %	1,04	3,19
Anteil der Hochschulabsolventen (25–34 J.) in %	62,09	34,88
Anzahl der Forschenden je 1 000 Beschäftigte	5,57	9,96
Anzahl Doktoranden	91 871	201 800

M2 Indikatoren zum russischen Hightech-Sektor (2022)

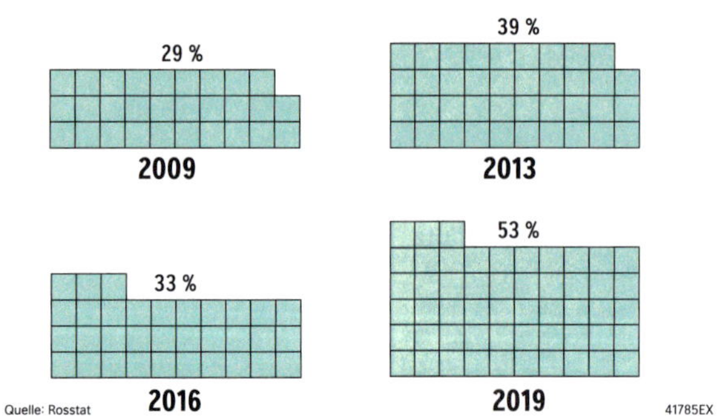

M3 Anteile der ins Ausland abwanderungswilligen russischen Akademikerinnen und Akademiker

❶ Charakterisieren Sie Struktur und Entwicklung des russischen Hightech-Sektors (M1 – M4, QR-Code).

❷ Stellen Sie tabellarisch Vor- und Nachteile für die Entwicklung Nowosibirsks als Hightech-Standort dar (M5 – M8).

❸ Erörtern Sie in einer Fishbowl-Diskussion Maßnahmen, die Russland ergreifen müsste, um global im Hightech-Sektor konkurrenzfähig zu werden.

In Sowjetzeiten diente die Spitzentechnologie vor allem dem militärischen Sektor und war Ausdruck des Rüstungswettlaufs mit den USA. Auf den damals dominierenden Rüstungsbereichen Luft- und Raumfahrt sowie dem Nuklearsektor basiert heute noch der russische Hightech-Sektor.
Russland ist aktuell nur noch in der Raumfahrt und vor allem im Nuklearsektor international bedeutend: Die Raumstation ISS wird seit vielen Jahren hauptsächlich von bemannten Sojus-Raumschiffen angeflogen und versorgt. Aus dem riesigen militärischen Nuklearsektor ging die staatliche Atomenergiebehörde Rosatom hervor – ein Global Player und heute größter Akteur für AKW-Neubauten weltweit. Auch weist Rosatom den größten Exportauftragsbestand aller russischen Unternehmen auf.
Neuerdings werden Maßnahmen zur Entwicklung moderner Technologien und zur Diversifizierung des Hightech-Sektors unternommen. So entstehen staatlich geförderte Cluster wie etwa in Nowosibirsk. Problematisch für die Weiterentwicklung dieses Sektors ist vor allem die starke Abwanderung des Wissenschaftsnachwuchses und hochqualifizierter Arbeitskräfte ins Ausland (***Brain-Drain***). Da die technisch-naturwissenschaftliche Ausbildung in Russland sehr gut ist, sind die russischen Fachkräfte weltweit sehr gefragt. Vor allem Informatikerinnen und Informatiker verlassen das Land. Da die IT-Branche zukünftig die neue russische Schlüsselindustrie werden soll, wiegt der *Brain-Drain* besonders schwer.

M4 Russlands Hightech-Sektor

M5 Impressionen aus dem Wirtschaftsstandort Nowosibirsk

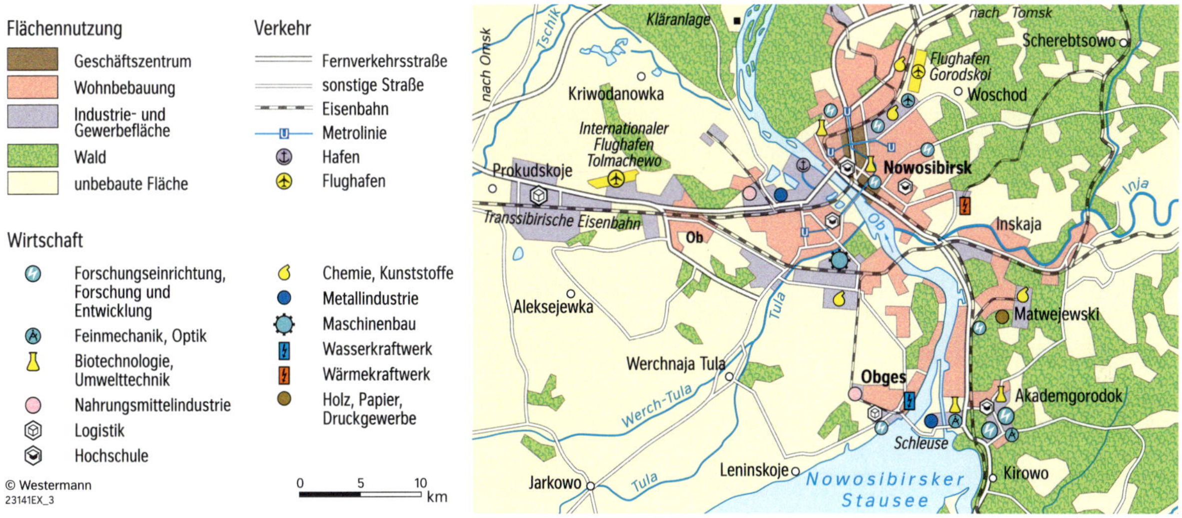

M6 Hightech-Standort Nowosibirsk

- Fläche der Stadt Nowosibirsk: 503 km^2
- Einwohner der Stadt: 1,6 Mio., Region 2,8 Mio., drittgrößte Stadt Russlands nach Moskau und St. Petersburg
- Verkehrsanbindung: zwei internationale Flughäfen, Lage an der Transsibirischen Eisenbahn, Hafen am Ob
- Betriebe: 162000, Arbeitsplätze: 820000
- Hochschulen: 34 mit 120000 Studierende
- Stromerzeugung des Ob-Stausee-Kraftwerks: 1687 Mio. kWh im Jahresdurchschnitt
- regionales BIP: 16 Mrd. € (Vergleich BIP Russland 1 300 Mrd. €)
- durchschnittlicher Monatsbruttolohn: 476 € (Vergleich Deutschland 3 975 €)
- Exportvolumen 5,3 Mrd. USD (Russland gesamt 420 Mrd. USD)

M7 Nowosibirsk in Zahlen (2020)

Nowosibirsk verdankt seine Gründung dem Bau einer Brücke der Transsibirischen Eisenbahn über den Ob 1893. Der Flugzeugbau bildet seit Langem das wirtschaftliche Rückgrat des Standorts. Bereits ab der zweiten Hälfte der 1940er-Jahre wurden in Nowosibirsk die berühmten MiG-Jagdflugzeuge hergestellt. Heute erfolgen hier Fertigung und Endmontage von zivilen und militärischen Flugzeugtypen. Neben dem Flugzeugbau ist die Nuklearindustrie ein weiterer wichtiger Industriezweig. Der Standort ist einer der weltweit führenden Produzenten von Brennstäben für Kernkraftwerke. Im Gegensatz zu anderen sibirischen Wirtschaftszentren dominiert nicht die Rohstoffgewinnung, sondern das produzierende Gewerbe und die Dienstleistungen wie Wissenschaft und Forschung. So erfolgt in Nowosibirsk die Fachkräfteausbildung für ganz Sibirien.

M8 Bericht über den Wirtschaftsstandort Nowosibirsk

GeoKompakt

Russlands Hightech-Sektor fußt noch immer auf den Branchen Luft- und Raumfahrt sowie der Nuklearindustrie. Eine stärkere globale Wettbewerbsfähigkeit durch Diversifizierung des Industriesektors wird durch verschiedene Faktoren erschwert, entwickelt sich aber an einzelnen Standorten wie in Nowosibirsk positiv.

Web-Code: WES-115093-089

M1 ?

M4 ?

Moskau – Metropole, Megastadt, Global City?

„Boomtown Moskau, die größte Stadt Europas – Gewinnerin der Transformation und Globalisierung!" Beurteilen Sie, inwieweit diese Aussage tatsächlich zutrifft.

Zu Sowjetzeiten sollte die russische Hauptstadt die Ideale des Sozialismus widerspiegeln. Der Stadt kam dabei vor allem eine repräsentative Funktion als politisches Machtzentrum zu. Monumentale Partei- und Regierungsgebäude, zentrale Plätze und weitläufige Alleen als Aufmarschfläche für die Partei und das Militär überprägten die ursprünglich zaristische Stadt. Der Handel spielte innerhalb des Dienstleistungssektors aufgrund der Abkehr von der kapitalistischen Konsumausrichtung nur eine untergeordnete Rolle. Im Sinne der klassenlosen Gesellschaft baute man standardisierte Großwohnsiedlungen (Mikrorajon) in Plattenbauweise. Im Umland (Oblast) entstanden Datschensiedlungen zur Erholung, aber auch zum Obst- und Gemüseanbau.

M2 Das sowjetische Moskau

Seit dem Zerfall der Sowjetunion bestimmen Transformationsprozesse auch die Entwicklung der Hauptstadt. Ihre Position als Wirtschafts- und Finanzzentrum hat sich verstärkt. Tertiärisierung, Privatisierung von Unternehmen und Integration in den globalen Markt prägen das neue Moskau. Das Stadtzentrum wurde zu einem attraktiven Dienstleistungsstandort für russische und internationale Unternehmen, den Einzelhandel und Tourismus. Mit der wachsenden Attraktivität stiegen auch die Grundstücks- und Mietpreise, verstärkt durch hohe Zuwanderungsraten und einen Immobilienboom. Globale Prozesse wie Gentrifizierung, Suburbanisierung und soziale Abschottung der wohlhabenden Bevölkerung in *Gated Communities* sind Symptome des Wandels zu einer modernen Hauptstadt.

M5 Das neue Moskau

1 Geben Sie den Fotos (M1, M4, M6, M9) passende Unterschriften und ordnen Sie die Bilder begründet dem Modell (M3) zu.

2 Erläutern Sie die Transformation Moskaus und erörtern Sie, ob man Moskau als Gewinner der Transformation bezeichnen kann (M3, M5, M7, M10).

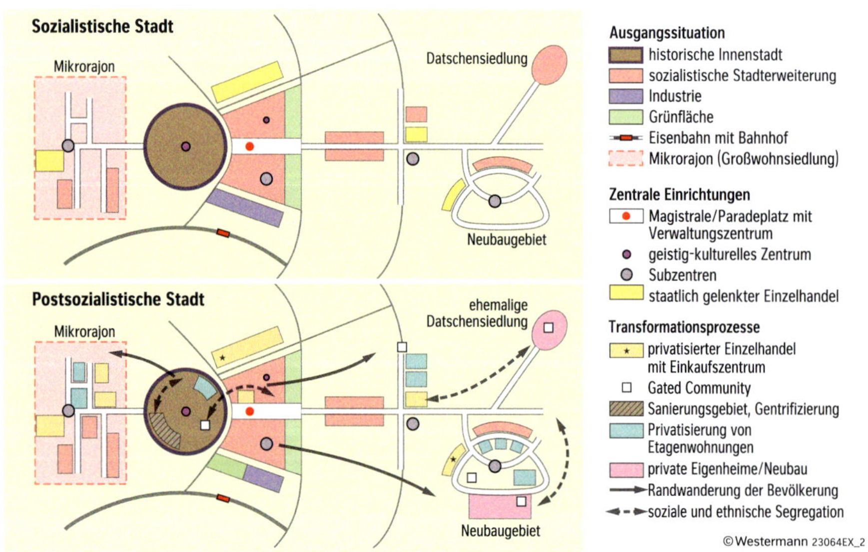

M3 Modell zur Transformation von russischen Städten

M6 ?

M9 ?

Fünf Kilometer westlich des Kremls ragt mit *Moscow City* (*Moscow International Business Center*) ein echter Eyecatcher aus der Hauptstadt. Hier befinden sich 15 Wolkenkratzer, von denen vier zu den fünf höchsten Europas gehören wie der Federation Tower, mit 374 m höchster Turm Europas. *Moscow City* war ursprünglich als internationales Geschäftszentrum konzipiert, doch bis 2020 waren 78 Prozent der angesiedelten Unternehmen russisch. Bei den ausländischen Unternehmen liegen die Schwerpunkte im Dienstleistungssektor (31 %) und im verarbeitenden Gewerbe (26 %). Am häufigsten sind US-amerikanische Unternehmen vertreten. Die Fertigstellung dieses prestigeträchtigen Megaprojekts „einer Stadt aus Wolkenkratzern" kam durch Finanz- und Immobilienkrisen oder den Krieg in der Ukraine ins Stocken, sodass viele Flächen in den Hochhäusern noch leerstehen.

M7 Bericht über *Moscow City* – Russlands Manhattan

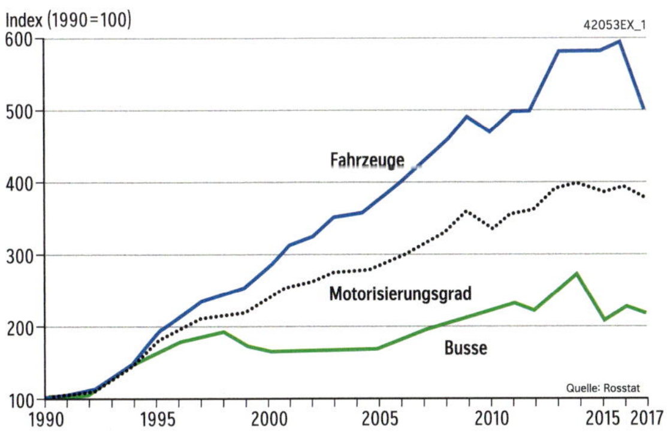

M8 Fahrzeuganzahl und Motorisierungsgrad (pro 1000 Einwohner) in Moskau

Der Moskauer Stadtteil Tschertanowo ist ein sozialer Brennpunkt. Die Menschen sind arm, das Viertel heruntergekommen, die reichen Viertel der Innenstadt weit weg. […] Tschertanowo wurde in den 1930er-Jahren aus dem Boden gestampft – als Arbeitersiedlung für die damals neuen Industriekomplexe im Süden der russischen Hauptstadt. Viele Fabriken machten nach dem Zerfall der Sowjetunion herbe Verluste und schlossen. Tausende Arbeitsplätze gingen verloren. Der junge russische Staat war überfordert, fehlende Sozialprogramme trugen zur Verwahrlosung bei. Kriminelle Banden machten sich breit und brachten dem Viertel einen besonders schlechten Ruf ein. […] Weil es kaum noch Arbeit gibt, müssen die Anwohner mit der U-Bahn zur Arbeit in andere Stadtteile fahren. […]

Quelle: Alexander Kauschanski: Moskaus abgehängte Randbezirke. Deutsche Welle, 15.09.2019

M10 Tschertanowo – abgehängter Randbezirk

3 Überprüfen Sie, ob Moskau eine Metropole, Megastadt und eine Global City ist (M1–M7).

4 Überprüfen Sie, inwieweit das Modell (M3) auf Moskau zutrifft (Internet).

5 „Moskau – die Stadt der Staus!". Legen Sie mögliche Maßnahmen zur Reduzierung des Verkehrsproblems dar (M8).

GeoPlus

Erstellen Sie eine digitale Stadtführung zu Moskau.

GeoKompakt

Die Metropole Moskau ist das Aushängeschild Russlands und wird oft als Gewinnerin der Transformation angesehen. Im internationalen Vergleich mit anderen Global Cities nimmt Moskau aber keine führende Position ein. Aufgrund des schnellen und ungebremsten Booms hat die Hauptstadt mit vielen Problemen zu kämpfen.

Russland und seine Beziehungen zu den Nachfolgestaaten der Sowjetunion

Konflikte zwischen den Nachfolgestaaten der Sowjetunion lenken die weltweite Aufmerksamkeit immer wieder auf diese Regionen. Analysieren Sie Russlands Beziehungen zu diesen Staaten.

Seit vielen Jahren schwelender ethnischer Konflikt um Bergkarabach eskaliert.

Armeniens Schutzmacht Russland pflegt auch gute Beziehungen zu Aserbaidschan.

Krim schon annektiert! Will Putin jetzt die ganze Ukraine unterwerfen?

Wirtschaftliche Beziehungen Russlands zu Belarus werden immer enger.

M1 Schlagzeilen aus den Jahren 2020 bis 2022

M2 Nachfolgestaaten der Sowjetunion und bewaffnete Konflikte seit 1990 (Auswahl)

INFO

Die **Gemeinschaft Unabhängiger Staaten** (GUS) wurde 1991 gegründet. Ein Sicherheits- und Wirtschaftsraum von 10 der 15 ehemaligen Sowjetrepubliken wurde geschaffen. Die 2015 gegründete **Eurasische Wirtschaftsunion** (EWU) hat die Schaffung eines Binnenmarktes analog zur EU zum Ziel.

"Der postsowjetische Raum zeichnet sich durch eine Vielzahl an bis heute ungelösten Raumkonflikten aus. Dabei verhinderte der Grundsatz, die bisherigen Grenzen der Unionsrepubliken als Staatsgrenzen zu übernehmen, größere Auseinandersetzungen. Dass die Unionsrepubliken voneinander zwar in Form einer Delimitation (kartographische Festlegung der Grenze), nicht jedoch durch Demarkation (Setzen von Grenzzeichen im Gelände) abgegrenzt waren, führte aber zu kleinräumigen Konflikten. [...] Der völkerrechtlich gravierendste Eingriff war Russlands Annexion der Krim 2014. [...] Die Auflösung der Sowjetunion brachte in allen Nachfolgestaaten massive demographische Veränderungen mit sich. Gewaltsame Vertreibungen und „ethnische Säuberungen" zwangen 230 000 Georgier in Abchasien, 200 000 Aseri in Armenien und 300 000 Armenier in Aserbaidschan zur Flucht; der erste Krieg um Bergkarabach (1992 – 1994) machte 650 000 Aseri der von Armenien besetzten Gebiete zu Binnenflüchtlingen. [...]. Die sowjetischen Unionsrepubliken begannen – in Abkehr von einer Politik, die den anationalen Homo Sovieticus als Ziel vor Augen hatte – sich als Nationen zu sehen."

Quelle: Matthias Schmidt; Jörg Stadelbauer (2021): UdSSR, Russland, GUS – 30 Jahre nach der Auflösung der Sowjetunion. In: GR Plus. H12. 2021, S. 44 ff.

M3 Geopolitisches Konfliktpotenzial und räumliche Folgen

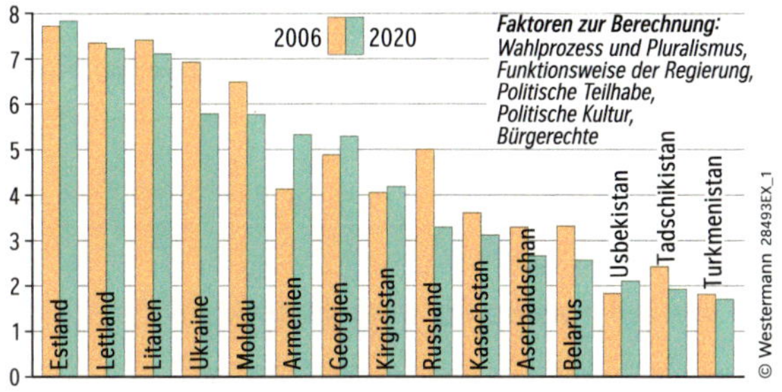

M4 Demokratieindizes für die Nachfolgestaaten

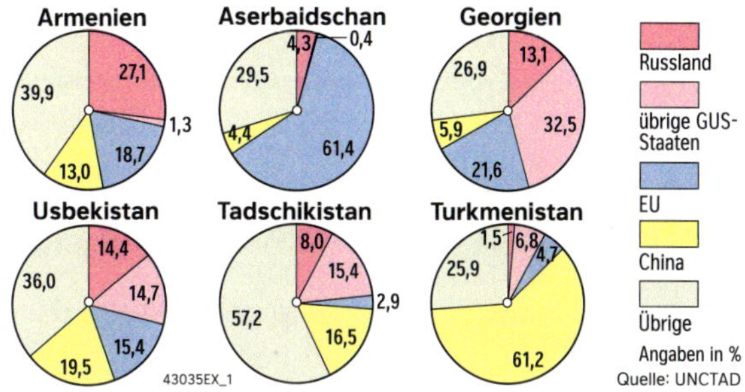

M6 Exporte ausgewählter Nachfolgestaaten nach Regionen 2021

Bis 1999 betrachtete die politische Elite Russlands die übrigen 14 neu entstandenen Staaten als eine Sphäre russischer Interessen, die im Russischen den Namen „Nahes Ausland" erhielt. Russland ignorierte dabei zusehends den Rahmen der GUS und agierte von Fall zu Fall bilateral mit den Nachfolgestaaten der Sowjetunion. [...] Von 2000 bis 2007 insistierte Putin auf dem „Nahen Ausland" als russische Interessenssphäre, kritisierte die Aufnahme [...] Estlands, Lettlands, Litauens, [...] (2004) in die NATO und errichtete in der Russländischen Föderation seine sogenannte Machtvertikale, die den ursprünglich demokratischen Institutionen [...] und den Gouverneuren ihre Plätze in einer scheindemokratischen autoritären Herrschaft zuwies. [...] 2007 begann eine neue Phase, die darauf abzielt, Russlands Position [...] als Großmacht abzusichern. Diese Phase hat seit der Annexion der Krim 2014 [M7] eine deutliche Verschärfung erfahren. Die Abgrenzung vom Westen, der USA und der EU sind politische Ziele [...].

Quelle: Martin Aust: Die Schatten des Imperiums. Beck. München 2019, S. 65

M5 Russlands Geopolitik im Wandel

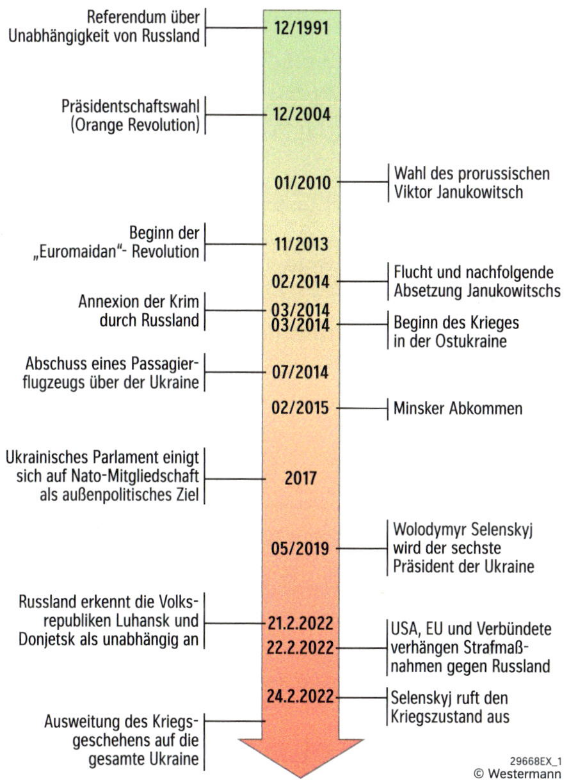

M7 Entwicklung des Kriegsgeschehens in der Ukraine

1. Erläutern Sie das hohe geopolitische Konfliktpotenzial auf dem Gebiet der ehemaligen Sowjetunion (M1 – M3, M5, → S. 98 Karte 1).

2. Recherchieren Sie zum aktuellen Kriegsgeschehen in der Ukraine (z.B. Situation der Bevölkerung, wirtschaftliche Bedingungen, militärische Situation) und präsentieren Sie Ihre Ergebnisse in einem Kurzvortrag (Internet).

3. Begründen Sie die Unterschiede im Demokratisierungsprozess in den baltischen bzw. den zentralasiatischen Nachfolgestaaten (M4, QR-Code).

4. Erstellen Sie in arbeitsteiliger Gruppenarbeit Steckbriefe zu den im M6 dargestellten Nachfolgestaaten der Sowjetunion, die deren wirtschaftliche und geopolitische Verflechtungen aufzeigen (M2 – M4, M6, Atlas, QR-Code).

GeoKompakt

Die politische und wirtschaftliche Zusammenarbeit auf dem Gebiet der ehemaligen Sowjetunion wird von Russland geprägt und unterscheidet sich je nach UdSSR-Nachfolgestaat teilweise stark. Doch der ehemalige Vielvölkerstaat hat auch mehr als 30 Jahre nach der Auflösung mit zahlreichen Konflikten zu kämpfen.

Web-Code: WES-115093-093

+++ OPEC begrenzt Fördermengen - Rettet steigender Ölpreis russische Wirtschaft? +++ Russland erst 2035 unter Top 10 Russland erlässt Importverbot für Agrarprodukte der EU +++ Inflationsrate in Russland steigt besorgniserregend+++

M1 Newsticker zur russischen Wirtschaft 2022

Russlands Wirtschaft – Risiken und Chancen

Russland ist das flächenmäßig größte Land der Erde und verfügt über schier unerschöpfliche Rohstoffvorkommen. Trotzdem gehört es nicht zu den führenden Wirtschaftsmächten. Wie kann das sein?

1. Risiko – Abhängigkeit von Erdöl und Erdgas
Die russische Wirtschaft basiert nach wie vor auf Erdöl und Erdgas, sie machen rund 60 Prozent aller Exporte aus. Die Wirtschaft schwankt mit dem Ölpreis und ist dadurch krisenanfällig. Die Fokussierung auf Energierohstoffe behindert zudem die weitere Diversifizierung der Wirtschaft.

2. Risiko – Demographie
Russlands Erwerbsbevölkerung schrumpft. Dies ist die Folge der extrem niedrigen Geburtenraten in der Umbruchszeit der 1990er- sowie 2000er-Jahre. Sollte die Zuwanderung nicht extrem zunehmen, wird laut UNO-Hochrechnungen die Einwohnerzahl bis 2050 um bis zu 24 Mio. Menschen zurückgehen. Hinzu kommt die hohe Auswanderungsrate von vor allem hochqualifizierten Nachwuchskräften.

3. Risiko – staatliche Kontrolle
Seit den 2000er-Jahren wird der durch die Transformation eingeleitete Privatisierungsprozess ausgebremst und sogar teilweise rückgängig gemacht. Staatliche Unternehmen steuern wieder rund 50 Prozent zum BIP bei. Die zunehmende staatliche Kontrolle begrenzt das Wirtschaftswachstum. Der öffentliche Sektor gilt zudem als korrupt und intransparent.

4. Risiko – Wirtschaftssanktionen
Aufgrund der aggressiven und expansiven russischen Außenpolitik unter Putin wurden in der Vergangenheit von den westlichen Staaten immer wieder Wirtschaftssanktionen ausgesprochen. Diese Sanktionen wurden erstmals 2014 wegen der Annexion der Krim und im Zuge des Kriegs in der Ukraine nochmals verschärft.

M2 Ausgewählte Risiken für die russische Wirtschaft

- Verbot der Einfuhr von Waren mit Ursprung in den rechtswidrig annektierten Gebieten der Krim und Sewastopols
- Verbot der Einfuhr von Rohöl und raffinierten Erdölerzeugnissen aus Russland
- Transaktionsverbot für russische Banken
- Sanktionen gegen Oligarchen, Geschäftsleute und Politiker, wie etwa Einreiseverbote in die EU.

M3 EU-Sanktionen gegen Russland ab 2014 (Auswahl)

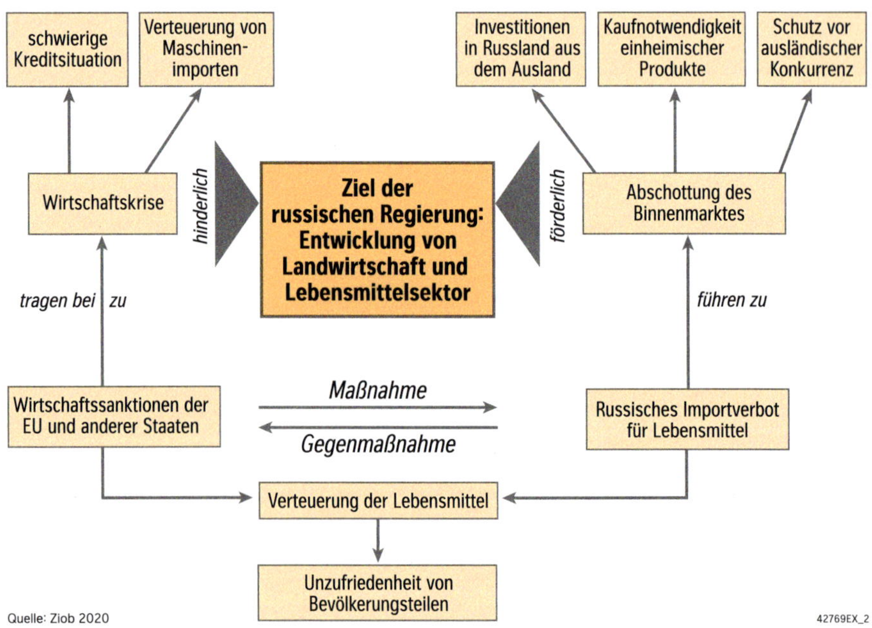

M4 Wirkungszusammenhänge im Agrarhandelskonfikt durch Sanktionen

der Volkswirtschaften +++ EU verkündet Sanktionen gegen Russland +++ Putin reicht Xi Jinping die Hand +++ Putin will in der Arktis Platz an der Sonne +++ deutsche Autowerke im Industriecluster Kaluga geschlossen +++

Rohstoff	Reserven			Förderung		
	Menge	Anteil Welt	Rang	Menge	Anteil Welt	Rang
Erdgas	37 Bio. m³	19,9 %	1	639 Mrd. m³	16,6 %	2
Erdöl	15 Mrd. t	6,2 %	6	524 Mio. t	12,5 %	2
Kohle[1]	162 Mrd. t	15,1 %	2	400 Mio. t	5,2 %	6
Uran	486 000 t	8,0 %	4	2 911 t	5,3 %	7
Eisenerz	25 Mrd. t	13,8 %	3	95 Mio. t	4,0 %	5
Kupfer	61 Mio. t	7,0 %	4	850 000 t	4,3 %	7
Nickel	6,9 Mio. t	7,3 %	4	280 000 t	11,2 %	3
Silber	45 000 t	9,0 %	4	1 800 t	37,2 %	4
Gold	7 500 t	14,2 %	2	300 t	9,3 %	3
Diamant	650 Mio. kt	46,4 %	1	19 Mio. kt	35,1 %	1

[1] Stein- und Braunkohle Quelle: BP, USGS, World Nuclear Association

M5 Reserven und Förderung von Rohstoffen in Russland (2020)

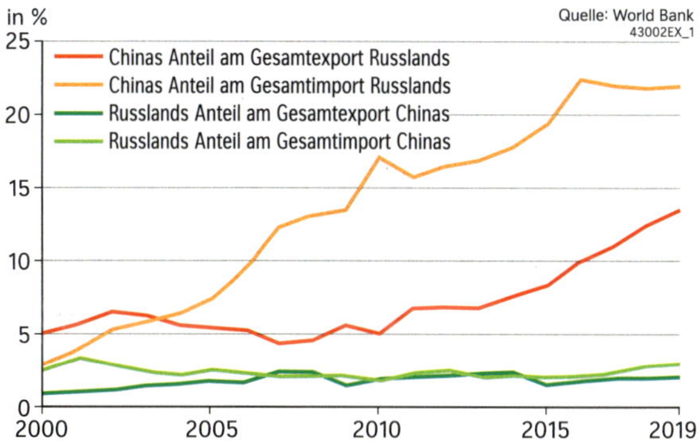

M6 Russlands Handel mit der VR China (2000 – 2019)

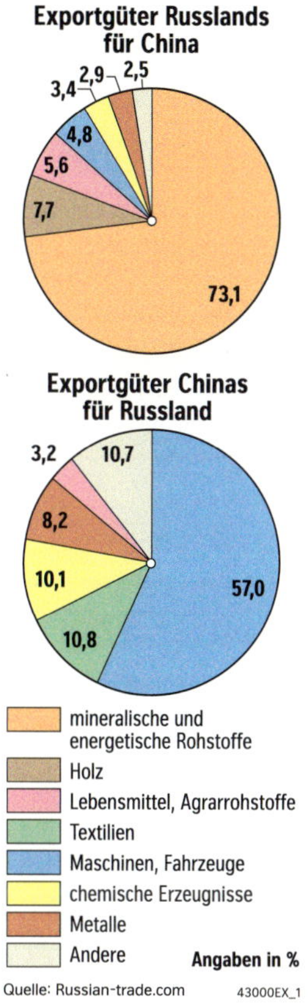

M7 Außenhandel zwischen VR China und Russland (2019)

❶ Erläutern Sie kurz die Hintergründe für die Nachrichten im Newsticker (M1).

❷ Stellen Sie den vier Risiken für die russische Wirtschaft mögliche Chancen gegenüber (M2 – M8).

❸ Diskutieren und bewerten Sie die Außenhandelsbeziehungen zwischen China und Russland (M6, M7).

❹ Diskutieren Sie, ob Wladiwostok Russlands neues Wirtschaftszentrum werden könnte (M8).

Nicht erst seit dem Krieg in der Ukraine richtet Moskau seine Wirtschaft immer stärker nach Osten aus. Putin hat die Vision von einer riesigen asiatischen Freihandelszone mit Wladiwostok als Zentrum. Ein Flug von Wladiwostok nach Moskau dauert acht Stunden, nach Tokio oder Seoul sind es nur knapp zwei, zu China besteht eine gemeinsame Grenze, nach Südkorea und Japan eine Fährverbindung. Wladiwostok soll das Tor zum gesamten asiatischen Wirtschaftsraum werden. Der Name der Stadt „Beherrsche den Osten“ wirkt aktueller denn je. In den vergangenen zehn Jahren flossen Milliarden Rubel in ein neues Kongresszentrum, den Flughafen, Hotels und weitere Infrastruktur. An der Küste entstand eine Werft für U-Boote, Tanker und Containerschiffe. Der Hafen hat seit 2015 Freihafen-Status. Künftig sollen Investitionen aus China, Südkorea oder Japan in den Fernen Osten Russlands gelangen.

M8 Wladiwostok – Russlands neues Wirtschaftszentrum?

GeoKompakt

Die Abhängigkeit von Rohstoffexporten und der übermäßigen staatlichen Kontrolle sowie die Folgen westlicher Sanktionen stellen erhebliche Risiken für die russische Wirtschaft dar. Die verstärkte Ausrichtung nach Asien bietet neue wirtschaftliche Chancen.

Kompetenzcheck Mit einer SWOT-Analyse Russlands Zukunftsperspektiven bewerten

Russland ist ein Raum mit großem Potenzial, aber auch immensen Herausforderungen. Untersuchen Sie anhand einer selbst erstellten SWOT-Analyse die sozioökonomischen Zukunftsperspektiven des größten Landes der Erde.

INFO

Die **SWOT-Analyse** (*Strengths*, *Weaknesses*, *Opportunities*, *Threats*) kommt ursprünglich aus den Wirtschaftswissenschaften und dient dort der Positionsbestimmung und Strategieentwicklung von Unternehmen. In der Geographie wird sie in modifizierter Form zur Bewertung von Räumen bzw. deren Zukunftsperspektiven eingesetzt.

GeoMethode

Schritt für Schritt
Eine SWOT-Analyse durchführen

1 Eine Zielvereinbarung formulieren: Entwickeln Sie eine Leitfrage, unter der Sie Ihre SWOT-Analyse durchführen, z. B. „Welche sozioökonomischen Zukunftsperspektiven hat Russland?".

2 Eine Bestandsaufnahme zu Stärken und Schwächen erarbeiten: Untersuchen Sie den Raum auf seine aktuellen Stärken und Schwächen.

3 Eine Prognose zu Chancen und Risiken erstellen: Richten Sie Ihren Blick in die Zukunft, indem Sie mögliche Chancen und Risiken für die zukünftige Entwicklung aus den Stärken und Schwächen ableiten.

4 Ergebnis der SWOT-Analyse formulieren und Maßnahmen ableiten: Leiten Sie ausgehend vom Ergebnis Ihrer SWOT-Analysenmatrix verschiedene Maßnahmen zur zukünftigen Entwicklung des Raumes ab.

Bestandsaufnahme: Aktuelle Stärken und Schwächen	
Strengths (Stärken)	*Weaknesses* (Schwächen)
Prognose: Ableitung von Chancen und Risiken	
Opportunities (Chancen)	*Threats* (Risiken)
Gesamtergebnis:	

M1 SWOT-Analysenmatrix

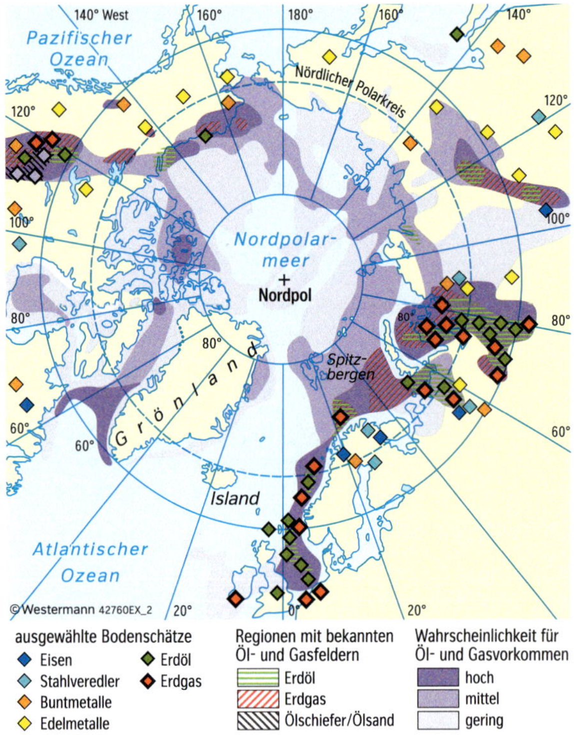

M2 Rohstoffvorkommen in der Arktis

	Waldfläche		
	1990	2020	
	in Mio. ha	in Mio. ha	Anteil an Landesfläche
Russland	809,0	815,3	47,7 %
Brasilien	588,9	496,6	58,3 %
Kanada	348,3	346,9	35,1 %
USA	302,5	309,8	31,5 %
China	157,1	220,0	23,0 %
Australien	133,9	134,0	17,3 %
DR Kongo	150,6	126,2	53,8 %

M3 Länder mit den weltweit größten Waldflächen

Einkommen/Monat (in €)	Anteil Arbeitnehmer (in %)
bis 445	33,6
445–1 063	42,3
1 063–1 417	10,1
> 1 417	14,0

M4 Einkommensverteilung in Russland (2020)

CHECK

M5 Umweltschäden in Russland

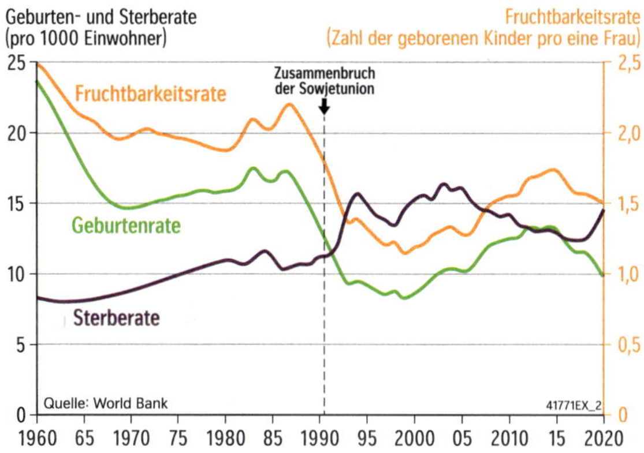

M6 Demographischer Übergang in Russland

„Deutschland will künftig ohne Putins Gas auskommen. Deshalb reduzieren wir mit aller Konsequenz unsere Abhängigkeit von russischer Energie auf Null – und zwar für immer", so die deutsche Außenministerin Baerbock bei einem Besuch in Kiew.

M8 Pressemeldung vom 10.05.2022

M7 Straßendichte in Russland (2022)

CHECK

1. Erläutern Sie das Entwicklungspotenzial arktischer Rohstoffvorkommen und borealer Wälder für Russland (M2, M3).

2. „Die russische Wirtschaft zerstört ihr Raumpotenzial, indem sie es nutzt." Überprüfen Sie diese Aussage (M5, QR-Code, Atlas).

3. Erläutern Sie den Einfluss der Transformation auf die demographische Entwicklung in Russland (M6).

4. Erklären Sie, inwieweit räumliche und soziale Disparitäten die Entwicklung Russlands beeinflussen (M4, M7, Atlas).

5. Diskutieren Sie die Pressemeldung (M8) im Hinblick auf die Folgen für Russland.

Web-Code: WES-115093-097

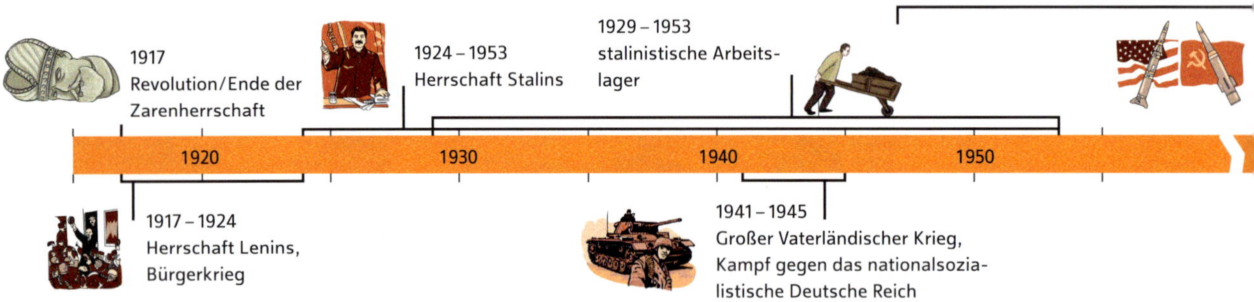

M1 Zeitstrahl zur Geschichte Russlands im 20./21. Jahrhundert

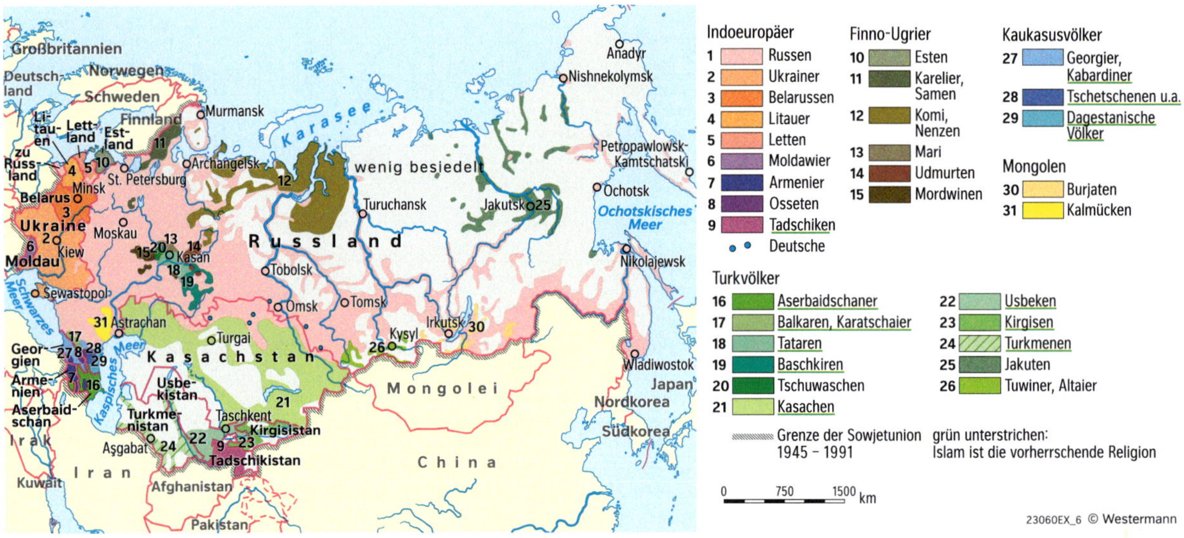

Karte 1 Volksgruppen in den Nachfolgestaaten der Sowjetunion

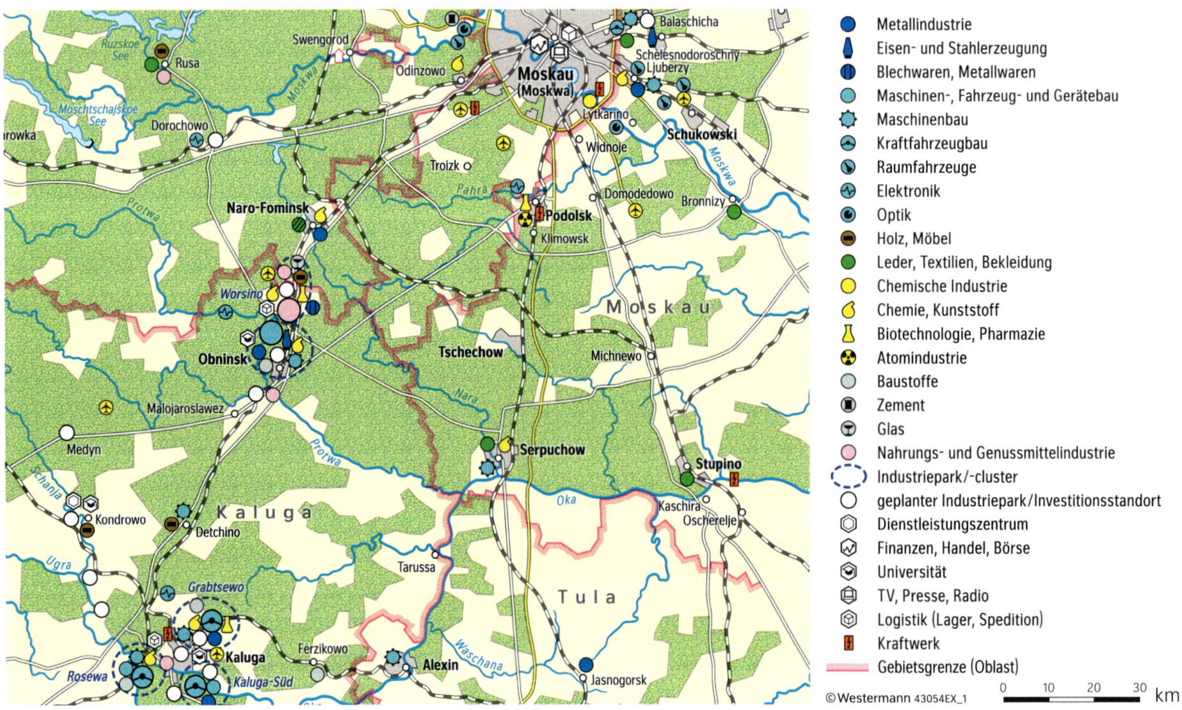

Karte 2 Russisches Industriecluster am Beispiel Kaluga (bis 2022)

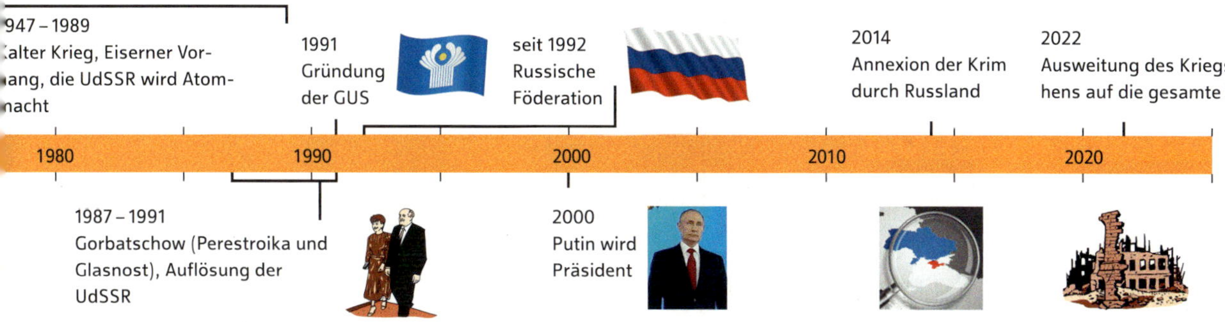

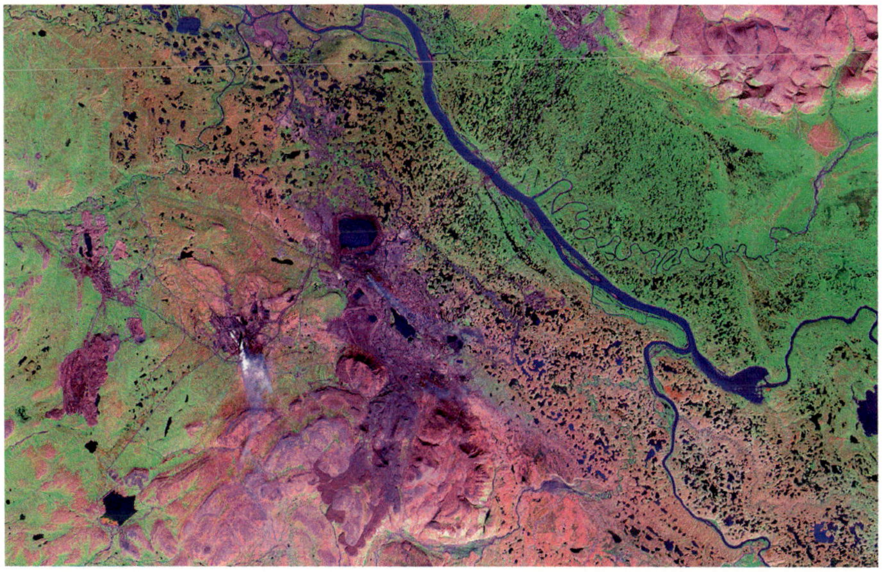

M1 **Falschfarbensatellitenbild der Region Norilsk**

Lesehilfe
Rosa und Lila: vegetationslose Flächen wie Fels, städtische Bebauung, Bergwerke und Halden, aber auch Flächen mit Umweltschädigungen; Hellgrün: gesunde Tundra und Taiga; Blauweiß: Rauch und Dampf aus Industrieanlagen; Blau: Wasserflächen; Blassrosa: moderat bis stark geschädigte Ökosysteme

M2 **Echtfarbensatellitenbild der Region Norilsk**

INFO

Satellitenbilder
Man unterscheidet Echtfarben- und Falschfarbensatellitenbilder. Ein Echtfarbenbild lässt alle Bildelemente in der Farbe erscheinen, wie sie in der Natur vorkommen. Falschfarbenbilder enthalten Bereiche des Lichts, die für das menschliche Auge nicht sichtbar sind, wie den Infrarotbereich. So erscheinen Vegetationsschäden in Falschfarbenbildern rosa.

China – Global Player mit nationaler und globaler Agenda

Peking – Megastadt im Spiegel von Kaiserreich und moderner Weltwirtschaftsmacht

In diesem Kapitel erfahren Sie, ...

- ... Wesentliches zur Topographie und der naturräumlichen Gliederung Chinas*,
- ... vor welchen ökologischen Herausforderungen das Land steht und wie es versucht, diesen zu begegnen,
- ... durch welche Maßnahmen der Transformation sich China zu einer Weltwirtschaftsmacht entwickelt hat,
- ... wie der Global Player China in die Weltwirtschaft integriert ist und wie er seine Rohstoffversorgung sicherstellt,
- ... wie der Staat Einfluss auf die Bevölkerungsentwicklung und Besiedlung nimmt,
- ... wie sich China vom Umweltsünder zum Umweltschützer entwickeln will.

*In diesem Kapitel wird die Volksrepublik China stets verkürzt als „China“ bezeichnet.

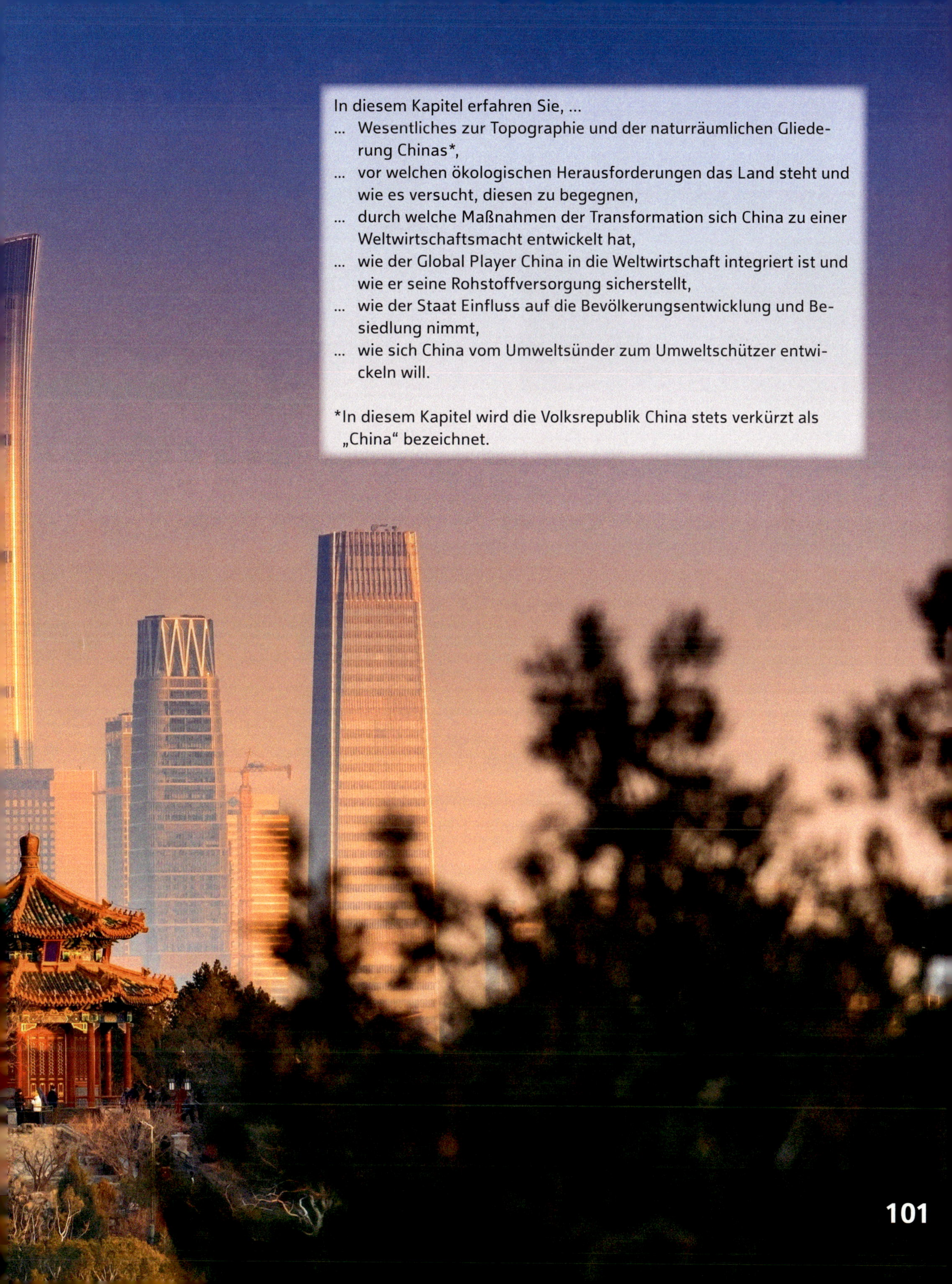

Vom Dach der Welt zum Pazifik

Die Volksrepublik China ist der viertgrößte Staat der Erde. Trotzdem gilt China als Land großer Fläche, aber wenigen Lebensraums. Wie ist dieser Widerspruch zu erklären?

Im Nordwesten Chinas erstreckt sich im Tarim-Becken die Takla Makan, die zweitgrößte Sandwüste der Welt. Im Grenzbereich zur Mongolei liegt die Wüste Gobi, mit 2,3 Mio. km^2 Fläche eine der größten Wüstenregionen der Erde.

M4 Die Wüsten im Westen und Norden Chinas

Aus dem Hochland von Tibet kommend durchqueren der Huang He und der Jangtsekiang auf ihrem Weg zum Meer die in Stufen abfallenden Landschaften Chinas. Der Nordwesten des Landes ist hingegen flussarm und abflusslos.

M3 Die Ströme Chinas – Schlucht des Jangtsekiang bei Yichang

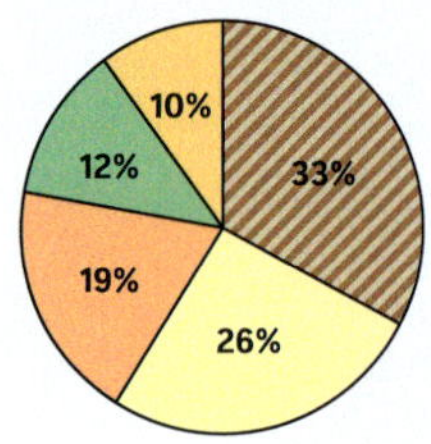

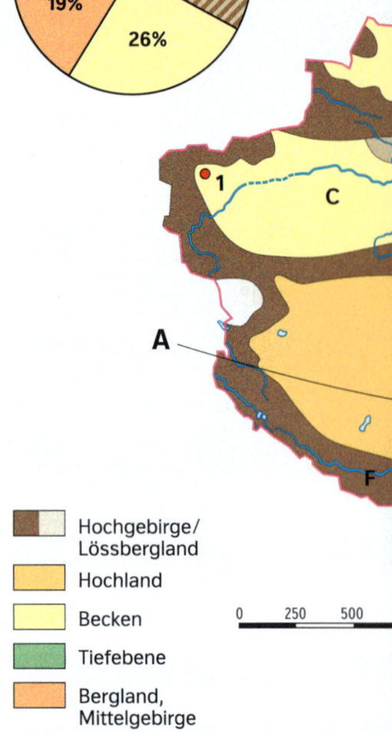

Das mehr als 4500 m hoch gelegene Hochland von Tibet, zehnmal so groß wie Deutschland, wird eingerahmt von mächtigen Gebirgszügen. Als sich vor 50 Mio. Jahren während der alpidischen Gebirgsbildungsphase der Himalaya durch die Kollision zweier kontinentaler Platten auffaltete, wurde der nördlich gelegene Bereich zum Hochplateau von Tibet emporgehoben. Große Teile des Himalayas sind heute von Gletschern bedeckt, das karge Hochland von Tibet ist größtenteils Hochlandsteppe und Kältewüste.

M1 Himalaya und Hochland von Tibet

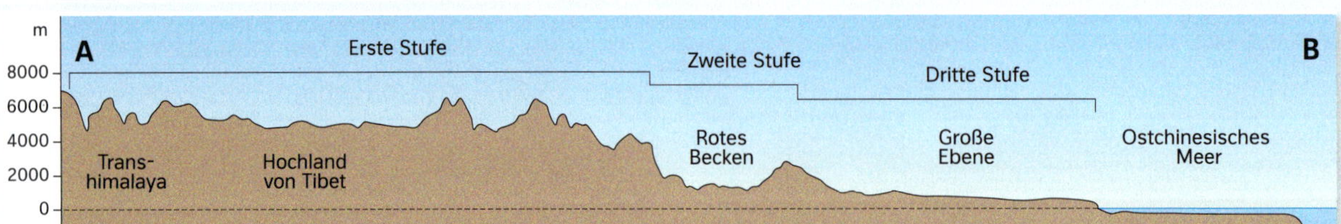

Über zwei Drittel der Fläche Chinas liegen mehr als 1000 m über dem Meeresspiegel. Das Relief fällt vom Westen in drei mächtigen Stufen zum Pazifischen Ozean im Osten ab, vom Transhimalaya und dem Hochland von Tibet über die Mittelgebirge und das Rote Becken bis zu den Tiefebenen Nord- und Nordostchinas sowie den Berg- und Hügelländern Südostchinas.

M2 West-Ost-Höhenprofil Chinas

Etwa 14 Prozent der Fläche Chinas sind bewaldet. Im äußersten Süden gibt es Regenwälder. Bergwälder wachsen nur noch in den Randgebirgen des Himalayas, Laubmischwälder findet man im Norden in den kaledonischen Mittelgebirgszügen der Mandschurei.

M5 Wälder im Changbai-Gebirge in der Mandschurei

In der Großen Ebene zwischen Peking und Shanghai mit ihren Millionenstädten und ausgedehnten Agglomerationen leben fast 90 % der Bevölkerung. Sie bildet mit ihren Industriegebieten und intensiv landwirtschaftlich genutzten Flächen den Kernraum Chinas.

M7 Die Große Ebene bei Nanjing

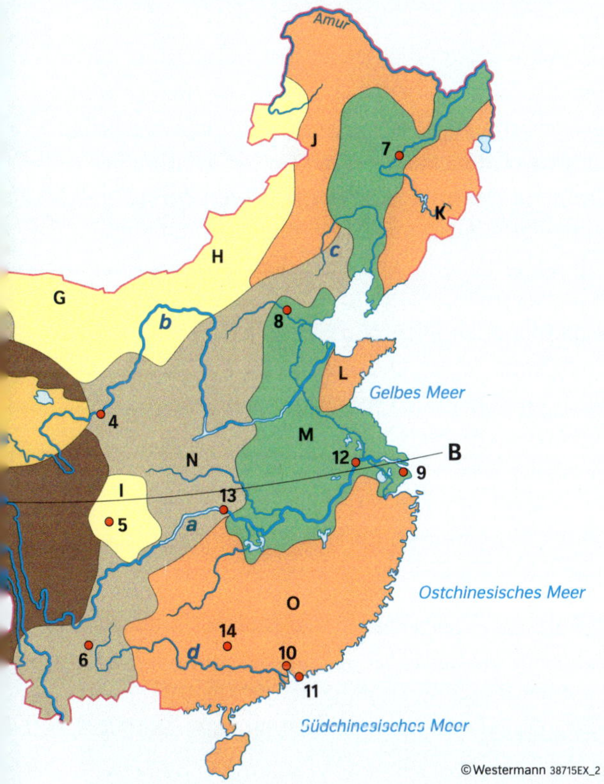

M6 Oberflächenformen und deren Anteile an den Großlandschaften Chinas

Die Kalke Südchinas entstanden durch Ablagerungen im Paläozoikum in einem Urmeer. Mit der Hebung der Kalksteinschichten im Tertiär setzte chemische Verwitterung ein. Durch fluviale Erosion entstanden Kegelkarstformationen, die heute von subtropischen immergrünen Laubwäldern bedeckt sind.

M8 Karstkegel bei Guilin im Südchinesischen Bergland

GeoKompakt

China ist landschaftlich stark gegliedert, es dominieren Hoch- und Mittelgebirge. Das Relief Chinas wird nach Westen durch aufeinanderfolgende Stufen geprägt. Wälder finden sich vor allem im regenreichen Süden und Osten, im Westen befinden sich Hochgebirgs-, Steppen- und Wüstenlandschaften.

1. Entwickeln Sie einen Steckbrief von China, der die räumliche Lage, Ausdehnung, Fläche, Bevölkerungszahl und -dichte, das BNE und den HDI-Wert beinhaltet (Atlas, Internet).

2. Benennen Sie in der Karte M6 die Oberflächenformen (A – O), Städte (1 – 14) und Flüsse (a – d).

3. Erklären Sie die Entstehung des Himalayas anhand der Theorie der Plattentektonik (M1, M2).

4. Arbeiten Sie Potenziale und Herausforderungen des Naturraums heraus (M2 – M8).

Chinas Landwirtschaft unter dem Einfluss des Monsuns

China hat wegen seiner großen Nord-Süd-Erstreckung und den gewaltigen Höhenunterschieden Anteil an nahezu allen Klimazonen der Erde. Welchen Einfluss haben das Relief und die Windströmungen auf das Klima und damit auf die landwirtschaftliche Nutzung?

INFO

Monsune (arab. Mausim Jahreszeit) sind jahreszeitlich wechselnde Luftströmungen mit einem zweimaligen Richtungswechsel um mindestens 120° im Jahresverlauf.

Das Klima Chinas wird durch den Monsun bestimmt (M3). Im Sommer bilden sich über der stark erhitzten Landmasse Zentralasiens durch aufsteigende Luftströmungen Tiefdruckgebiete aus. Unter ihrem Einfluss werden die vom Nordpazifischen Hoch abströmenden Passate zum Kontinent hin abgelenkt und dringen als Südostmonsun mit warmen Luftmassen weit nach Norden auf das chinesische Festland vor. So fallen in den östlichen Regionen und den Küstenebenen die Zeiten der höchsten Temperaturen und der höchsten Niederschläge zusammen.

Das südliche China gerät im Sommer in den Einflussbereich äquatorialer Luftmassen, die zu hohen Niederschlägen bis zu 300 mm im Monatsmittel und Monatsdurchschnittstemperaturen von bis zu 30 °C führen. Hier können sich auch Taifune, tropische Wirbelstürme, entwickeln, die mit hohen Windstärken und Starkregen über die Küstengebiete ziehen und oft zu schweren Zerstörungen führen. Nach Westen hingegen verliert der Sommermonsun durch die zunehmende Kontinentalität an Stärke, sodass jenseits des 105. östlichen Längengrades weniger als 500 mm Jahresniederschlag fallen. Hier heizen sich im Sommer die sehr trockenen Beckenlandschaften stark auf. Im Winter bildet sich über dem Inneren Asiens ein Kältehoch aus. Die abströmenden kalten und trockenen Luftmassen lassen die Temperaturen in Nordchina auf bis zu -50 °C sinken. Die polaren Kaltluftwellen erreichen auch Mittel- und Südchina, wo sie heftige Stürme und starke Schneefälle verursachen können. Hier bleiben die Monatsmitteltemperaturen deutlich über dem Gefrierpunkt, die Niederschläge sind gegenüber Nordchina wesentlich ergiebiger. Im Westen Chinas erhalten nur die hoch aufragenden Gebirge reichliche Niederschläge.

M2 China unter dem Einfluss des Monsuns

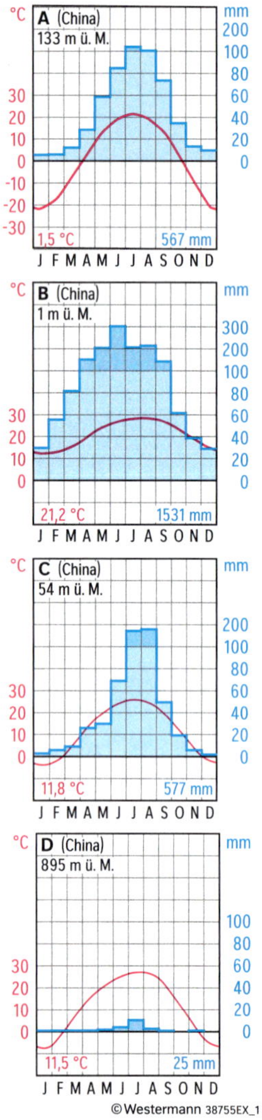

M1 Klimadiagramme chinesischer Stationen

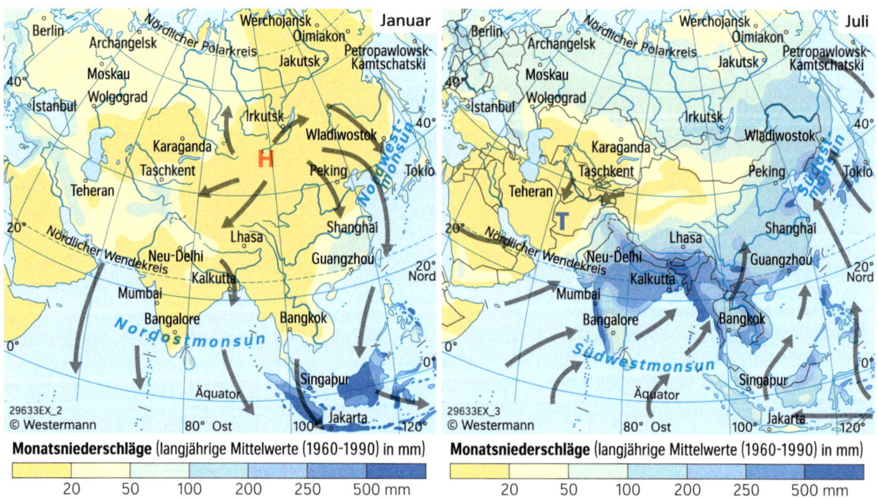

M3 Der Monsun in Süd- und Ostasien

1 Ordnen Sie die Klimastationen (M1) begründet jeweils einer Agrarzone (M6) zu.

M4 Nomadische Viehhaltung in Tibet

M7 Reisterrassen in Guangxi

Nur etwa ein Drittel der Fläche Chinas wird landwirtschaftlich genutzt. Der größte Teil davon entfällt auf die extensiven Weidegebiete im Westen und Norden. Lediglich zehn Prozent der Landesfläche können als Ackerland genutzt werden. Fruchtbare Schwemmböden und günstige klimatische Verhältnisse in den östlichen Tiefebenen und am Unter- und Mittellauf des Jangtsekiang bieten ideale Bedingungen für die Intensivlandwirtschaft. Die von Norden nach Süden zunehmende Vegetationszeit ermöglicht in Nordostchina nur eine Weizenernte, in Mittelchina zwei und im Südosten sogar bis zu vier Reisernten jährlich. Problematisch für die Landwirtschaft im Norden Chinas sind die geringen Regenmengen, die eine Bewässerung der Kulturen notwendig machen, sowie die vom Nordostmonsun mitgeführten Sand- und Staubmassen, die immer wieder fruchtbares Land bedecken. In Mittel- und Südchina dagegen führen die durch Starkregen des Südostmonsuns verursachten Überschwemmungen und Bodenerosion häufig zu Ernteausfällen.

M5 Gunst- und Ungunstfaktoren für die Landwirtschaft

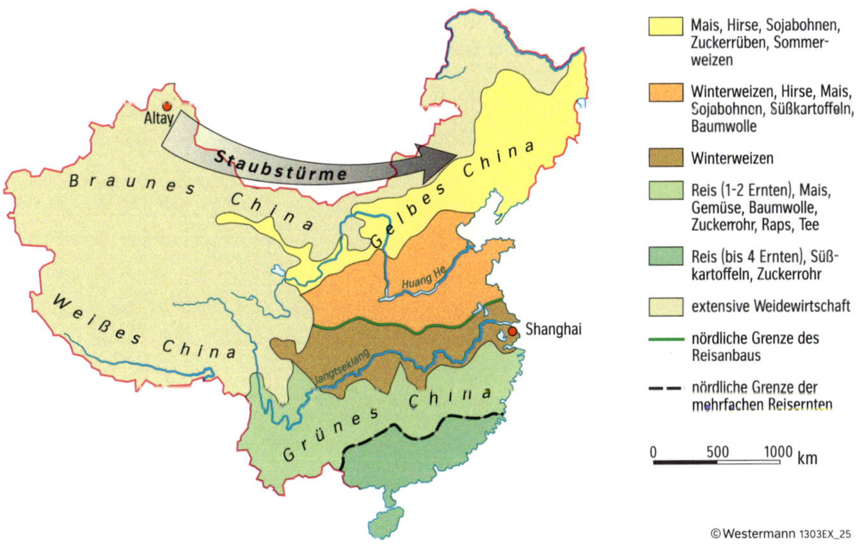

M6 Agrarzonen und deren Nutzung

2 Erklären Sie die klimatischen Unterschiede zwischen Nord- und Südchina (M2, M3, → S. 130 Karte 1).

3 Erstellen Sie eine Mindmap mit den Gunst- und Ungunstfaktoren für die Landwirtschaft in China (M4 – M7).

4 Erstellen Sie ein Kausalprofil entlang 115° ö.L., das den Zusammenhang von Klima und Agrarnutzung wiedergibt (Atlas, M1, M3, M5 – M7).

GeoKompakt

Das Relief und die große Nord-Süd-Erstreckung bestimmen Chinas Klimavielfalt. Darüber hinaus beeinflusst der Monsun die agrarische Nutzung.

M1 Sandsturm über Peking am 28. März 2021

M4 Bodenerosion im Lössbergland bei Yinchuan

Chinas Vulnerabilität durch Naturgefahren

Für die Bevölkerung Chinas und deren Ernährungssicherung stellen Naturkatastrophen und Eingriffe in Ökosysteme schwerwiegende Bedrohungen dar. Welche natürlichen und anthropogen bedingten Ursachen sind hierfür verantwortlich und welche Regionen sind besonders betroffen?

Die Fernsehbilder wirkten wie Szenen aus einem Katastrophenfilm, als ein gewaltiger Sandsturm 2021 über die Stadt Dunhuang im Nordwesten Chinas hinweg zog. Eine 100 m mächtige Sandwand fegte durch die Stadt, verdunkelte den Himmel und färbte ihn gelborange. Innerhalb kurzer Zeit fiel die Sichtweite auf wenige Meter. Das Phänomen ist für die Region nicht ungewöhnlich. Im Frühjahr tragen kräftige Winde Sand und Staub aus der Wüste Gobi über das Land und überdecken fruchtbares Ackerland. Diesmal wurde selbst das fast 2000 km östlich liegende Peking mit einer zentimeterdicken Staub- und Sandschicht überzogen. Seit Jahrhunderten dehnen sich in China die Wüsten aus. Wanderdünen zerstören ganze Dörfer und lassen deren Einwohner vor dem Sand flüchten.

M2 Sandstürme in Nordchina – Zeitungsbericht

Auf den Berg- und Hügelländern nördlich des Qin Ling formen bis zu 200 m mächtige Lösssedimente das Nordchinesische Lössplateau. Diese entstanden aus Flugstaub, der seit dem Pleistozän aus den innerasiatischen Wüsten ausgeweht wird. Wo keine schützende Vegetationsdecke vorhanden ist, setzt die Bodenabtragung durch Erosion und Deflation ein. Besonders der sommerliche Starkregen lässt tiefe Erosionsrinnen entstehen (M4), in denen von Löss gefärbtes gelbliches Wasser oberflächlich abfließt. Diese zerfurchen zunehmend die Ackerterrassen. Vier Fünftel der Flächen des Lössberglandes weisen heute starke Schäden auf, die auch anthropogen verursacht werden. Vor allem das Abholzen der wenigen Wälder und Buschflächen sowie die intensive ackerbauliche Nutzung und Überweidung verstärken die Erosion.

M5 Lössbergland – Deflation und Erosion

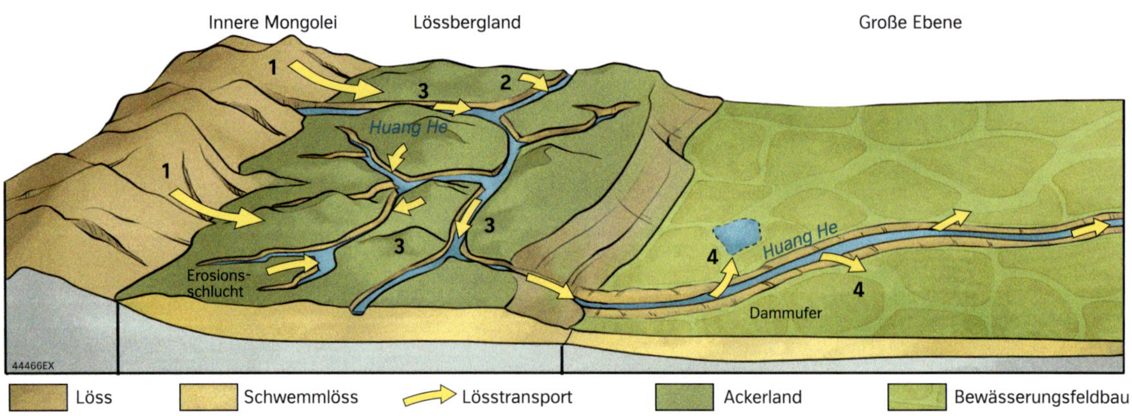

M3 Lössbildung und Gefährdungen am Huang He

M6 Flutkatastrophe in der Großen Ebene 2020

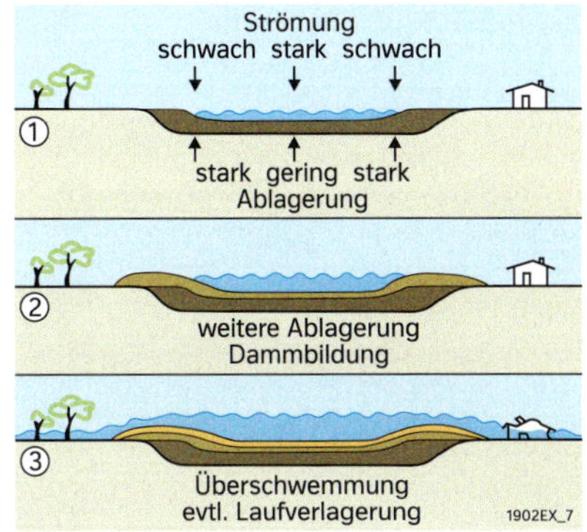

M9 Am Huang He – ein Dammfluss entsteht.

Mit dem Übergang des durch die Schlammführung gelbbraun gefärbten Huang He aus dem Lössbergland in die Große Ebene verringert sich das Gefälle und somit dessen Fließgeschwindigkeit. Deswegen sedimentiert der Fluss in den Ebenen an seinem Unterlauf einen Teil der Schwemmstoffe als Schwemmlöss, der sich ebenso wie der Fluglöss durch eine große natürliche Fruchtbarkeit auszeichnet. Der Fluss erhöht hier sein Flussbett, an seinen Ufern bilden sich wegen der nun geringeren Transportkraft natürliche Dämme. Wegen zusätzlicher zum Hochwasserschutz errichteter Dämme fließt der Gelbe Fluss heute in einem Bett, das zwischen fünf und zehn Metern über dem Niveau der Großen Ebene liegt. Besonders während der Sommermonate gefährden Hochwasser aus den Monsunniederschlägen die Dämme und können intensiv agrarisch genutzte Landstriche überfluten. Missernten bedrohen dann die Nahrungsmittelversorgung der Bevölkerung. Die chinesischen Behörden versuchen, durch Eingriffe in das Flusssystem die Gefahren zu vermindern. So speichern im Oberlauf Stauseen und Auffangbecken erste Hochwasserspitzen. Entlang der Flussufer pflanzt man dichte Pappelreihen, um die Sandauswehungen zu verringern. Im Mittellauf reduziert die Terrassierung der Lösshänge die Erosion und schafft gleichzeitig neue Ackerflächen. Im Unterlauf leiten Schleusen das Hochwasser auf Überflutungsflächen, die so mit einer fruchtbaren Schwemmlössschicht überdeckt werden.

M7 Der Huang He – Fluch und Segen zugleich?

Die Flutkatastrophe im Jahr 2020 war eine Serie von Überschwemmungen, die durch die Niederschläge des Sommermonsuns ausgelöst worden war. Sie traf nicht nur die Große Ebene Südchinas, sondern auch Teile Zentralchinas. Nach Angaben des Ministeriums für Katastrophenschutz wurden 63 Mio. Menschen durch Hochfluten gefährdet. 750 000 Menschen in 26 Provinzen wurden obdachlos, 219 Menschen starben, 54 000 Häuser stürzten ein. Der direkte wirtschaftliche Schaden wurde mit 25 Mrd. Euro beziffert.

M8 Extremhochwasser in China 2020

GeoKompakt

Dürren, Sandstürme und Überschwemmungen sind Naturgefahren, die China immer wieder bedrohen. Sie werden zu Naturkatastrophen, wenn das Leben und die Ernährungssicherung von vielen hundert Millionen Menschen in China gefährdet werden.

1. Begründen Sie, weshalb in Nordchina Sandstürme vor allem im Frühjahr zu beobachten sind (M1, M2).

2. Erläutern Sie am Beispiel des Huang He, warum die Flüsse in der Großen Ebene Dammflüsse sind (M9).

3. Belegen Sie die These „Der Huang He und der Jangtsekiang sind Chinas Segen und Fluch zugleich“ (M6 – M8, QR-Code).

4. Wählen Sie aus M5 für die Zahlen 1 bis 4 (in M3) die richtigen Begriffe und beschreiben Sie die Prozesse entlang des Huang He (M3 – M5, Atlas).

5. „Neben natürlichen Ursachen sind auch anthropogene Eingriffe in den Naturhaushalt für die Ausdehnung der Wüsten in China verantwortlich.“ Überprüfen Sie diese Aussage (QR-Code).

Web-Code: WES-115093-107

M1 Der Drei-Schluchten-Staudamm: Schiffshebewerk, Sanxia-Staumauer und Turbinenhaus

Wasserbauprojekte am Jangtsekiang

1 Begründen Sie die Schwankungen der Wasserführung des Jangtsekiang (M2).

2 Sammeln Sie Pro- und Kontra-Argumente zum Drei-Schluchten-Projekt. Führen Sie anschließend eine Partnerdiskussion mit einer Mitschülerin bzw. einem Mitschüler durch (M1 – M5, M8, QR-Code).

Der Jangtsekiang gilt als ökonomische und kulturelle Lebensader Chinas. Die Städte an seinen Ufern zählen zu den wichtigsten Wirtschaftsräumen des Landes. Welche Chancen und Risiken bieten Megaprojekte am Jangtsekiang für Mensch und Umwelt?

Der Jangtsekiang, der längste Strom Chinas, entspringt im Hochland von Tibet. Bis zur Stadt Yibin durchfließt der Fluss auf rund 3600 km Länge Hochgebirgsland und überwindet dabei einen Höhenunterschied von 4200 m, ehe er das Rote Becken, eine der am intensivsten genutzten und am dichtesten besiedelten Regionen Chinas, erreicht. Von hier bis zu seiner Mündung ist er auf 2800 km Länge schiffbar. Östlich der Stadt Chonggjng bildet der Fluss ein 200 km langes, tief eingeschnittenes Tal. Dessen engste Abschnitte sind die Qutang-, die Wu- und die Xiling-Schlucht. Sie gaben dem Drei-Schluchten-Projekt, bestehend aus dem Sanxia-Staudamm, dem Stausee oberhalb der Staumauer und einem Schiffshebewerk, seinen Namen (M1).

M3 Der Jangtsekiang

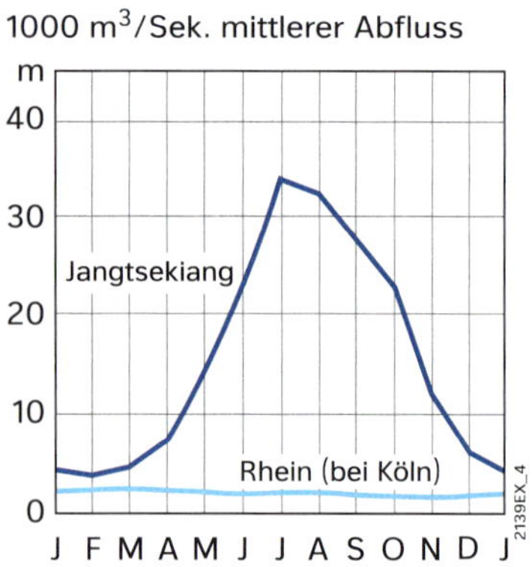

M2 Abfluss des Jangtsekiang bei Wuhan im Vergleich zum Rhein

M4 Die Qutang-Schlucht

Lage Sanxia-Staudamm: bei der Stadt Yichang am Jangtsekiang, im Übergang zwischen dem Gebirge und der Großen Ebene
Beginn der Bauarbeiten: 1993
Fertigstellung: 2008
Staumauer: 230 m lang, 185 m hoch
Stausee: 660 km lang, im Mittel 1,1 km breit,
Höhendifferenz: Wasserspiegel des Stausees 100 m über dem Wasserspiegel des Flusses unterhalb der Staumauer
Funktion: Stauanlage mit zwei Wasserkraftwerken, einer Doppel-Schleusentreppe und einem Schiffshebewerk

M5 Steckbrief Drei-Schluchten-Projekt

M8 Wasserverschmutzung vor dem Staudamm

M6 Word Cloud – Ziele, ökologische und sozioökonomische Folgen

❸ Erläutern Sie die Bedeutung der zunehmenden Nutzung der Hydroenergie in China (M5, M6, → S. 124 M1).

❹ Diskutieren Sie mögliche ökologische Auswirkungen des Süd-Nord-Wassertransfers (M7).

Im Nordosten Chinas wird die Wasserknappheit zum limitierenden Faktor für das Wirtschaftswachstum. Der Engpass soll durch ein gigantisches Wasserumleitungsprojekt vom Süden in den Norden kompensiert werden. Das Vorhaben besteht aus drei Wasserwegen, durch die nach der Fertigstellung 2050 Wasser vom Jangtsekiang den steigenden Bedarf im Norden decken soll. Durch die Wasserentnahme erhofft man sich auch, die Überschwemmungen im Unterlauf des Jangtsekiang besser regulieren zu können. Offen sind die ökologischen Folgen, die derart umfassende anthropogene Eingriffe in die Natur hervorrufen.

M7 Das Süd-Nord-Wasserumleitungsprojekt

GeoKompakt

China investiert enorme Finanzmittel in gigantische Wasserbauprojekte am Jangtsekiang, um vor allem die Energieversorgung der Wirtschaft zu sichern und mit einem Wassertransfer aus dem Süden die Wasserknappheit im regenarmen Nordosten zu lindern.

Web-Code: WES-115093-109

M1 Landwirtschaft in China – früher ...

... und heute

M2 Mao Zedong

1949 Bodenreform, Verteilung des Landes an ehemalige Pächter und Landarbeiter
ab 1951 Abkopplung vom Weltmarkt, Kollektivierung und Errichtung von Volkskommunen, Verstaatlichung der Industrie
ab 1978 Landvergabe an selbstständige Bauern, Zulassung ausländischer Investitionen, Gründung von Joint-Venture-Betrieben
ab 1980 Errichtung von Sonderwirtschaftszonen
1990 erste Aktienbörse in Shanghai

M3 Phasen der wirtschaftlichen Entwicklung

Chinas Transformation – auf dem Weg zur Marktwirtschaft

Seit 1978 wurde in China unter Deng Xiaoping mit der Politik der „Reform und Öffnung" ein radikaler Kurswechsel vollzogen. Welche wirtschaftspolitischen Maßnahmen wurden dabei ergriffen und welche Ziele wurden mit der Öffnung Chinas verfolgt?

1949 begann unter Mao Zedong in dem von Kriegen geplagten Land der Wiederaufbau und die Einführung der Zentralverwaltungswirtschaft nach sowjetischem Vorbild. Großgrundbesitzer wurden enteignet, Industrie und Handel verstaatlicht. Das Vorhaben, in hunderttausenden über das ganze Land verteilten primitiven Hochöfen von Bauern Stahl produzieren zu lassen, scheiterte jedoch und hatte verheerende Hungersnöte wegen geringer Ernten zur Folge.
Nach dem Tod Maos leitete sein Nachfolger Deng Xiaoping 1978 zur Beseitigung der wirtschaftlichen Rückständigkeit weitreichende Reformen für den Übergang zu einer sozialistischen Marktwirtschaft ein. Zur Minderung der ländlichen Armut wurden Flächen der aufgelösten Volkskommunen zur privaten Bewirtschaftung an selbstständige Bauern verpachtet. An die Stelle der riesigen Blockfluren der Volkskommunen traten die Streifenparzellen der über 250 Mio. Familienbetriebe (M1). Anfangs war diesen noch Art und Menge der anzubauenden Kulturen vorgeschrieben, heute produzieren diese eigenverantwortlich für den Markt. Produktion und Angebot stiegen deutlich an und wurden vielfältiger. Um den Ertrag auf den kleinen Flächen zu steigern, wurde der Anbau durch den Einsatz von Kunstdünger, Pestiziden und Hochertragssaatgut intensiviert. Wegen des Kapitalmangels und der vielen billigen Arbeitskräfte dominieren auf den Feldern oft noch Handarbeit und einfache Geräte.
Um neue Arbeitsplätze für die wachsende Bevölkerung zu schaffen, aber auch deren Lebensstandard zu verbessern und den Binnenkonsum zu fördern, wurde die Industrialisierung mit allen Mitteln vorangetrieben. Zentrale Maßnahme für diesen Transformationsprozess war die Zulassung privater und ausländischer Unternehmen. Zugleich kam es zu einem qualitativen und technologischen Wandel. Waren es anfangs arbeitsintensiv gefertigte Billigprodukte wie etwa Textilien und Spielwaren, so erfolgte rasch der Übergang zu qualitativ hochwertigen und auf dem Weltmarkt konkurrenzfähigen Industrieprodukten.

M4 Von der Planwirtschaft Maos zur sozialistischen Marktwirtschaft

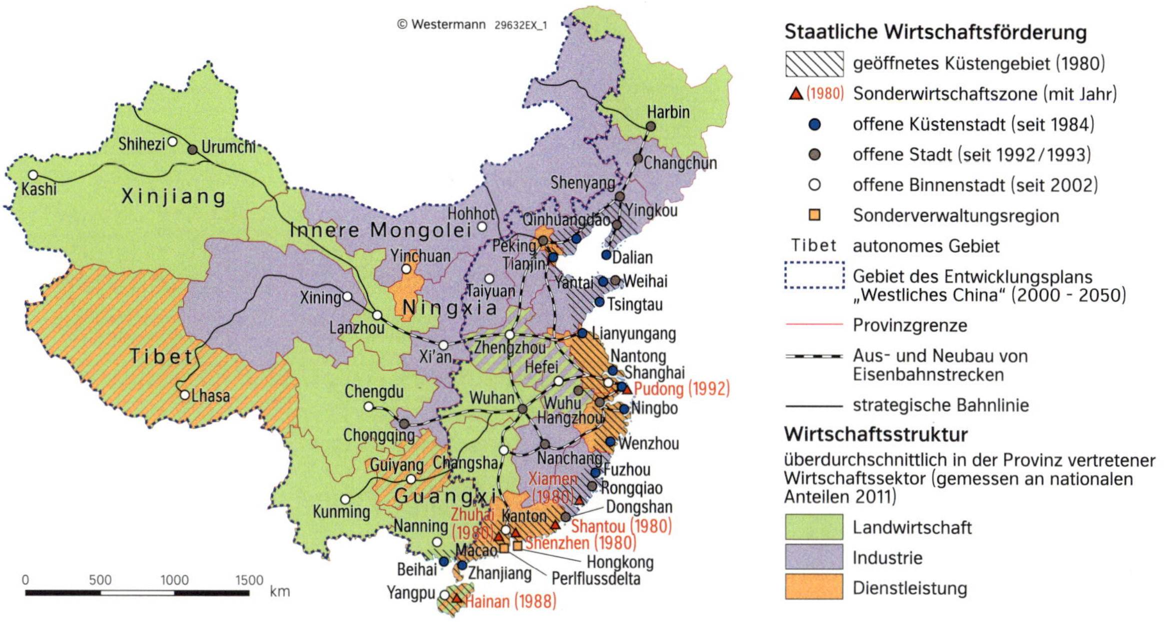

M5 China – Raumentwicklung seit 1980

Shenzhen, nahe der kapitalistischen Enklave Hongkong (bis 1997 britische Kronkolonie) gelegen, war eine der sogenannten fünf **Sonderwirtschaftszonen**, welche die Regierung 1980 zur Integration Chinas in die Weltwirtschaft errichtete. Shenzhen war bis 1979 ein armseliges Fischerdorf mit wenigen Tausend Einwohnern, heute ist die Stadt mit über 13 Mio. Einwohnern einer der bedeutendsten Wirtschaftsstandorte Chinas und der Welt.

In den Sonderwirtschaftszonen sollten ausländische Unternehmen zusammen mit chinesischen Firmen in sogenannten **Joint Ventures** exportorientierte Industrien errichten. Dadurch wollte man nicht nur Devisen aus dem Ausland anziehen, sondern auch mittels eines intensiven Technologie- und Managementtransfers die eigene Produktion sowie die Ausbildung und Schulung von Arbeitskräften und Führungskräften verbessern. Als Anreiz erhielten ausländische Unternehmen staatliche Kredite, Steuerbefreiungen, Zolltarifvergünstigungen und freien Gewinntransfer ins Ausland. Zudem wurden der Ausbau der Infrastruktur, wirtschaftliche Großprojekte und die Einrichtung von Niederlassungen internationaler Konzerne durch direkte Subventionen bezuschusst.

Galt Shenzhen wegen seiner arbeitsintensiven Industrien lange Zeit als „Werkbank der Welt“, so hat sich die Region heute zu einem bedeutenden Hochtechnologie-Standort entwickelt. Mit der Ausweisung von „Offenen Küsten- und Binnenstädten“ wurde das Modell der Sonderwirtschaftszonen seit 2002 durch die Ausweisung von Investitionszonen in allen Millionenstädten Chinas mit großem wirtschaftlichen Erfolg umgesetzt.

M6 Die Sonderwirtschaftszone Shenzhen – Chinas Zugang zum Weltmarkt

GeoKompakt

Mit einer Politik der Reform und Öffnung hat China im Zuge seiner nachholenden Entwicklung marktwirtschaftliche Prinzipien mit sozialistischen Gesellschaftsprägungen vereint. Mit Maßnahmen wie der Ausweisung den Sonderwirtschaftszonen wurden die Integration in die globale Wirtschaft und ein rasantes Wirtschaftswachstum erzielt.

1. Erläutern Sie die in M5 dargestellte raumzeitliche Entwicklung der wirtschaftlichen Öffnung Chinas für ausländische Investoren.

2. Arbeiten Sie aus M1 – M4 die Maßnahmen und Ziele der wirtschaftlichen Öffnung Chinas heraus.

3. Erstellen Sie ein Wirkungsgefüge zu den Sonderwirtschaftszonen (M6, QR-Code).

4. Konzipieren Sie einen Drei-Minuten-Vortrag eines Konzernchefs eines deutschen Unternehmens, in dem dieser Motive und Risiken für eine Ansiedlung von Teilen seines Unternehmens in einer Sonderwirtschaftszone in China darlegt.

Web-Code: WES-115093-111

Unternehmen	Branche	Investition in Mio. € (Unternehmensanteil in %)
Daimler	Automobilhersteller	7200 (10)
Kuka	Roboter für die Automobilindustrie	4660 (95)
Biotest	Hersteller von Arzneimitteln	1300 (90)
KraussMaffei	Spezialist für Kunststoffmaschinen (z. B. Autoarmaturen)	925 (100)
Robert Bosch Starter Motors	Anlasser, Komponenten für Elektroantriebe	545 (100)

M1 Chinesische Investoren auf Einkaufstour

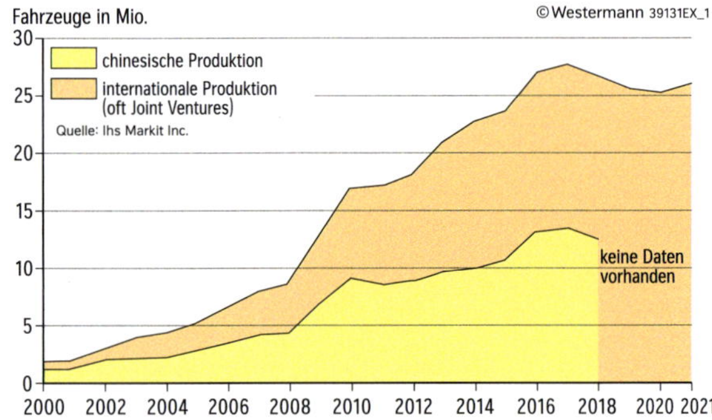

M4 Autoproduktion in China (2000–2021)

China – von der „Werkbank der Welt" zur Wirtschaftsmacht

China erlebte nach seiner wirtschaftlichen Transformation und der damit eingeleiteten nachholenden Entwicklung ein Wirtschaftswachstum sondergleichen. Arbeiten Sie aus den Materialien Entwicklungsstrategien heraus, die China in kurzer Zeit zu einer Weltwirtschaftsmacht gemacht haben.

2002 wurde eine stillgelegte Dortmunder Kokerei für etwas mehr als den Schrottwert an einen chinesischen Bergbaukonzern verkauft. In einer der größten Industrieumsiedlungen wurden 16 000 technische Zeichnungen, zwei Lkw voller Akten, 35 t Maschinen, Rohre, Stahltüren und Kabel von 300 chinesischen Arbeitern nummeriert und nach China versandt.

M2 „Herr Mo holt eine Fabrikanlage" (2004)

In Frankfurt werden bei der „Aktion Plagiarius" jedes Jahr „Preise" für die dreisteste Produktpiraterie vergeben. 2006 belegte ein Nachbau eines deutschen Bikes den ersten Platz. Hersteller des Plagiats war die chinesische *Eastern Motorcycle*. Die meisten „Preisträger" sind chinesische Firmen - die weltweit bestens organisierte Industrie zur illegalen Kopie von Markenartikeln. Auf dem chinesischen Markt werden Produkte wie Textilien, Schuhe, elektronische Geräte und auch Medikamente imitiert. Deutsche Unternehmen leiden unter Umsatzeinbußen und Imageproblemen, weil Kopien geringerer Qualität unter ihrem Namen vertrieben werden. Der Kampf gegen Produktpiraten wurde inzwischen zu einem chinesischen Anliegen. Behörden bekämpfen mit Nachdruck die Produktpiraterie, denn mittlerweile klagen bei 90 Prozent der Schutzrechtsverletzungen chinesische Unternehmen gegeneinander.

M3 „Kampf der Produktpiraterie" (2016)

Jedes Jahr werden von Shenzhen aus Waren im Wert mehrerer Milliarden US-Dollar weltweit exportiert. Das Erfolgsgeheimnis heißt OEM – *Original Equipment Manufacturers* – und funktioniert so: Hongkonger Firmen gründen Fabriken in Shenzhen. Die westlichen Markenhersteller bestellen ihre Produkte bei diesen Firmen, z. B. Schuhe, Laptops oder Mobiltelefone. Die OEMs produzieren in Shenzhen und firmieren das Produkt mit dem Namen des Auftragsgebers. Das System mit Kapital und Management aus Hongkong, westlichen Einkäufern und chinesischen Billigarbeitern funktioniert reibungslos.

M5 „Markenware aus Fernost" (2005)

In Augsburg befindet sich der Sitz des weltweit größten Maschinenbauer für Industrieroboter. 2016 hat ein chinesischer Konzern für insgesamt 4,5 Mrd. Euro 95 Prozent der Aktien des deutschen Unternehmens aufgekauft. Damit ist dieses in chinesischen Händen. Im Zeitraum von 2000 bis 2016 beteiligten sich chinesische Investoren im Rahmen ihrer Internationalisierungsstrategie mit insgesamt 19 Mrd. US-Dollar bevorzugt an deutschen Hochtechnologie-Unternehmen. Durch Direktinvestitionen im Ausland suchen die Investoren den Zugang zu attraktiven Absatzmärkten, zukunftsträchtigen Technologien und qualifizierten Arbeitskräften.

M6 Deutsche Firma wird chinesisch (2017)

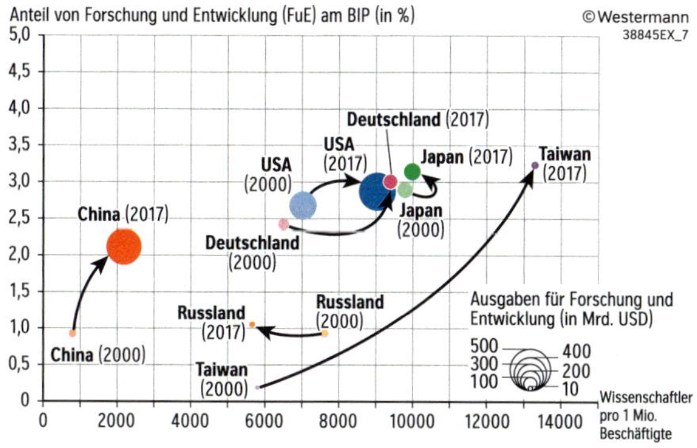

M7 FuE – Entwicklung der Ausgaben und Wissenschaftlerdichte

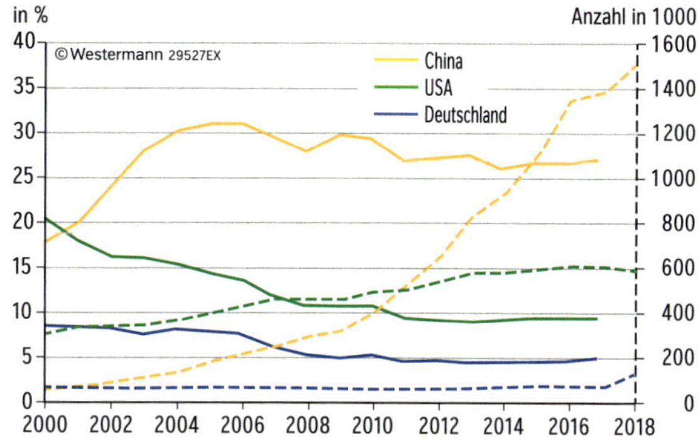

M10 Patentanmeldungen (gestrichelt) und Anteil der Informationstechnologie an der Gesamtproduktion

Die chinesische Regierung beschloss Ende der 1990er-Jahre hohe Investitionen in den Ausbau der Verkehrsinfrastruktur. Da China jedoch keine Erfahrungen mit Bau und Betrieb von Hochgeschwindigkeitszügen hatte, setzte das Land auf den Import von kompletten Eisenbahnzügen und Know-how aus dem Ausland. Die Weltmarktführer für Eisenbahntechnik aus Europa und Übersee witterten ein gigantisches Geschäft und boten ihre Hochgeschwindigkeitszüge feil. Nur wenige Garnituren durften ab 2005 für den Probebetrieb in den Ursprungsländern gefertigt werden; die meisten Züge wurden in Lizenz bzw. Joint Ventures in China hergestellt. Dank Technologietransfer verfügen die Chinesen inzwischen über genügend Wissen, um eigene Hochgeschwindigkeitszüge zu konstruieren, die 2017 den regulären Dienst aufnahmen. Wie vorauszusehen war, bietet China seine Superzüge nun auf dem Weltmarkt selbst an und tritt als neuer Global Player in Konkurrenz mit den etablierten Bahnherstellern aus Europa.

M8 Hightech aus China – die schnellsten Hochgeschwindigkeitszüge der Welt (2017)

„Trotz eines gigantischen Binnenmarkts müssen wir China für ein schnelleres Wachstum international ausrichten. Gerade in der IT-Industrie gibt es viele mächtige Player. Früher kauften chinesische Unternehmen weltweit Firmen auf, denn sie brauchten für einen erfolgreichen Zugang zum Weltmarkt neben deren Vertriebsketten vor allem im Westen anerkannte Marken. Grundsätzlich wollen wir mit unseren eigenen Marken zu den Weltmarktführern aufschließen. Das Problem ist, dass unsere Reputation im Ausland noch nicht vorhanden ist. Damit wir bekannter werden, waren z. B. das Sponsoring bei Olympischen Spielen, Präsentationen unserer Produkte auf Messen wie der CEBIT und länderbezogene Marktforschung wichtige Bausteine. Auch kann man über FuE in einigen Zielmärkten nachdenken. Wir wollen unseren Kunden keine Billigware, sondern hohe Qualität, Vertrauenswürdigkeit, einfache Handhabung und dynamische Innovationen bieten – Werte, die wir auch in China kommunizieren."

M9 Zur Expansion chinesischer Marken – Bericht eines chinesischen Marketingdirektors (2020)

GeoKompakt

Chinas Aufstieg zu einer der wichtigsten Weltwirtschaftsnationen stützte sich nicht nur auf Kostenvorteile bei der Herstellung einfacher arbeitsintensiver Industrieprodukte, auf Dumpingpreise und urheberrechtliche Verstöße, sondern basierte auch auf Anlagen- und Technologietransfers, Investitionen im Ausland und der Entwicklung eigener innovativer Industriegüter.

1. Erstellen Sie einen Zeitstrahl, der unter Zeitangabe die Maßnahmen der nachholenden wirtschaftlichen Entwicklung der chinesischen Regierung und der Unternehmen verdeutlicht (M1 – M9, S. 110 – 113).

2. Erläutern Sie die Unterschiede in den Bereichen Forschung und Entwicklung (M7) in Deutschland und China.

3. Recherchieren Sie die Bedeutung des chinesischen Marktes für deutsche Automobilkonzerne und legen Sie Risiken dar, die mit deren Engagement in China verbunden sind (M4, Internet).

4. Erörtern Sie positive sowie negative wirtschaftliche und soziale Folgen des rasanten chinesischen Wirtschaftswachstums für deutsche Unternehmen und Konsumenten (M1 – M9).

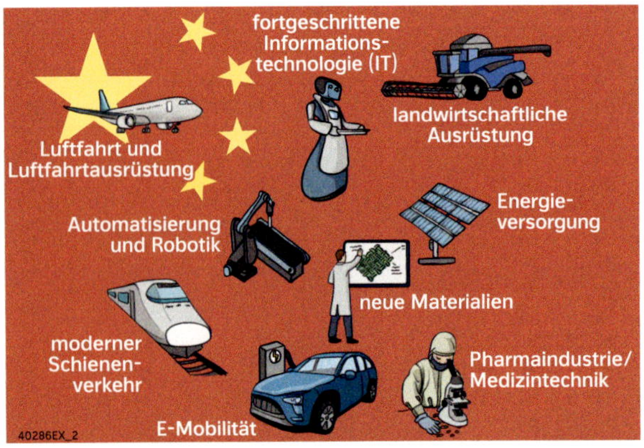

Schlüsselindustrie	Ziel bis 2025
Automobilindustrie	Steigerung der Produktion von Elektrofahrzeugen; Verkauf von 3 Mio. Stück, d.h. Weltmarktanteil 80 %
Informationstechnik	geringere Abhängigkeit vom Ausland; Steigerung des Anteils chinesischer IT von 75 % (2020) auf 90 %
Schiffbau	verstärkter Einsatz von Hochtechnologie; Steigerung des Weltmarktanteils von 40 % (2020) auf 50 %
Industrieroboter	Steigerung des Anteils in China hergestellter Roboter auf 70 %

M1 Schlüsselindustrien des Masterplans 2025

Chinas Masterplan zur führenden Weltwirtschaftsmacht

Chinas Industrie- und Dienstleistungskonzerne drängen nach Europa und Nordamerika und nehmen bereits marktbeherrschende Positionen ein. Sind die Befürchtungen berechtigt, dass China auf diese Weise auch Einfluss auf Regierungen und politische Entscheidungen weltweit gewinnen will?

Der Masterplan soll China durch enorme staatliche Investitionen in die Digitalisierung und Vernetzung der Industrieproduktion zum Weltmarktführer machen. Bei dem 1989 gegründeten und heute größten Maschinenbauer Chinas, ist die Fabrik der Zukunft bereits Wirklichkeit. Im Jahr 2018 zeichnete eine internationale Jury das Unternehmen als „Leuchtturmfabrik" für die Nutzung der digitalen Transformation und künstlicher Intelligenz im Maschinenbau aus. Die Fertigung ist vollständig automatisiert, alle Maschinen sind über Internet-Plattformen vernetzt, die ständig Daten über den Produktionsprozess sammeln und diesen steuern. Die Fertigung und Positionierung von Werkstücken wird permanent mit digitalen Überwachungssystemen kontrolliert. Die sich selbst organisierende intelligente Fabrik ist hier keine Utopie mehr.

M2 Umsetzung des Masterplans im Maschinenbau

Chinas Wirtschaftswachstum braucht große Mengen an Rohstoffen. Doch schon heute ist das Land mit der raschen Erschöpfung seiner heimischen Rohstoffvorkommen konfrontiert. Daher hat China mit Blick auf die künftige Nachfrage 45 Rohstoffe in vier Versorgungskategorien aufgeteilt:

Kategorie	Rohstoffe (Auswahl)
knapp	Chrom, Kobalt, Platin, Kalisalz, Diamanten
nicht sicher	Bauxit, Blei, Eisen, Erdöl, Mangan, Nickel, Kaolin, Kupfer, Zinn
grundsätzlich sicher	Kohle, Gips, Molybdän, Phosphor, Titan, Wolfram
sicher	Erdgas, Graphit, Natriumsalz, Seltene Erden

Die Regierung hat frühzeitig erkannt, dass die Exploration neuer Lagerstätten in China notwendig ist. Andererseits fährt China vorausschauend eine expansive Politik: Chinesische Unternehmen erschließen weltweit neue Vorkommen oder beteiligen sich an ausländischen Bergbaubetrieben (→ S. 130 Karte 2). Chinesische Unternehmen werden mit der *going-out*-Offensive der Regierung aufgefordert, sich wo immer möglich in Form von **Landgrabbing** Eigentum an Land, Schürfrechten, Holzressourcen, Ölfeldern und anderem zu sichern. Chinesische Banken sorgen flankierend für die Finanzierung und Kredite.

M3 Die Rohstoffpolitik Chinas

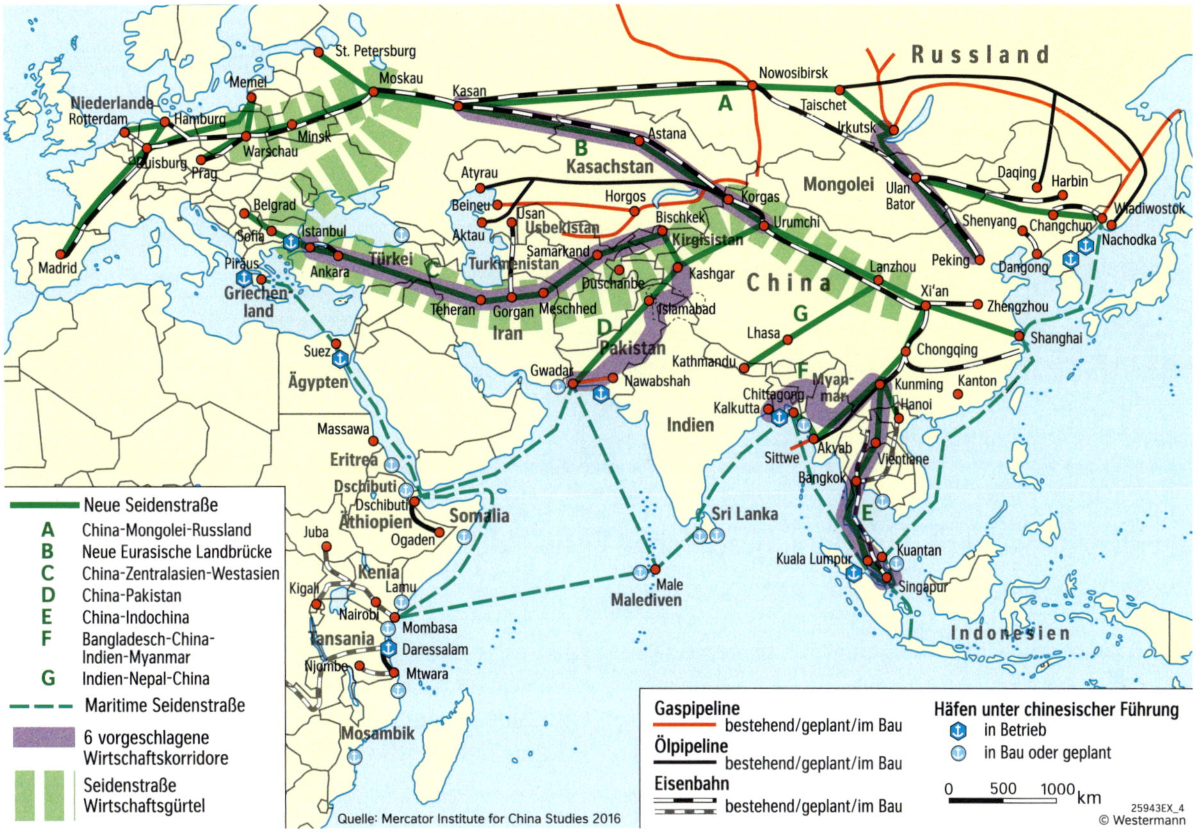

M4 Die Struktur der Neuen Seidenstraße

Das Projekt Neue Seidenstraße, das als *Belt and Road Initiative* (BRI) firmiert, hat das Potenzial, die Weltwirtschaft und die geopolitische Landschaft zu verändern. Mit dem medienwirksamen Begriff Neue Seidenstraße stellt China die Verbindung zur historischen Seidenstraße her, die für kulturellen und wirtschaftlichen Austausch steht. Doch sie ist mehr als nur eine Straße. Sie ist ein Netz von Autobahnen, Eisenbahnstrecken, Pipelines und Schifffahrtsrouten. Das Projekt realisiert neben dem Auf- und Ausbau von Infrastruktur (M4) auch den Abschluss von Freihandelsabkommen und Firmenkooperationen in Eurasien und Afrika. BRI zielt auf die Intensivierung des regionalen und interkontinentalen Handels, die Versorgung des Landes mit Rohstoffen und die Erschließung neuer Märkte für chinesische Waren ab. Der Staat hat bereits Milliarden US-Dollar in das Vorhaben investiert, etwa für die Übernahme des Hafens von Piräus oder den Bau von Eisenbahnstrecken in Kenia und Äthiopien. Das Projekt weckt in Europa aber auch Befürchtungen, dass China durch seine Initiativen künftig politischen Einfluss auf Staaten und Regierungen weit über die BRI hinaus nehmen könnte.

Quelle: Matthias Schmidt: Neue Seidenstraßen. Geographische Rundschau 6-2019, S. 4 – 10

M5 Das Projekt Neue Seidenstraße

GeoKompakt

Mit dem Masterplan und der Neuen Seidenstraße hat China ehrgeizige Projekte gestartet, um durch Erschließung von Rohstoffen und neuen Märkten sowie Ausbau von Schlüsselindustrien zur führenden Weltwirtschaftsmacht aufzusteigen.

1 Erstellen Sie Kärtchen mit Begriffen zu Maßnahmen und Unwägbarkeiten für das Ziel Chinas, Weltwirtschaftsmacht zu werden. Gruppieren Sie die Kärtchen an einer Pinnwand (M1 – M3).

2 Erläutern Sie in einem Kurzvortrag die Maßnahmen Chinas zur Sicherung seiner Rohstoffversorgung (M3, →S. 130 Karte 2).

3 Erörtern Sie in einer Partnerdiskussion Chancen und Risiken des BRI-Projekts aus europäischer Sicht (M4, M5, QR-Code).

Web-Code: WES-115093-115

M1 Werbeplakat in Chengdu 1985

M4 Kleiner Kaiser – von der Familie verwöhnt

Bevölkerungspolitik und demographische Entwicklungen

China, das bevölkerungsreichste Land der Erde, kämpfte jahrzehntelang gegen ein enormes Bevölkerungswachstum. Mit welchen Maßnahmen hat China versucht, diese gewaltige Aufgabe zu meistern?

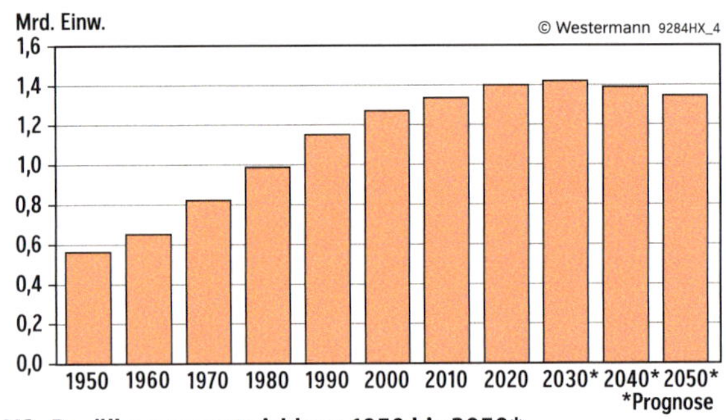

M2 Bevölkerungsentwicklung 1950 bis 2050*

1949 – 1954	Überbevölkerung ist in einer kommunistischen Gesellschaft kein Problem.
bis 1958	Erste Forderungen nach Geburtenkontrolle im Kontext von Gesundheitsvorsorge, Förderung von Spätehen und Empfängnishemmern, Erleichterung von Abtreibungen, Sterilisierung
1958	„Großer Sprung nach vorn", Abkehr von der Propagierung der Geburtenkontrolle, China gilt als unterbevölkert.
1963/ 1964	Wirtschaftskrise führt zur Forderung nach Absenkung des natürlichen Bevölkerungswachstums, Gründung von Geburtenplanungskommission
1970	Geburtenkontrolle als Aspekt der Ernährungssicherung, Teil der Wirtschaftsplanung, zwei Kinder pro Familie sind erlaubt
1979	Ein-Kind-Kampagne als Reaktion auf Wirtschaftskrise – Durchsetzung mit behördlichen Sanktionen und Zwangsabtreibungen
2015	Ende der Ein-Kind-Politik, zwei Kinder pro Familie werden wieder gestattet
2018	Drei Kinder pro Familie sind erlaubt

M3 Phasen chinesischer Bevölkerungsspolitik

In China leben ungefähr 1,4 Milliarden Menschen, knapp ein Fünftel der Weltbevölkerung. Bedingt durch Kriege, Hungersnöte und Seuchen wuchs die Bevölkerung jahrhundertelang nur langsam. Erst mit der Gründung der VR China 1949 setzte ein starkes Bevölkerungswachstum ein. Dieses stellte die Staatsführung vor das Problem, die Ernährung der Bevölkerung langfristig zu sichern. So entschied die Regierung 1970, die Geburtenkontrolle und die Kinderzahl pro Familie landesweit gesetzlich zu regeln und diese durch Behörden vor Ort kontrollieren und überwachen zu lassen.

M5 Die Bevölkerungssituation in China

„Ab 1979 hat der Staat mit der Ein-Kind-Politik das Bevölkerungswachstum begrenzt. Familien mit nur einem Kind erhielten viele Vergünstigungen wie etwa eine höhere Altersversorgung, kostenlose medizinische Versorgung und schnellere Zuweisung einer Wohnung. Einzelkinder wurden bei der Zuteilung von Kindergarten- und Schulplätzen bevorzugt. Wurde ein zweites Kind geboren, musste die Familie mit Geldstrafen, Kürzung des Arbeitslohns und Rückzahlung der Vergünstigungen für das erste Kind rechnen. Da nach Ansicht vieler Chinesen nur ein Sohn die Altersversorgung der Eltern sicherstellt, war eine Zunahme der Abtreibung weiblicher Embryos zu verzeichnen."

M6 Eine chinesische Eheberaterin berichtet

GeoMethode

Bevölkerungsdiagramme auswerten

1. Beschreiben Sie die Grundform eines Diagramms und ordnen Sie diese einem Typus der Bevölkerungsdiagramme (→ S. 131 M1) zu.
2. Bestimmen Sie die Anteile folgender Altersgruppen (0–14, 15–64, über 65 Jahre), um nähere Aussagen über den Altersaufbau zu treffen.
3. Finden Sie auf dieser Grundlage Merkmale der Bevölkerungsentwicklung heraus, z. B. durch Fragestellungen zur durchschnittlichen Lebenserwartung, quantitativen Bevölkerungsdynamik (Entwicklung von Geburten und Sterberaten, wachsende oder schrumpfende Bevölkerung), zu geschlechtsspezifischen Anteilen, starken Unregelmäßigkeiten (z. B. durch Kriege oder Seuchen).
4. Interpretieren Sie diese Merkmale in Hinblick auf die zukünftige Bevölkerungsentwicklung und erstellen Sie Prognosen z. B. hinsichtlich Ernährungssicherung, Bildungssituation, Arbeitsmarkt und Sozialsystemen.

Tipp: Digitale Darstellung von Daten zur Bevölkerungsentwicklung (Internet):
- www.census.gov/programs-surveys/international-programs.html
- www.dsw.org/laenderdatenbank/

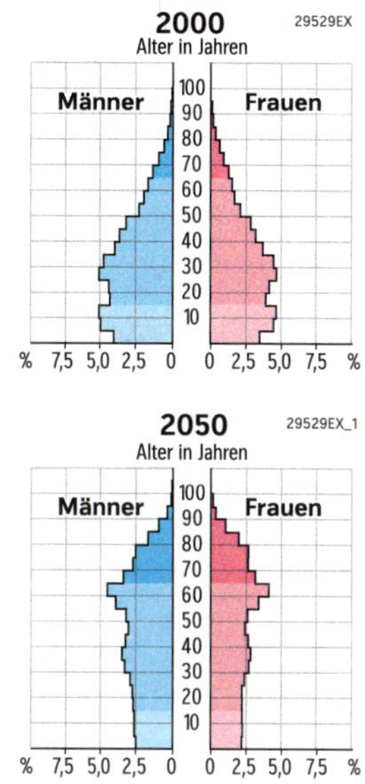

M9 Chinas Altersstruktur im Wandel

Die Ein-Kind-Politik führte zu ernstzunehmenden Problemen: Defizite bei der Altersversorgung, Auflösung der traditionellen Großfamilie, Rückgang der Arbeitskräfte, Überalterung der Gesellschaft und eine Generation verwöhnter Einzelkinder mit geringer Sozialkompetenz. Daher verkündete die chinesische Regierung 2015 offiziell das Ende der Ein-Kind-Politik, die bereits seit Langem in den ländlichen Regionen häufig mit Duldung der lokalen Behörden umgangen wurde. Alle Paare durften nun zwei Kinder haben. Allerdings veränderten sich mit dem wirtschaftlichen Aufschwung auch die Lebensstile und Familienbilder der jüngeren Generation. Vor allem in den Großstädten sind die Lebenshaltungskosten und die Mieten zuletzt stark angestiegen, sodass viele Ehepaare überhaupt kein Kind oder kein zweites Kind wollen. Da so der erhoffte Anstieg der Geburtenrate ausblieb, verkündete im August 2021 die Regierung eine erneute Änderung der Bevölkerungspolitik. Künftig sei es Paaren gestattet, drei Kinder zu haben.

M7 Von der Ein- zur Zwei- und Drei-Kind-Politik

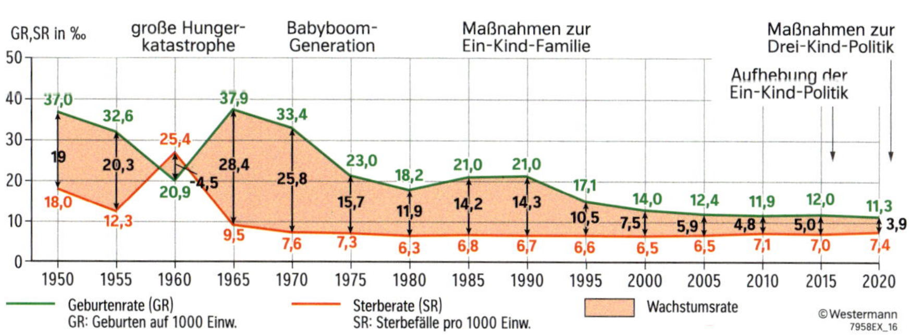

M8 Die natürliche Bevölkerungsentwicklung Chinas 1950 bis 2020

❶ Erläutern Sie die Motive Chinas zur gesetzlichen Regelung der Bevölkerungsentwicklung (M1 – M9).

❷ Beurteilen Sie, inwieweit die staatliche Bevölkerungspolitik erfolgreich war (M7, M8).

❸ Beschreiben Sie die Veränderungen in der Altersstruktur Chinas zwischen 2000 und 2050 (M9).

GeoPlus

Vergleichen Sie die bevölkerungspolitischen Maßnahmen Chinas und Deutschlands und diskutieren Sie die unterschiedlichen Konzepte (Internet).

GeoKompakt

China versucht, mit gesetzlichen Maßnahmen die Zahl der Geburten zu erhöhen oder zu senken, um Einfluss auf die Bevölkerungsentwicklung zu nehmen. Selbst wenn Erfolge sichtbar sind, so haben sich auch unerwünschte Auswirkungen auf die chinesische Gesellschaft und Wirtschaft ergeben.

M1 Impressionen aus dem ländlichen und städtischen China

Menschenleere Regionen – dicht besiedelte Ballungsräume

Große Unterschiede prägen die Bevölkerungsverteilung und die Lebensbedingungen der Menschen in den städtischen und ländlichen Räumen Chinas. Erläutern Sie diese Disparitäten.

1 Erläutern Sie die räumliche Bevölkerungsverteilung in China (M1 – M3, M6).

2 Erstellen Sie eine Tabelle, welche die Lebensbedingungen einer ländlichen Provinz im Binnenraum Chinas mit denen einer städtischen an der Küste vergleichend gegenüberstellt (M1, M4, M6 – M8).

3 Erörtern Sie, ob der Wirtschaftsboom in China die räumlichen Disparitäten verringert hat (M4).

4 Führen Sie eine Partnerdiskussion über die Frage, inwieweit Zwangsumsiedlungen geeignete Maßnahmen zur Bekämpfung der ländlichen Armut sind (M8).

Der chinesische Geograph Hu Huanyong veröffentlichte 1935 einen Aufsatz, in dem er nachwies, dass in China auf 57 Prozent der Landfläche westlich einer gedachten Linie zwischen Aihui und Tengchong (M3) nur vier Prozent der Bevölkerung lebten, östlich davon 96 Prozent der Bevölkerung auf 43 Prozent der Fläche. Die Verteilung ist trotz erheblicher Zuwächse westlich der Hu-Linie mit nunmehr neun Prozent Bevölkerungsanteil im Wesentlichen unverändert.

M2 Die Hu-Linie

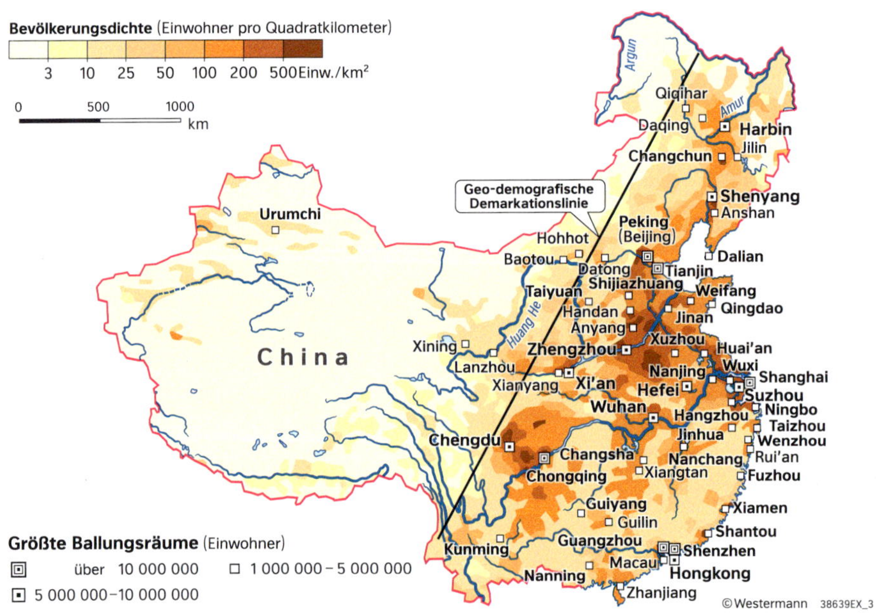

M3 Bevölkerungsverteilung in China 2020

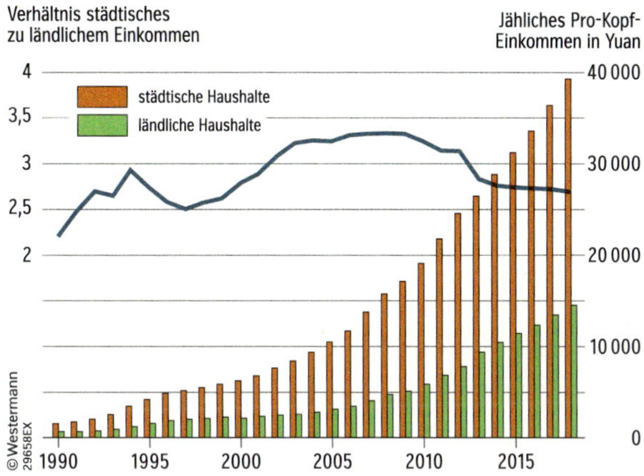

M4 Einkommensentwicklung in China

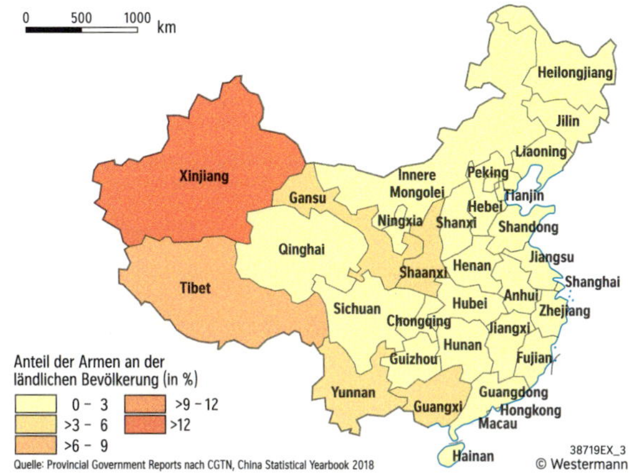

M7 Armut im ländlichen Raum 2018

„Die Menschen wachsen hier auf, wenn sie aber erwachsen sind, zieht es die meisten von hier fort. In unserem Dorf gibt es keinen Strom und kein Telefon. In meiner Nachbarschaft leben überwiegend Alte und Kinder, die von ihren Eltern zurückgelassen wurden, als diese im Osten Arbeit gefunden hatten. Die Regierung tut alles, um die Küstenstädte aufblühen zu lassen. Für unsere Dörfer aber gibt es kein Geld und wir Landbewohner werden von den Behörden wie Menschen zweiter Klasse behandelt. Zum Glück haben wir Kinder, die als Wanderarbeiter in Shanghai leben und regelmäßig Geld schicken damit wir hier überleben."

M5 Frau Ji aus der Region Yunnan erzählt.

Die Bevölkerung eines Dorfes, drei Fahrtstunden von Peking entfernt, lebte in baufälligen Häusern, die Sommerregen führten häufig zu Überschwemmungen und machten die Straßen unpassierbar. Die Regierung begann, die Menschen in einen neuen Appartementkomplex mit 200 Wohneinheiten, Gesundheitsstation und Pflegeeinrichtung umzusiedeln. Ohne berufliche Erfahrung fanden diese Menschen kaum neue Arbeitsstellen und sind auf Unterstützungsleistungen angewiesen. Für ihr Land bekamen sie nur zehn Prozent des Werts, während die lokalen Behörden das Land an Bauunternehmen für Millionen verkaufte.

M8 Zwangsumsiedlungen auf dem Land

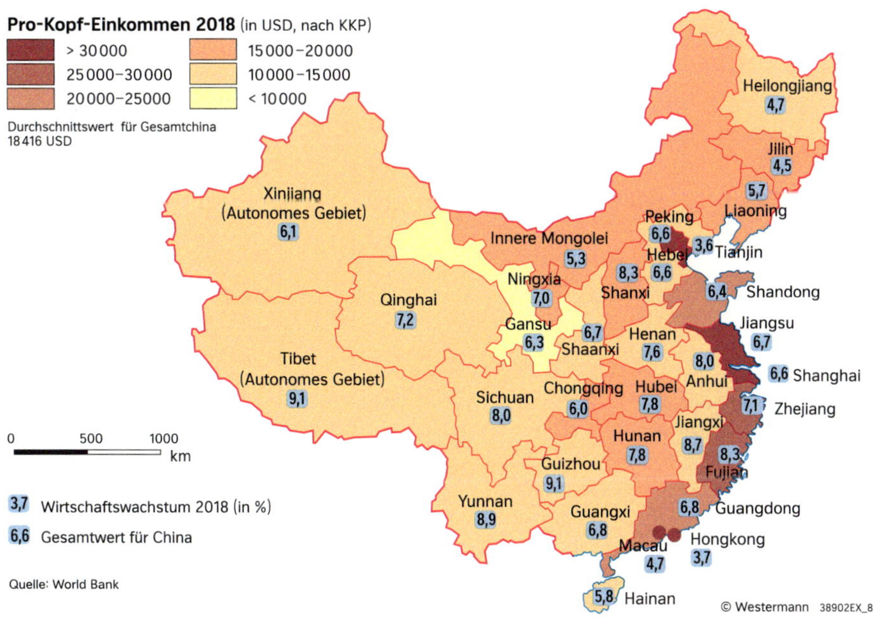

M6 Pro-Kopf-Einkommen und Wirtschaftswachstum 2018

GeoKompakt

China wird seit jeher von starken regionalen Disparitäten zwischen den Küstenregionen und dem Binnenland sowie zwischen den Städten und den Dörfern geprägt. Trotz des wirtschaftlichen Aufschwungs Chinas haben sich diese räumlichen und sozialen Unterschiede kaum verändert.

M1 Shanghai 1983 und 2021 – Blick über den Huangpu auf das Stadtviertel Pudong

Sozialer und funktionaler Wandel in Chinas Städten

Die Wirtschaftsreformen haben die Sozialstrukturen Chinas stark verändert. Dies ist vor allem in den Städten erkennbar. Finden Sie heraus, wie sich dadurch das Erscheinungsbild und die funktionalen Strukturen der chinesischen Städte gewandelt haben.

¹ hohe Kader von Staat und Partei; leitende Manager der staatlichen/staatsnahen Wirtschaft
² wohlhabende Manager und Selbstständige im Finanzsektor, Handel, Produzenten, höhere Kader, wohlhabende Privatunternehmer

M2 Soziale Schichtung im modernen China

Im Jahr 2020 gehörte einem Prozent der chinesischen Bevölkerung etwa ein Drittel des gesamtwirtschaftlichen Vermögens. Annähernd 2000 Chinesen besaßen ein Vermögen von jeweils mehr als zwei Milliarden Yuan (ca. 300 Millionen Euro), zwanzig Jahre zuvor waren es gerade acht. Die meisten Multimillionäre leben heute in Peking, Shenzhen und Shanghai.
Besonders schnell wächst eine neue Mittelschicht in Chinas Städten. Deren durchschnittliches Jahreseinkommen von bis zu 100000 Euro ermöglicht einen hohen Lebensstandard mit modernem Wohnkomfort und Konsum von Luxusgütern. Vor allem in den Großstädten zeichnen sich wirtschaftliche und soziale Unterschiede immer deutlicher ab. Vom steigenden Wohlstand konnten dagegen Arbeiterfamilien, Wanderarbeiterinnen und Wanderarbeiter kaum profitieren.

M3 Sozialer Wandel in Chinas Städten

M4 Abriss für den Wirtschaftsaufschwung

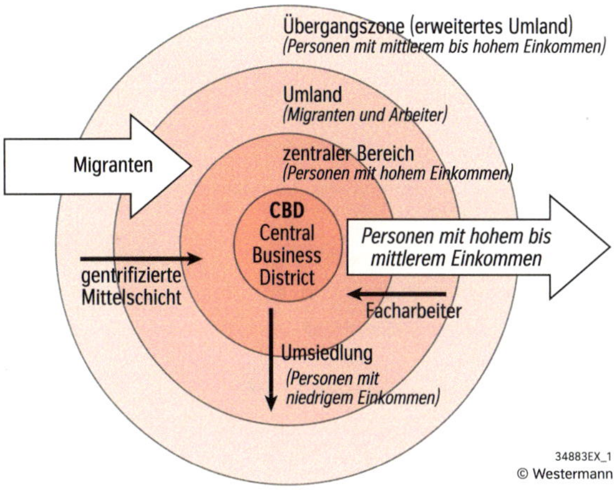

M6 Sozialräumliche Differenzierung am Beispiel Shanghais

Flächenhafte Sanierung, Abriss und Neubebauung älterer Stadtviertel haben zu einer Verbesserung der Wohnsituation, der Qualität des Einzelhandels und des kulturellen Angebots in den chinesischen Städten geführt. Gleichzeitig zeigt sich dort eine zunehmende sozialräumliche Differenzierung. Während in den Hutongs, den mit traditionellen Einfamilienhäusern dicht bebauten Stadtteilen, vor allem noch einkommensschwache Bevölkerung lebt, bevorzugt die neue Mittelschicht Neubaugebiete an den modernen Ringstraßen und am Stadtrand. Zudem entstehen *Gated Communities* für die einkommensstarke Oberschicht aus Wirtschaft und Politik. Im Umland finden sich informelle Migrantendörfer für die aus dem ländlichen Raum stammenden Arbeitskräfte. In allen Stadtvierteln werden neue Einkaufszentren, ähnlich den amerikanischen *Malls*, mit einem differenzierten Warenangebot errichtet. Innerstädtische Bereiche werden heute überprägt von einem *Central Business District* mit exklusivem Waren- und Dienstleistungsangebot sowie Firmensitzen chinesischer und internationaler Unternehmen.

M5 Aktuelle Stadtentwicklung in China

„Seit Generationen wohnen wir hier. Vor drei Monaten kam ein Brief der Stadtverwaltung: Unser Haus wird für den Bau eines Bürogebäudes abgerissen. Die Stadt bietet uns zwar eine Entschädigung an, aber die ist viel zu niedrig. Davon können wir uns keine neue Unterkunft kaufen. Als ich dagegen öffentlich demonstrierte, kam ich für eine Woche in Haft. Seither sind wir obdachlos, da wir uns die Wohnungen in den Hochhauskomplexen am Rande der Stadt nicht leisten können."

M7 Eine Bewohnerin aus Shanghai berichtet.

Jahr	Einw. in Millionen
1950	4,3
1960	6,9
1970	6,1
1980	5,9
1990	8,6
2000	14,2
2010	20,3
2020	26,3

M8 Bevölkerungsentwicklung in Shanghai

1 Erklären Sie Veränderungen in der Gesellschaftsstruktur chinesischer Städte und deren Folgen (M2–M7).

2 Stellen Sie die Daten in M8 graphisch dar und erläutern Sie diese.

3 Legen Sie in einem Kurzreferat dar, wie sich die sozialen Disparitäten in der funktionalen Gliederung der modernen chinesischen Stadt widerspiegeln (M1, M5, M6).

GeoKompakt

Chinas Metropolen werden heute durch eine architektonische und funktionale Angleichung an westliche Vorbilder geprägt. Mit ihrer wachsenden ökonomischen Bedeutung stehen nahezu alle Großstädte infolge der Binnenmigration unter einem starken Bevölkerungsdruck.

M1 Wanderarbeiter am Bahnhof von Shanghai

M4 Arbeitervermittlung in Peking

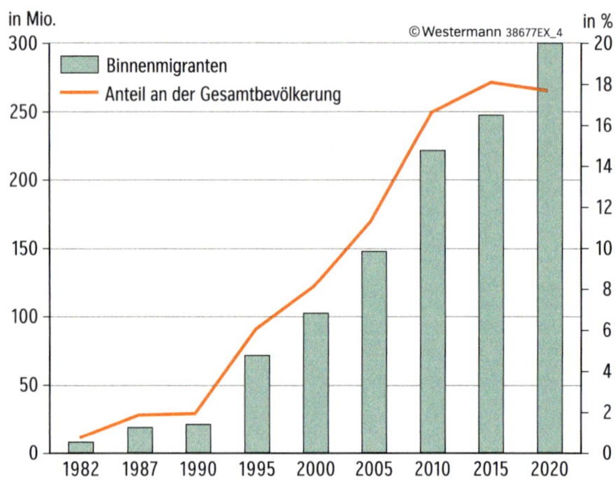

M2 Binnenmigration 1982 bis 2020

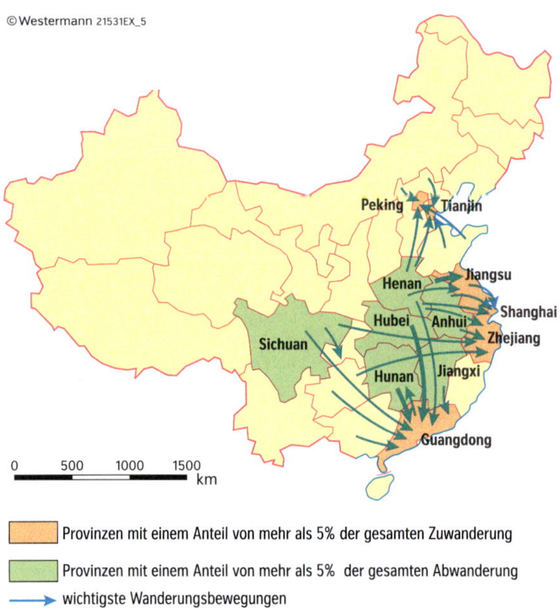

M3 Binnenwanderungsströme 2010–2020

Wanderarbeit und nationale Minderheiten am Rand der Gesellschaft

Sozioökonomische Ungleichheiten prägen zunehmend die chinesische Gesellschaft, insbesondere betroffen sind die Gruppen der Wanderarbeiter und der nationalen Minderheiten. Arbeiten Sie die besonderen Probleme dieser beiden Gruppen heraus.

Seit den 1980er-Jahren steigt an der Küste und im Binnenland in den Metropolen der Bedarf an Arbeitskräften, insbesondere im tertiären Sektor. Wanderarbeiter füllen diese Lücke. Die Mehrheit dieser meist aus ländlichen Regionen kommenden Menschen (M3) arbeitet illegal ohne Aufenthaltserlaubnis. Denn wer sich in China länger als drei Monate außerhalb seines registrierten Wohnortes aufhält, benötigt hierfür einen amtlichen Bescheid, den sogenannten Hukou. Der kostet aber hohe Gebühren – zu viel für die mittellosen Wanderarbeiterinnen und Wanderarbeiter.

Rund eine Viertel Milliarde dieser Arbeitskräfte (M2) reinigt die Straßen, entsorgt den Müll, kocht in Restaurants, schneidet Haare und zieht Wolkenkratzer hoch. Für weniger als 500 Euro im Monat arbeiten sie pro Woche zwischen 40 und 60 Stunden. Einen Arbeitsvertrag hat nur jeder Dritte, kaum 20 Prozent haben eine Krankenversicherung oder einen späteren Anspruch auf Rente. Unterbringung finden sie in Wohncontainern oder in Mietunterkünften in den Migrantendörfern. Häufig müssen sie sich mit einem Schlafplatz unter Brücken oder in Abbruchhäusern begnügen.

M5 Wanderarbeit durch Menschen zweiter Klasse

M6 Protest gegen Chinas Minderheitenpolitik

M10 Muslimische Uiguren beim Freitagsgebet

In einer Plastiktasche trägt Tian Gao alles, was er in sein neues Leben mitnimmt. Tians Traum war es nicht, einer von Millionen Wanderarbeitern zu werden, aber in seinem Heimatdorf sah er keine Perspektive. Der 26-Jährige hatte nach seinem Schulabschluss in seiner peripheren Heimatregion keinen Arbeitsplatz gefunden. So macht er sich auf den Weg nach Shenzhen. Ein Schulfreund arbeitet dort bereits und Tian hofft, bei ihm unterzukommen. Doch die Konkurrenz Tausender Arbeitsuchender ist hier groß. Auf einer Großbaustelle hat er schließlich nach langer Suche eine Beschäftigung als Hilfsarbeiter gefunden.

M7 Biographie eines Wanderarbeiters

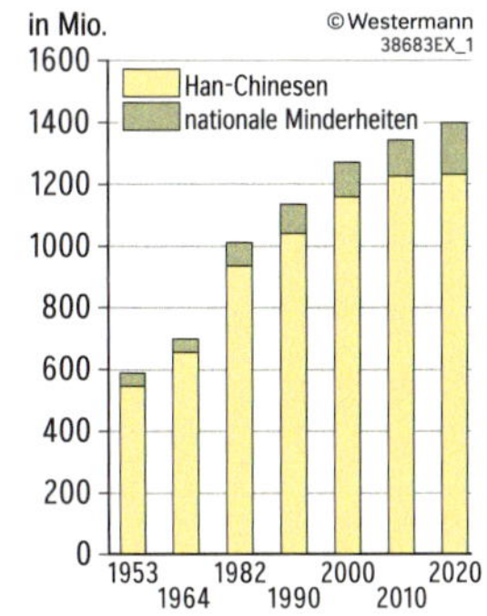

Quelle: China Statistical Yearbook

M11 Han-Chinesen, die größte Volksgruppe des Landes, und nationale Minderheiten

1950 besetzte China den Mönchsstaat Tibet und unterstellte ihn der Zentralregierung. Tempel und Klöster wurden zerstört, Mönche und Nonnen vertrieben. Der Dalai Lama, das religiöse und politische Oberhaupt Tibets, flüchtete ins Ausland. Bis heute werden Proteste der tibetischen Bevölkerung vom chinesischen Militär unterdrückt.
90 Prozent der tibetischen Bevölkerung sind buddhistisch. Religionsfreiheit ist an die Bedingung geknüpft, politischen Aktivitäten zu unterlassen. Zudem fördert die Regierung durch die Zuwanderung von Han (M11) die **Sinisierung** Tibets.

M8 Tibet unter chinesischer Herrschaft

Seit Jahren kontrolliert die Regierung verstärkt die Aktivitäten der Uiguren – ein vor allem in der Provinz Xinjiang lebendes, muslimisches Turkvolk mit eigener Sprache und Schrift. Tausende uigurische Männer werden meist grundlos und ohne Gerichtsverhandlung in sogenannten Umerziehungslagern festgehalten. Begründet wird dies mit dem uigurischen **Separatismus** und deren „extremistischem" Verhalten wie Alkoholverzicht, Fasten während des Ramadans, Tragen langer Bärte und Besitz des Korans. Einige traditionelle muslimische Namen wurden für uigurische Kinder verboten.

M9 Uiguren unter der Kontrolle Chinas

GeoKompakt

Die Binnenmigration in China hat zu einer Zunahme der Wanderarbeit geführt. Die Arbeits- und Lebenssituation in den Städten ist für die Arbeitskräfte Belastung und Chance zugleich. Ethnische Minderheiten erfahren eine Dominanz der Staatsgewalt und protestieren gegen ihre häufig gewaltsame Unterdrückung.

1. Stellen Sie die Push- und Pullfaktoren für die Migration der Wanderarbeiter graphisch dar (M1 – M7).

2. Erläutern Sie die Arbeits- und Lebenssituation der Wanderarbeiter in den Städten Chinas (M1, M4 – M7).

3. Schreiben Sie für die Schülerzeitung einen kurzen Bericht, der die Restriktionen Chinas und deren Folgen für die Tibeter oder die Uiguren erläutert (M8 – M11, Internet, QR-Code).

Web-Code: WES-115093-123

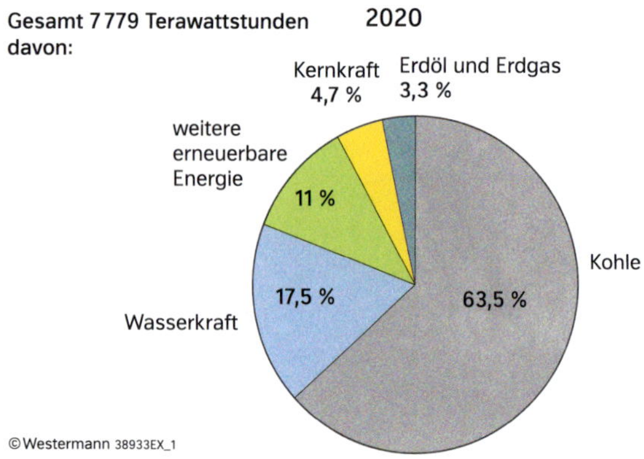

M1 Produktion von Elektrizität in China

M4 Kohlekraftwerk in Dezhou (Shangdong)

China – Energiepolitik voller Widersprüche

China entwickelt sich derzeit zur führenden Nation bei der Nutzung erneuerbarer Energiequellen. Gleichzeitig plant das Land aber die Erschließung neuer Kohlebergwerke und den Bau weiterer Kohlekraftwerke. Wie kann man dieses scheinbar widersprüchliche Bild der chinesischen Energiepolitik erklären?

Mit großen Schritten geht China bei den Zukunftstechnologien voran und baut wie kein anderes Land auf der Welt seine Energiegewinnung aus Wind- und Solarkraft aus. In den letzten Jahren errichtete China Solarkraftwerke, die mehr als die Hälfte der weltweit neu installierten Kapazität bereitstellten. China übernimmt außerdem eine Führungsrolle, nachdem es die enormen globalen Marktchancen für den Export von modernster Energietechnologie erkannt hat. Damit hat China mit seiner Energiepolitik die Vorreiterrolle Deutschlands bei den erneuerbaren Energien klar abgelöst.

M2 China – führend bei erneuerbaren Energien

In China wurde 2021 so viel Kohle abgebaut wie seit Jahren nicht mehr, im Vergleich zum Vorjahr haben chinesische Kohleminen fast sieben Prozent mehr gefördert. Hintergrund ist der gestiegene Strombedarf infolge des Wirtschaftswachstums. Rund 60 Prozent des Stroms kommen in China nach wie vor aus Kohlekraftwerken. Während mehrerer Wochen musste immer wieder die Stromversorgung unterbrochen werden, weil veraltete Kraftwerke nicht genügend Elektrizität liefern konnten. Die Staatsführung hat angeordnet, die Kapazitäten der Kohlekraftwerke hochzufahren und landesweit mehr als 150 Kohleminen auszubauen.

M5 Anstieg der Kohleförderung 2021

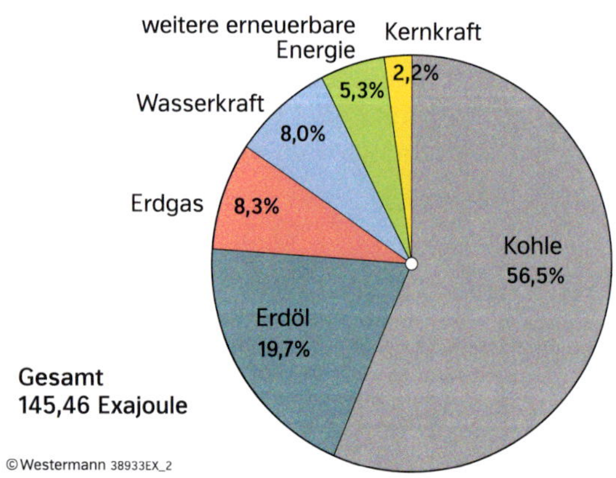

M3 Anteil der Energieträger am Primärenergieverbrauch in China 2020

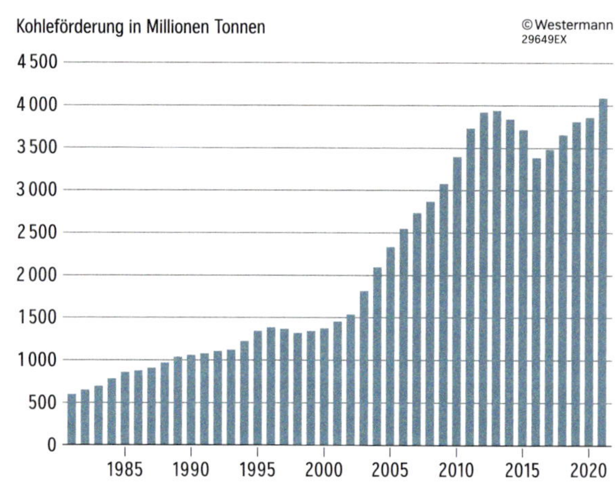

M6 Kohleförderung in China 1981 bis 2021

M7 Windpark bei Urumchi (Xinjang)

M11 Photovoltaik-Kraftwerk in Fujian

China hat bisher als Exporteur hunderte Kohlekraftwerke im Ausland errichtet. Präsident Xi Jinping hat angekündigt, dass China keine neuen Kohlekraftwerke im Ausland bauen wird. Stattdessen wird China Entwicklungsländer bei der Nutzung erneuerbarer Energie unterstützen.

M8 Exportprodukt Energietechnologie (Zeitungsnotiz vom 23.09.2021)

„Es ist nur ein paar Jahre her, da haben wir unser Badewasser mit einem Holzofen erwärmt. Heute erzeugt ein solarbetriebener Boiler auf dem Dach unser Warmwasser und wir heizen im Winter, ohne CO_2 auszustoßen. In meiner Heimatstadt Dezhou mit fünf Millionen Einwohnern haben 90 Prozent aller Häuser bereits Solarkollektoren. Im ganzen Land sind es schon mehr als 30 Millionen Gebäude. So passen Fortschritt und Nachhaltigkeit zusammen. Ich möchte, dass meine Kinder saubere Luft atmen."

M9 Nachhaltigkeit in chinesischen Privathaushalten – eine Büroangestellte berichtet

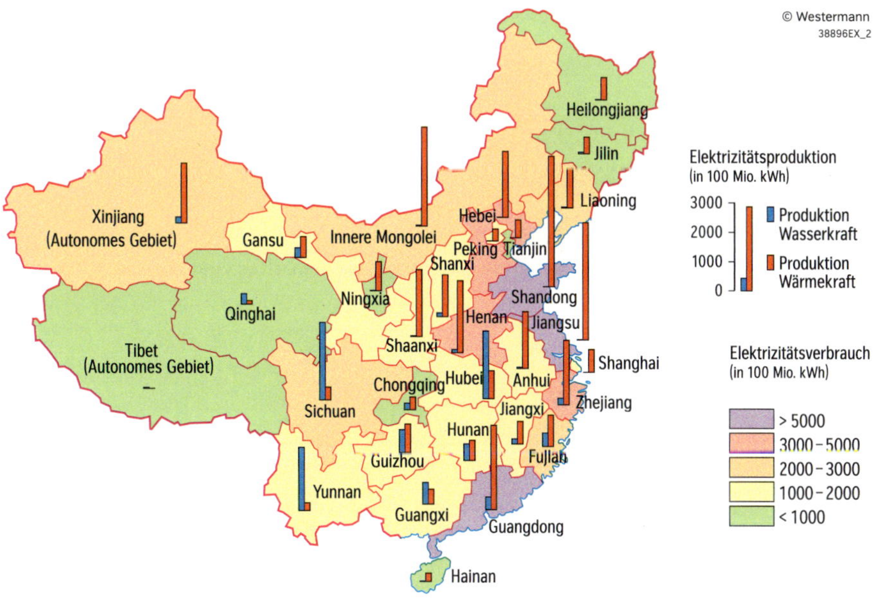

M10 Produktion und Verbrauch von Elektrizität auf Provinzebene 2020

1. „China ist der größte Kohleverbraucher der Welt. Zudem ist China auch weltweit führend bei der regenerativen Energiegewinnung." Diskutieren Sie diese Aussage kritisch (M1 – M7, M 11).

2. Legen Sie die Energiepolitik Chinas auf nationaler und internationaler Ebene dar (M8, M9).

3. Begründen Sie die regionale Verteilung der Stromproduktion und des -verbrauchs in China (M10).

GeoKompakt

In China führen der Wirtschaftsboom und der steigende Lebensstandard zu einem Anstieg des Energieverbrauchs.
Neben fossilen Energieträgern gewinnen erneuerbare Energiequellen zunehmend an Bedeutung.

M1 Aussicht auf den Kaiserpalast in Peking an zwei Wintertagen im Februar 2015

China und seine ökologischen Herausforderungen

Die Folgen des Aufstiegs Chinas zur Weltwirtschaftsmacht sind enorme Umweltprobleme. Besonders die hohen Luftbelastungen stellen eine ernsthafte Gesundheitsgefährdung für viele Menschen dar. Mit welchen Maßnahmen versucht China, auch beim Umweltschutz eine Vorreiterrolle einzunehmen?

38 Prozent der Chinesen atmen schlechte Luft ein und erkranken dadurch. Manche erleiden tödliche Herzinfarkte oder Schlaganfälle, kämpfen mit Lungenkrebs und Asthma. Einer Studie zufolge, die US-amerikanische Wissenschaftler 2014 erhoben, starben in China jährlich 1,6 Millionen Menschen an den Folgen der hohen Luftverschmutzung, mehr als 4000 Menschen täglich. „Luftverschmutzung ist die größte Umweltkatastrophe der heutigen Welt", sagte Richard Muller, ein Autor der Studie.
Er verwies auf seinen letzten Besuch 2014 in Peking, als die Luftverschmutzung wieder einmal auf einem „gesundheitsgefährdenden Niveau" gewesen sei. „Jede Stunde, in der ich der Verschmutzung ausgesetzt war, verkürzte meine Lebenserwartung um 20 Minuten." Der gefährlichste Schadstoff sei der Feinstaub aus der Kohleverbrennung mit einem Durchmesser von weniger als 2,5 Mikrometer, der tief in die Lunge eindringen könne.

Quelle: tzi/nch: Täglich sterben 4.000 Menschen. Deutschlandradio online. Köln, 14.08.2014

M2 Luftverschmutzung in China 2014

In chinesischen Städten konnte von 2014 bis 2018 die Feinstaubbelastung um ein Drittel gesenkt werden. Wie hat China dies erreicht? Die Regierung beschloss 2014 einen Aktionsplan zur Reduzierung des Feinstaubs in urbanen Räumen um mindestens zehn Prozent, in Peking sogar um 25 Prozent. Der Bau neuer Kohlekraftwerke in den dreckigsten Regionen wurde verboten und bestehende Kraftwerke mussten ihre Emissionen reduzieren.
Städte wie Peking und Shanghai beschränkten die Zahl der Autos auf den Straßen. Im Jahr 2017 verbot der Staat die Nutzung der in den Häusern installierten Kohle-Dampfkessel zum Heizen. Millionen Chinesen mussten den Winter 2017/18 ohne Heizung überstehen. Die Maßnahmen waren erfolgreich: So sank in Peking die Feinstaubkonzentration um etwa ein Drittel. Durch die verbesserte Luftqualität können sich die Einwohner der Stadt sogar eine verlängerte Lebenszeit um bis zu drei Jahre erhoffen.

M4 China – Verbesserung der Luftqualität 2018

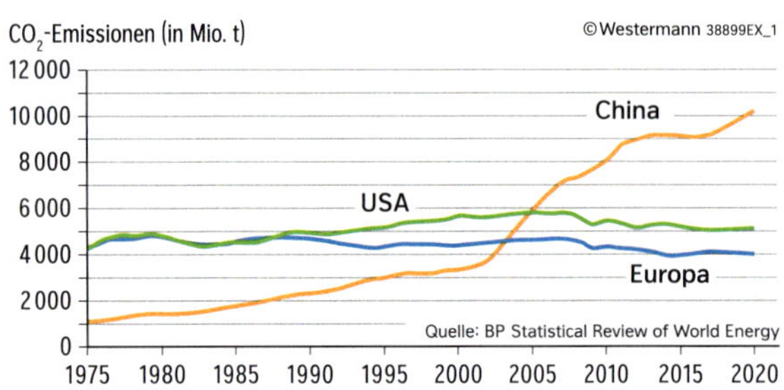

M3 CO_2-Emissionen im Vergleich

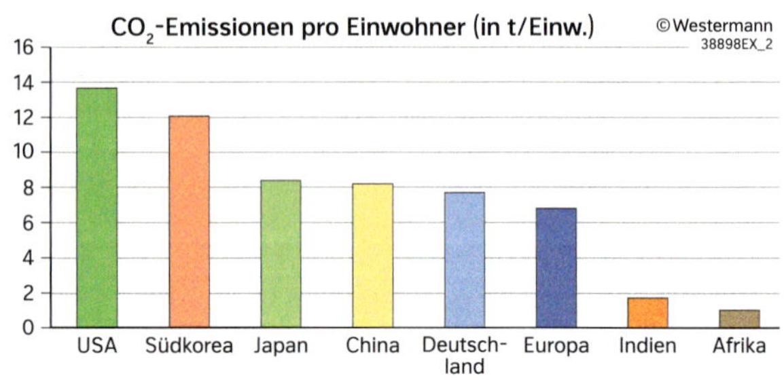

M5 CO_2-Emissionen pro Einwohner 2020

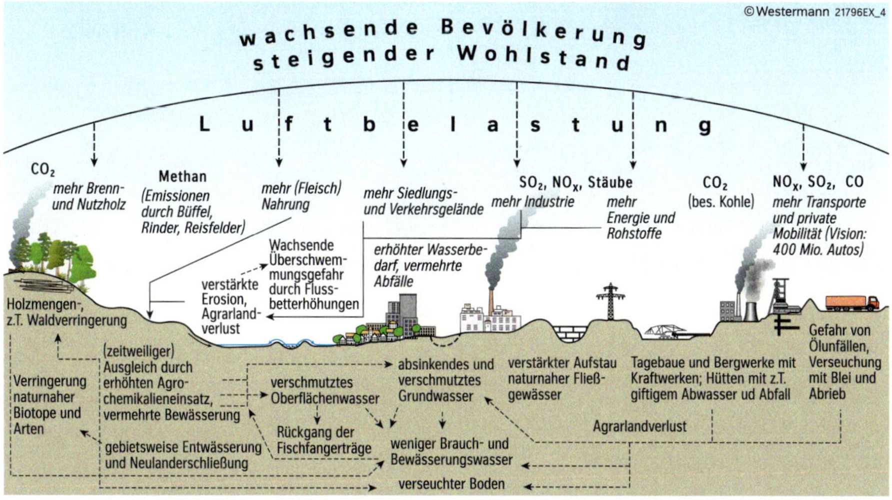

M6 Umweltbelastungen in China durch Bevölkerungswachstum und Wirtschaftsboom

China hat Umweltschutz und Nachhaltigkeit für sich entdeckt – und geht seine Umweltprobleme entschlossen an. Die Transformation vom Umweltsünder zum Umweltschützer ist für das Land eine große Herausforderung. Das Ziel einer nachhaltigen Entwicklung kommt nicht von ungefähr. Der Wirtschaftsboom hat Spuren hinterlassen. Noch im Jahr 2014 führte China die Rangliste der weltweit größten Umweltsünder an: In Metropolen herrschte sichtbar dicke Luft, Grundwasserspiegel sanken, Flüsse waren verseucht, der Lebensraum für Tiere und Pflanzen schwand. 2016 beschloss die Regierung erstmals verbindliche Klimaschutzziele, trat dem Pariser Klimaabkommen bei und will seine CO_2-Emissionen bis zum Jahr 2030 um 65 Prozent senken. Inzwischen investiert China mehr in die Entwicklung erneuerbarer Energien als alle anderen Staaten. China ist der weltweit größte Hersteller von Windturbinen, Solarmodulen und Elektroautos und will bis 2030 einen Großteil seiner Stromerzeugung auf Photovoltaik und Windkraft umstellen.

M7 China – Transformation vom Umweltsünder zum Umweltschützer?

Die CO_2-Emissionen in Bayern lagen 2018 bei 5,9 t/Einw. (zum Vergleich: 1990 7,5 t/Einw.). Dabei steigt allerdings deren Anteil aus dem Verkehr im 10-Jahres-Trend. Im Schnitt hat jeder Einwohner jährlich durch die Verbrennung von Kraftstoffen 2,6 t CO_2 freigesetzt.
Das Ziel der bayerischen Nachhaltigkeitsstrategie ist die weitere Verringerung der jährlichen energiebedingten CO_2-Emissionen je Einwohner auf 5,5 t bis 2025. Das umfassendere Ziel ist laut dem Bayerischen Klimaschutzgesetz die Reduzierung der Treibhausgasemissionen je Einwohner bis 2030 um mindestens 55 Prozent, bezogen auf den Durchschnitt des Jahres 1990. Sie sollen dann weniger als fünf Tonnen pro Einwohner und Jahr betragen. Laut Weltklimarat dürfte aber jeder Mensch im Jahr 2050 durchschnittlich nur noch maximal 1,5 t CO_2 ausstoßen, damit die Klimaerwärmung auf zwei Grad Celsius begrenzt würde. In Bayern sollen zukünftig vermehrt CO_2-arme Energieträger verwendet, die Energieeffizienz verbessert und der Energieverbrauch insgesamt gesenkt werden.

M8 Exkurs – Umweltschutz in Bayern

1 Begründen Sie die Entwicklung der CO_2-Emissionen in China (M3, → S. 124 M6). Vergleichen Sie diese mit anderen Staaten und Regionen (M5).

2 Formulieren Sie Thesen auf der Grundlage von M6 für einen Umweltbericht über China in Vorbereitung eines Treffens von Aktivisten einer Jugendumweltorganisation (M1 – M5; → S. 131 Karte 1).

3 Legen Sie die wesentlichen Maßnahmen für Chinas umweltpolitische Transformation dar (M4, M7).

GeoPlus

Erläutern Sie eine Maßnahme zur Reduzierung der CO_2-Emissionen in Bayern (M8) bzw. eine weitere bayerische Umweltschutzmaßnahme.

GeoKompakt

Die Kehrseite der rasanten wirtschaftlichen Entwicklung Chinas sind erhebliche Umweltprobleme, besonders in den Städten. Seit 2014 versucht das Land, diese durch strenge Umweltschutzgesetze und modernste Technologie in den Griff zu bekommen.

Lockdown in Shanghai

Protestveranstaltung in London

M1 China – Topthemen der Berichterstattung 2022

Kompetenzcheck Chinas Bild in ausgewählten Medien – eine kritische Analyse

Wie Medien über ein Land berichten, prägt unsere Wahrnehmung dieses Landes ganz entscheidend: China ist durch seinen wirtschaftlichen Aufstieg, seinen Umgang mit ethnischen Minderheiten oder die Olympischen Spiele in Peking seit Jahren ein Topthema in den deutschen Medien. Doch welche Themen werden für die Berichterstattung ausgewählt, welche weggelassen? China selbst fühlt sich häufig falsch dargestellt, teilweise gar verunglimpft. Ist diese Kritik berechtigt?

CHECK

GeoMethode

Quellentexte kritisch analysieren

Quellentexte bilden wie Karten, Bilder, Tabellen und Grafiken eine wichtige Grundlage für den Geographieunterricht. Bei der Arbeit mit Medien kommt es stets darauf an, die wichtigsten Aussagen zu erfassen und kritisch zu hinterfragen.

Informationen, wie wir sie täglich den Print- und digitalen Medien entnehmen, sind immer nur ein Auszug aus der Wirklichkeit. Wie gehen wir mit Nachrichten um, die neben ihren Sachaussagen auch Meinungen und Wertungen enthalten? In welcher Weise beeinflussen sie uns?

Eine Analyse kann nach dem folgenden Muster erfolgen.

1. Formales, Orientierung und Textintention

Stellen Sie zunächst fest, wann und wo der Text erschienen ist. Gibt es Informationen über die Autorin oder den Autor? Werden andere Quellen zitiert? Suchen Sie die im Text genannten Orte oder Regionen im Atlas! Handelt es sich dabei um eine Nachricht, eine erläuterte Nachricht, einen Korrespondentenbericht, eine Reportage oder einen Kommentar?

2. Beschreibung

Schreiben Sie das Wichtigste (Schlüsselwörter, Kernaussagen) heraus. Formulieren Sie die Aussagen des Textes mit eigenen Worten. Unterscheiden Sie hierbei Sachaussagen von Meinungen und Wertungen.

3. Einordnung in größere Zusammenhänge

Ordnen Sie die Aussagen in einen größeren Zusammenhang ein: Welcher zeitlich-räumliche und gesellschaftspolitische Hintergrund liegt der Meldung zugrunde? Welche Absicht verfolgt die Autorin oder der Autor? Vergleichen Sie den Artikel mit Meldungen zum gleichen Thema in anderen Medien.

4. Analyse und Bewertung

Ermitteln Sie die Aussageabsicht: Will der Text objektiv informieren? Oder stellt der Text das Thema aus einer bestimmten Sichtweise dar? Wird die Aussageabsicht offen deutlich oder ist sie versteckt? Werden die Aussagen begründet? Ist die Darstellung einseitig auf eine Position ausgerichtet oder werden Sachverhalte von mehreren Seiten beleuchtet?

„Die chinesische Führung unter Xi Jinping setzte von Beginn der Pandemie an auf eine strikte Null-Covid-Politik. Dazu gehörten die Schließung der Grenzen über beinahe drei Jahre, die Kontaktnachverfolgung, strikte Ausgangssperren bis hin zur Abriegelung ganzer Stadtteile und Städte, ständigen Massentests und Reiseverboten. Xi Jinpings Ziel war es, die Überlegenheit Chinas gegenüber dem Westen bei der Bewältigung solcher Krisen zu demonstrieren. Davon kann letztendlich nicht die Rede sein.
Nach anfänglicher Zustimmung des WHO-Generaldirektors zu dieser Politik und dessen Beteuerung der völligen Transparenz Chinas im Umgang mit den Informationen zum Verlauf der Pandemie, fühlte sich die chinesische Regierung von dessen Aussage aus dem Jahr 2022, dass die chinesische Null-Covid-Politik nicht nachhaltig sei, brüskiert und wies diese Kritik umgehend zurück. Die Abwendung von der strikten Null-Covid-Politik stellte nach Ansicht westlicher Medien das Eingeständnis Xi Jinpings an seinem verfehlten Krisenmanagment dar. Obwohl längst ersichtlich war, dass diese Politik der Wirtschaft Chinas massiv schadet, gab es bis zum November 2022 keinerlei Veränderungen. Nun bleibt abzuwarten, welche Folgen das plötzliche Ende der Null-Covid-Politik für die Gesundheit der Bevölkerung hat."

Chinaexperte Dr. B. Jähnig auf Anfrage der Diercke-Redaktion (Mai 2023)

M2 Hatte sich Xi Jinping verspekuliert?

Im Grasland der Inneren Mongolei schreitet die Wüstenausbreitung seit mehreren Jahrzehnten unaufhaltsam voran. Neben klimatischen Ursachen dürfte insbesondere das Bevölkerungswachstum durch den sowohl bevölkerungspolitisch als auch durch den Bergbausektor bedingten Zuzug von Han-Chinesen und die Überweidung durch schnell wachsende Schaf- und Ziegenherden für die Ausbreitung der Wüste verantwortlich sein. Die Gewinnung mineralischer Rohstoffe in der Inneren Mongolei [...] verbraucht große Wassermengen. Die Entnahme von Grund- und Flusswasser entzieht dem Grasland notwendiges Wasser und trägt damit ebenso zur Ausbreitung der Wüste bei.

Quelle: Lukas Rüttinger et al.: Fallstudie zu den Umwelt- und Sozialauswirkungen der Gewinnung Seltener Erden in Bayan Obo, China. Berlin 2014, S. 7

M3 Wüstenausbreitung in China

Dai Bing, stellvertretender ständiger Vertreter Chinas bei der UNO, hat am Donnerstag die von einigen westlichen Ländern verbreiteten Lügen über die Lage in dem westchinesischen uigurischen autonomen Gebiet Xinjiang zurückgewiesen.
Während einer hochrangigen offenen Debatte des Sicherheitsrats der Vereinten Nationen über die Stärkung der Rechenschaftspflicht und der Justiz bei schweren Verstößen gegen das Völkerrecht sagte Dai weiter, der Vorwurf des „Völkermords" und der „Zwangsarbeit" in Xinjiang sei eine glatte Jahrhundertlüge.
Die USA und das Vereinigte Königreich hätten Angst davor, dass ihre Lügen über „Völkermord" und „Zwangsarbeit" vor der internationalen Gemeinschaft entlarvt werden, und sie gingen jetzt sogar so weit, die internationale Gemeinschaft mit weiteren Lügen über China in die Irre zu führen.
Egal, wie viele Lügen die USA verbreiten, sie könnten nicht darüber hinwegtäuschen, dass in Xinjiang Stabilität und Wohlstand herrschen und die Menschen dort ein glückliches und erfülltes Leben führen, betonte Dai. Jeder, der Xinjiang besucht habe, werde den Lügen der USA und Großbritanniens niemals zustimmen. Ihr Verhalten zeige nur noch deutlicher, dass sie Menschenrechtsfragen in ein Instrument zur Politisierung verwandeln und ein Komplott ausgeheckt hätten, um China mit der Xinjiang-Frage in Schach zu halten.

Quelle: Chinesischer UN-Vertreter widerlegt westliche Gerüchte über Xinjiang. China Internet Information Center (CIIC). Peking, 05.06.2022

M4 Chinesischer UN-Vertreter widerspricht westlichen Gerüchten über Xinjiang

1. Ordnen Sie die Aussagen in M2 in einen größeren Zusammenhang ein und ermitteln Sie die Sachaussagen, Meinungen und Wertungen des Autors.

2. Ordnen Sie den Textauszug M3 einer Textsorte zu und begründen Sie Ihre Entscheidung.

3. Informieren Sie sich im Internet über die Quelle von M4. Bewerten Sie die in dem Beitrag enthaltenen Sachaussagen. Welche Absicht verfolgt der Autor? Legen Sie einen Bezug zur rechten Abbildung in M1 dar und vergleichen Sie mit Berichten zum gleichen Thema in anderen Medien.

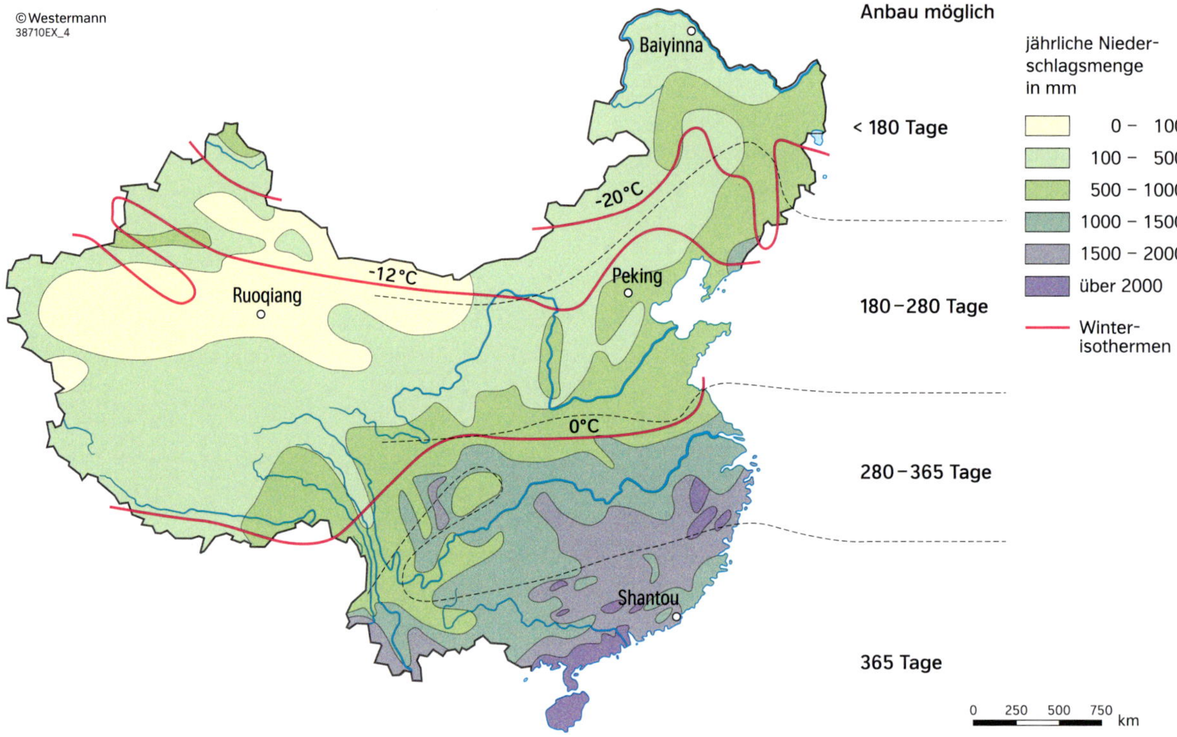

Karte 1 Niederschläge und Vegetationszeit in China

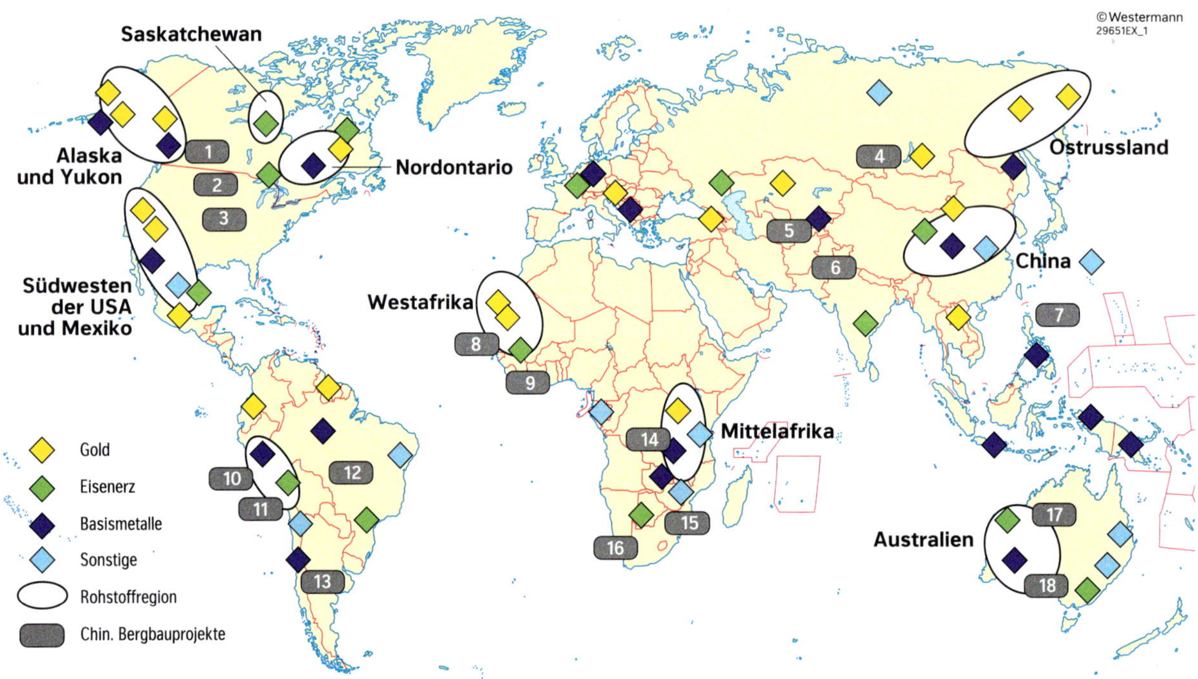

1 Gerido (Nickel)
2 Wolverine (Zink)
3 Bucko Lake (Nickel)
4 Udokan (Kupfer)
5 Aktogay (Kupfer)
6 Aynak (Kupfer)
7 Palawan (Nickel)
8 Simandou (Eisenerz)
9 Tonkolili (Eisenerz)
10 Las Bambas (Kupfer)
11 Toromocho (Kupfer)
12 Araxa (Niob)
13 Chuquicamata (Kupfer)
14 Luanshya (Kupfer)
15 Maravi (Kohle)
16 Bakubung (Platin)
17 West Pilbara (Eisenerz)
18 Sino (Eisenerz)

Karte 2 Bergbauprojekte chinesischer Unternehmen weltweit

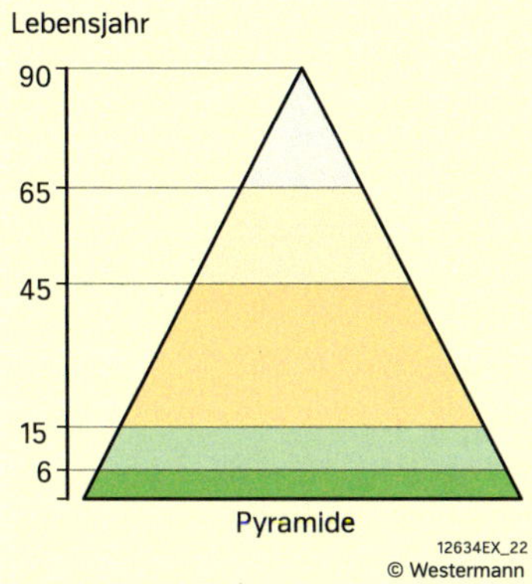

Die Pyramide ist kennzeichnend für eine wachsende Bevölkerungszahl, denn jeder Jahrgang Neugeborener ist größer als der vorhergehende.
Ein derartiger Altersaufbau ist typisch für vorindustrielle Staaten, er findet sich heute vor allem in ärmeren Ländern.

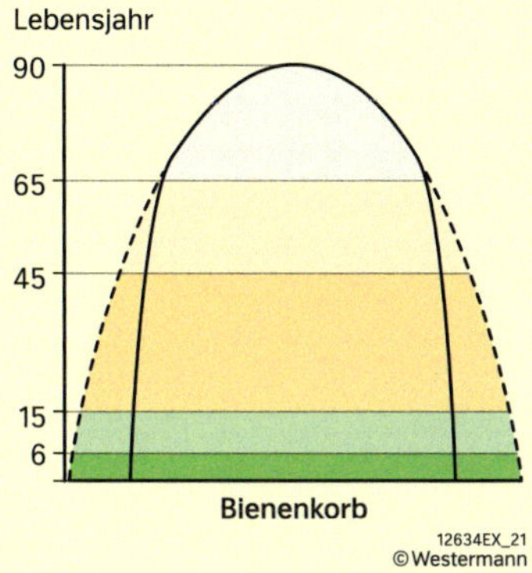

Im Vergleich zur Pyramide wird beim Bienenkorb die Geburtenrate von Jahr zu Jahr geringer oder bleibt gleich.
Auch die Sterberate sinkt, was an der verbreiterten Spitze zu erkennen ist.
Die Bevölkerungszahl bleibt langfristig konstant.

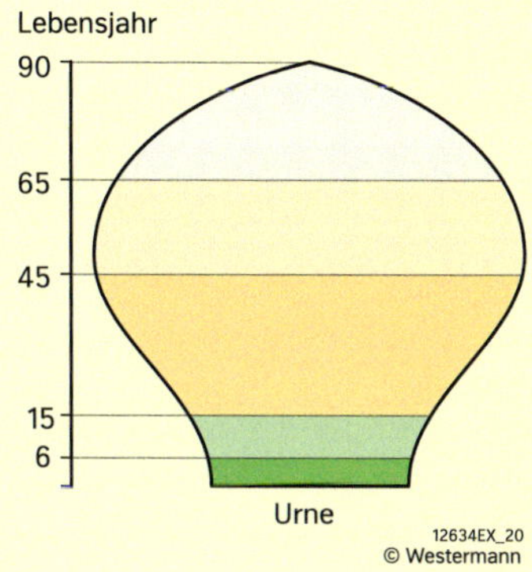

Bei der Urne nimmt die Bevölkerungszahl von Jahr zu Jahr ab. Die früheren hohen Geburtenraten zeigen sich in der großen Anzahl mittlerer Jahrgänge.
Auf lange Sicht sinkt die Bevölkerungszahl, wenn eine Zuwanderung fehlt, d. h. die Wachstumsrate ist dann negativ.

M1 Mögliche Formen von Bevölkerungsdiagrammen

Karte 1 Umweltprobleme in China

Australien und Ozeanien zwischen Vulnerabilität und Nachhaltigkeit

Unterwegs im australischen Outback (Kimberly, *Western Australia*)

In diesem Kapitel erfahren Sie, ...

... wie vulnerabel Australien und Ozeanien gegenüber Extremereignissen sind,
... wie sensible Ökosysteme in Australien und Ozeanien gefährdet sind und wie diese geschützt werden,
... wie sich die indigene Bevölkerung Australiens im Spannungsfeld zwischen Tradition und modernen Einflüssen verändert hat,
... wie die Strukturen und Auswirkungen des Ferntourismus auf den Inselstaaten Ozeaniens aussehen,
... welche Reiseformen in diese Räume bei jungen Erwachsenen beliebt sind.

Australien und Ozeanien – abgelegen, gefährdet und faszinierend

Australien, *Down Under*, ist ein kompakter und der kleinste „Landkontinent“. Der riesige „Wasserkontinent“ Ozeanien mit Neuseeland und den Inselgruppen Melanesien, Mikronesien und Polynesien wird oft im räumlichen Zusammenhang mit diesem Kontinent genannt. Erschließen Sie sich den extrem ausgedehnten Großraum Australien und Ozeanien in seiner Vielfalt, aber auch seiner Verwundbarkeit.

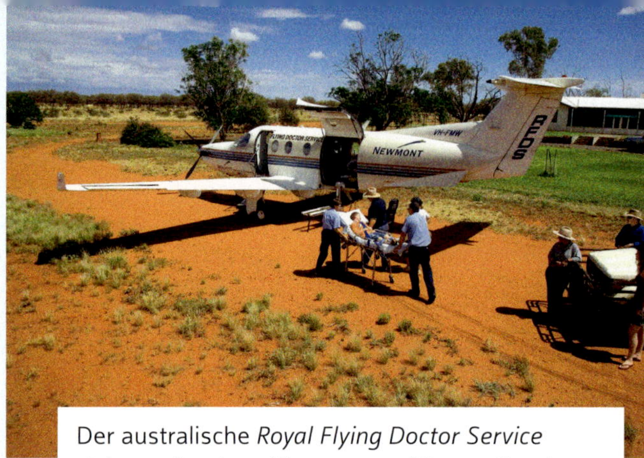

Der australische *Royal Flying Doctor Service* sichert mit seinen Flugzeugen, Piloten, Krankenschwestern und Ärzten die kostenlose medizinische Versorgung in den entlegenen Regionen des australischen *Outbacks*.

M3 Ein Einsatzteam (*Unit*) der *Flying Doctors*

Australien wird immer wieder von schweren Waldbrandkatastrophen heimgesucht, wie etwa in den Jahren 2019/20, als mehr als zwölf Millionen Hektar Fläche zerstört wurden.

M1 Rauchverhangenes Sydney

M4 Australien – Oberflächenformen und Großlandschaften

Die Stämme der **Aborigines** lebten 60 000 Jahre lang im Einklang mit der Natur Australiens. Heute sehen sich die Aborigines dem Spannungsfeld zwischen traditioneller Lebensweise und modernen Einflüssen ausgesetzt.

M2 Aborigines

1. Grenzen Sie Australien und Ozeanien in ihrer räumlichen Ausdehnung und Lage im Gradnetz ab (→S. 162 Karte 1, Atlas).

2. Erläutern Sie die Bezeichnung *Down Under*. (Atlas).

Dem 2300 km langen Great Barrier Reef vor der Nordostküste Australiens setzt die Erwärmung der Ozeane und in der Folge das Absterben von Korallenpolypen (Korallenbleiche) spürbar zu.
M5 Korallenbänke im Great Barrier Reef

Bora Bora, eine nur 30 km^2 große Vulkaninsel Französisch-Polynesiens im Südpazifik, hat sich zu einem luxuriösen Urlaubs- und Tauchparadies entwickelt.
M8 Überwasserbungalows auf Bora Bora

Grüne Weiden, grandiose Gebirgslandschaften – eine einmalige Naturvielfalt zieht jährlich Reisende aus aller Welt nach Neuseeland. Aber auch tsunamigefährdete Küsten, Seen mit giftigen Dämpfen und Erdbeben kennzeichnen den Inselstaat.
M6 Nach einem Erdbeben in Christchurch 2011

❺ Begründen Sie, warum Ozeanien als vulnerabel bezeichnet wird (M1, M6, M8).

❻ Australien und Neuseeland sind jedes Jahr Ziel für Zehntausende von Jugendlichen, die meist für mehrere Monate bleiben. Erläutern Sie mögliche Gründe für diese gesteigerte Reisetätigkeit (M1 – M7).

❸ Begründen Sie die räumliche Lage der australischen Großstädte (M4, Internetrecherche).

❹ Bereiten Sie einen Kurzvortrag über die indigene Bevölkerung Neuseelands vor (M2).

Die reichen Rohstoffvorkommen in Australien können meist im Tagebau abgebaut werden.
M7 Goldmine in Kalgoorlie-Boulder/West Australien

GeoKompakt

Australien und Ozeanien erstrecken sich über eine riesige Fläche im Südpazifik. Australien selbst ist ein kompakter Kontinent, Ozeanien besteht aus weit verstreuten Archipelen. Beide Großräume sind aus unterschiedlichen Gründen hochattraktiv, aber auch vulnerabel.

M1 Drua – hochseetaugliches Doppel-Auslegerkanu der Polynesier

M5 All Blacks – multiethnisches Rugby-Team Neuseelands beim traditionellen Haka

Australien und Ozeanien – Besiedlung und Bevölkerung

Obwohl Australien und Ozeanien auf alten europäischen Seekarten als *terra nullius* (Niemandsland) oder *terra incognita* (Unbekanntes Land) verzeichnet sind, lebten dort Menschen bereits seit Zehntausenden Jahren. Wie wurden diese Großräume besiedelt und wie gestaltet sich die aktuelle räumliche und ethnische Bevölkerungsverteilung Australiens und Ozeaniens?

M2 Poster zur Einwanderung nach Australien 1928

Vor etwa 40 000 Jahren, als die Landmassen und Inselgruppen während einer kaltzeitlichen Meeresspiegelabsenkung noch viel größer waren, begannen Menschen aus Südostasien, damalige Landbrücken zu Fuß und die Meere in hochseetauglichen Booten zu überwinden und das australische Festland zu besiedeln.
Zwischen 1500 und 1200 v. Chr. legten Siedlergruppen aus Südost- und Ostasien auf der Suche nach neuen, unbewohnten Inseln Tausende von Kilometern in stabilen Auslegerkanus zurück, um dem hohen Bevölkerungsdruck in ihren Heimatgebieten zu entgehen. Sie ließen sich nach und nach auf den Archipelen Melanesiens, Mikronesiens und Polynesiens nieder. Von hier aus wurden ab dem 13. Jahrhundert in mehreren Einwanderungswellen Neuseeland und die restliche pazifische Inselwelt bis zur Osterinsel (Rapa Nui) besiedelt.

M3 Die frühe Besiedlung Australiens und Ozeaniens

Ende des 18. Jahrhunderts deklarierten die Briten Australien und Neuseeland zu ihren Kolonien. Australien diente der Kolonialmacht zunächst als Sträflingskolonie. Mit der weiteren Besiedlung der beiden Großräume vorwiegend durch Europäer ging eine rasche Dezimierung der Ureinwohner durch Vertreibung und durch eingeschleppte Krankheiten einher. Gegen Letztere besaßen die Aborigines Australiens und die **Maori** Neuseelands keine Abwehrkräfte.
Heute sind Australien und Neuseeland bevorzugte Einwanderungsländer. Pullfaktoren für Immigranten aus aller Welt sind die guten Ausbildungs- und Arbeitsmöglichkeiten beispielsweise im Tourismus, in den boomenden Dienstleistungsbereichen der Städte, im Rohstoffabbau, in der Landwirtschaft und in der Textilproduktion. Aufgrund der relativen Nähe zum asiatischen Festland wandern heute vor allem Menschen asiatischer Herkunft ein.

M4 Neuere Immigration und Besiedlung Australiens und Neuseelands

1 Verfassen Sie ausgehend von Karte 1 (→ S. 162) ein Kurzreferat zur Besiedlung Australiens und Ozeaniens (M1 – M5, Internet).

2 Erstellen Sie einen Steckbrief zu Australien, der wesentliche Kennziffern dieses Kontinents beinhaltet (vgl. → S. 31 M6).

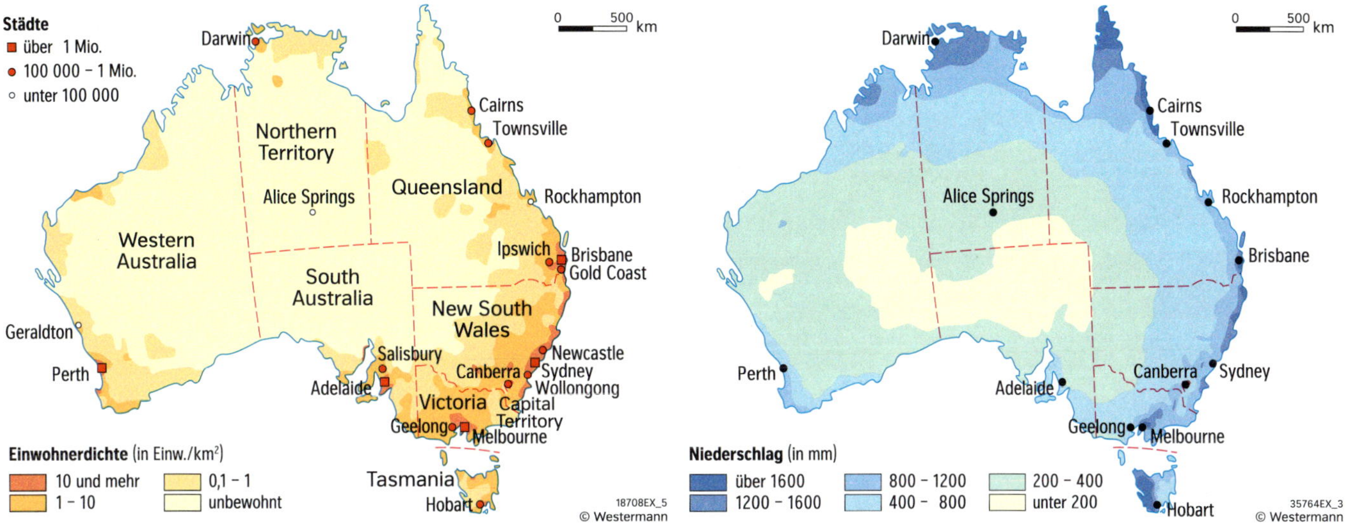

M6 Australien – Bevölkerungsdichte und Jahresniederschlagsmengen

Australien ist der kleinste aller Kontinente. Er verzeichnet abgesehen von der Antarktis auch die geringste Einwohnerzahl und Bevölkerungsdichte. Den nahezu unbewohnten Gebieten des *Outbacks* im Inneren stehen die bevölkerungsmäßig hoch verdichteten Küstenregionen im Osten und Südosten gegenüber. Dieser räumliche Gegensatz ist Folge natürlicher, siedlungshistorischer, ökonomischer und infrastruktureller Faktoren. So ist das *Outback* seit Jahrtausenden Lebensraum der Aborigines und ihr bis heute weitgehend verbliebener Rückzugsraum.

Die Küstengebiete im Osten, Südosten und Südwesten boten für die europäischen Einwanderer die aus der Heimat gewohnten klimatischen Bedingungen, Wasserverfügbarkeit aus den Flüssen der Küstengebirge und Hafengunst. Sie bilden das wirtschaftliche Kerngebiet Australiens, in dem auch die großen Städte des Landes liegen. Hier und im Hinterland werden auch die meisten Agrarprodukte für den Binnenmarkt und den Export in alle Welt produziert.

M7 Australien – europäisch besiedelte Küsten, indigener Rückzugsraum im Landesinneren

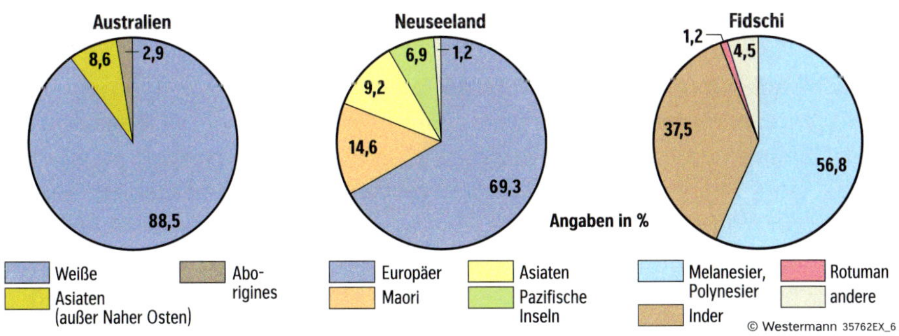

M8 Ethnische Zusammensetzung der Bevölkerung 2021 (Auswahl)

❸ Begründen Sie ausgehend von M6 und M7 die regionalen Unterschiede der Bevölkerungsdichte Australiens in Abhängigkeit von den natur- und siedlungsgeographischen Gegebenheiten.

❹ Begründen Sie die heutige ethnische Zusammensetzung der Bevölkerung Australiens und Neuseelands einerseits und der Fidschi-Inseln andererseits (M8).

GeoPlus

Stellen Sie typische Merkmale der traditionellen Lebensweise der neuseeländischen Maori in Bild und Wort auf einem Wandplakat dar. (Internet).

GeoKompakt

An der Besiedlung Australiens und Ozeaniens waren neben den europäischen Einwanderern auch unterschiedliche ethnische Bevölkerungsgruppen aus Ost- und Südostasien beteiligt. Die heutige Bevölkerungsverteilung Australiens spiegelt siedlungshistorische und natürliche Gegebenheiten wider.

M1 Zeremonielle Darbietung vor einer Touristengruppe

M7 Protest der Aborigines in Sydney

Aborigines – zwischen Anerkennung und Verdrängung

Seit etwa 40 000 Jahren leben die Aborigines, die *Native Australians*, auf dem Kontinent. Die äußerst naturverbundene indigene Bevölkerung Australiens findet sich heute als Minderheit in einem Spannungsfeld zwischen Tradition und **Akkulturation**. Ergründen Sie dieses Spannungsfeld mit seinen gesellschaftlichen Problemen.

M2 Flagge der Aborigines

M3 Souvenir mit traditioneller Punktmaltechnik

M4 Traditionelle Boomerangs

„Unsere Kultur und Lebensweise sind eng mit der Natur verbunden. Diese zu erhalten ist unser oberstes Ziel. In unserer Weltanschauung ist alles – Pflanzen, Tiere, Wetter, Nahrung und Menschen – in einem ewigen Kreislauf miteinander verbunden. Das zeigt auch unsere Flagge: Die schwarze Fläche steht für die Aborigines selbst, die rote symbolisiert die Erde des australischen Kontinents und die gelbe die alle Energie spendende Sonne.
Wir Aborigines sehen die Ursprünge unserer Existenz in der ‚Traumzeit' weit vor der Entstehung der Erde. Die Traumwesen jener Zeit schufen die gesamte Natur, auch den Menschen. Sie legten alle natürlichen Dinge an besonderen Plätzen in der Natur ab und vernetzten diese mit Wegen und Pfaden. So fühlen wir Aborigines uns mit allem Natürlichen verbunden.
Unsere *Dreamtime Stories* werden von Generation zu Generation mündlich weitergegeben und auch durch unsere Felsmalereien und unsere Musik erzählt."

M5 Ein Stammesführer der Aborigines erklärt

Das Leben der Aborigines verlief bis zur Ankunft der Engländer 1788 Zehntausende Jahre lang ohne Einflüsse von außen. Die *Native Australians* lebten als Jäger, Sammler und Nomaden vorwiegend in kleineren Stämmen, den *Clans*, mit bis zu 40 Mitgliedern. Jeder Stamm gehörte zu einer größeren Stammesgruppe, der *Nation*. Es gab etwa 250 dieser *Nations* in allen Teilen Australiens mit Hunderten verschiedenen Dialekten. Manche Stämme pendelten dem jahreszeitlichen Niederschlagsangebot entsprechend zwischen Küste und den Flussläufen landeinwärts. Mit dem *firestick-farming*, dem kontrollierten Abbrennen von Büschen und Gestrüpp, lichtete man die Jagdgebiete, erhöhte die Biodiversität und betrieb natürliche Unkrautbekämpfung. Die Aborigines im Landesinneren waren reine Jäger und Sammler. Stets auf die Schonung der natürlichen Ressourcen bedacht, erlegte man gerade so viel Wild, wie zur Ernährungssicherung des *Clans* nötig war.

M6 Aborigines – traditionelle Lebensweise über Jahrzehntausende

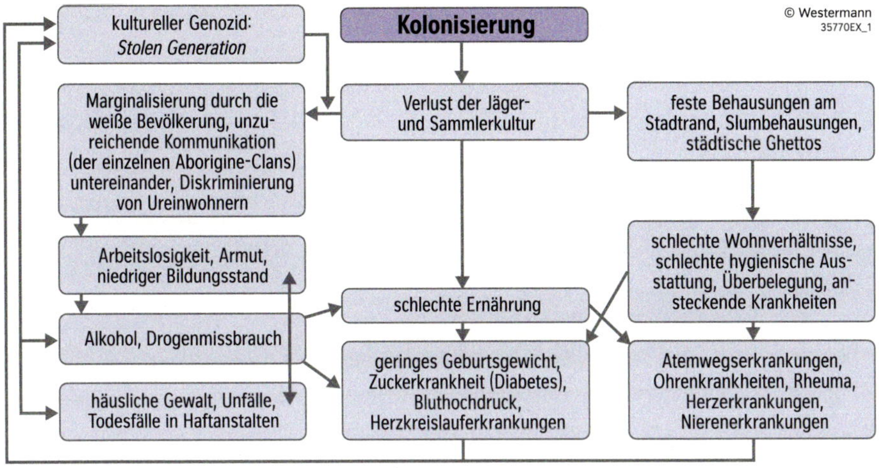

M8 Benachteiligung der Aborigines durch die englische Kolonisation

Ende des 18. Jahrhunderts lebten die Einwanderer zunächst friedlich mit den Aborigines zusammen. Bald aber folgten Diskriminierung und sogar Massaker, da man die Daseinsrechte der Urbevölkerung leugnete. Ab Mitte des 19. Jahrhunderts versuchte die Kolonialverwaltung den Aborigines in Reservaten westliche Lebensweisen zu vermitteln. Man ging bis in die 1970er-Jahre sogar so weit, mit staatlich angeordneten Entführungen Zehntausende Kinder von Aborigines ihren Familien zu entreißen, um sie an christlichen Schulen umzuerziehen und Zwangsehen zu unterwerfen. Erst 1992 sicherte das oberste australische Gericht den Aborigines Eigentumsrechte an Land zu. Bis dahin war ihr Leben von Rassismus und Aggression seitens der weißen Bevölkerung geprägt. Heute lebt über die Hälfte der Aborigines in den Städten Australiens. Ihre Lebensbedingungen und Bildungschancen gelten nach wie vor als gering: Alkoholismus, hohe Selbstmordraten, Kriminalität, fehlende gesellschaftliche Integration und soziale Verwahrlosung prägen trotz zahlreicher Fördermaßnahmen auch heute noch das Leben vieler *Native Australians*.

M9 Aborigines – Diskriminierung und Akkulturationsprobleme

„Jetzt ist die Zeit gekommen, dass das Volk eine neue Seite in der Geschichte Australiens aufschlägt […]. Wir entschuldigen uns für die Gesetze und die Politik, […] die unseren australischen Mitbürgern großen Schmerz, Leid und Schaden zugefügt haben. Wir entschuldigen uns vor allem dafür, dass Kinder von Aborigines […] ihren Familien, ihren Gemeinden und ihrem Land weggenommen wurden. Für den Schmerz […] dieser *Stolen Generation*, ihrer Nachkommen und ihrer zurückgelassenen Familien, […] den Müttern und Vätern, den Brüdern und Schwestern […] für die Demütigung und Erniedrigung, die einem stolzen Volk und einer stolzen Kultur angetan wurden, sagen wir Entschuldigung."

Quelle: Stephan Orth: Aborigines feiern das „Sorry" ihres Premiers. Spiegel online. Hamburg, 13.02.2008

M10 „*Sorry*-Rede" des ehemaligen australischen Premierministers Kevin Rudd 2007

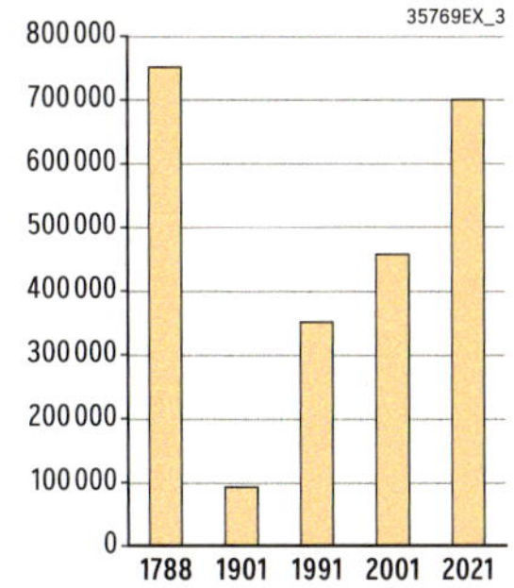

M11 Bevölkerungsentwicklung der Aborigines

	indigen	Durchschnitt Austr.
Lebenserwartung	♂: 56 J. ♀: 63 J.	♂: 81 J. ♀: 85 J.
Kindersterblichkeit	6,0 von 1000	3,7 von 1000
Arbeitslosigkeit	17,2 %	5,2 %
Geburten pro Frau	2,25	1,58

M12 Demographische Kennzahlen 2021

1 Charakterisieren Sie die traditionelle Lebensweise der Aborigines auf zwei bis drei Wandplakaten (M1 – M7).

2 Erläutern Sie den Umgang mit den *Native Australians* seit 1788 (M7 – M10).

3 Legen Sie in einem Schülerzeitungsblog die heutige sozioökonomische Lage der indigenen Bevölkerung Australiens dar (M7, M9 – M12).

GeoKompakt

Das Leben der Aborigines war seit jeher eng mit der Natur und deren Bewahrung verbunden. Mit der Ankunft der Europäer begann für die *Native Australians* eine Phase der Diskriminierung und Unterdrückung, die bis heute noch nicht überwunden ist. Auch wenn den Aborigines in den vergangenen Jahrzehnten mehr und mehr Rechte zugestanden wurden, leben sie auch heute noch am Rand der australischen Gesellschaft.

M1 Warnung vor tropischen Wirbelstürmen

M5 Großflächiger Brand in Queensland

Australien – ein vulnerabler Kontinent?

Die Bewohner Australiens sind vielfältigen Naturgefahren ausgesetzt. Auf der Indexliste des Weltrisikoberichts 2021 zeigt Australien allerdings eine eher geringe Vulnerabilität. Erklären Sie diesen scheinbaren Widerspruch.

Dürren, tropische Wirbelstürme, Überschwemmungen durch Starkregen, Waldbrände und Tsunamis stellen die bekanntesten naturbedingten Gefährdungen in Australien dar. Hinzu kommen noch die Auswirkungen des rezenten Klimawandels (M8).
Im Februar 2022 brachte ein Tiefdruckgebiet Rekord-Regenfälle während mehrerer Tage an die Ostküste. Flüsse stiegen bis zu zwölf Meter über ihren normalen Pegel. Das Jahrhunderthochwasser kostete 22 Menschenleben, Zehntausende verloren ihre Existenz. Tropische Wirbelstürme mit sintflutartigen Starkregenfällen, Windgeschwindigkeiten über 200 km/h und heftige Gewittertätigkeit sorgen besonders in den Bundesstaaten Northern Territory und Queensland Jahr für Jahr für enorme Sachschäden, Stromausfälle und Evakuierungen (M1). Während der Feuersaison 2019/2020 wüteten landesweit extreme Buschbrände und verwüsteten 126 000 km^2, das entspricht etwa einem Drittel der Fläche Deutschlands (M5). 33 Menschen kamen durch das Feuer ums Leben, über 400 starben an den Folgen der Luftverschmutzung durch die Rauchentwicklung. Über 20 Prozent der gesamten Waldfläche Australiens gingen verloren. Dürren gefährden immer wieder Landesteile (M3).
Auch die australische Fauna stellt ein Gefahrenpotenzial für den Menschen dar, zum Beispiel der Inlandtaipan als giftigste Schlange weltweit, die Sydney-Trichternetzspinne als gefährlichste Spinne der Welt sowie die hochgefährliche Würfelqualle und verschiedene Haiarten in den Küstengewässern (M2).

M4 Das natürliche Gefahrenpotenzial Australiens

M2 Warnschilder zur Gefährdung durch Wildtiere

M3 Ausgetrockneter Lake Wallace, Victoria

M6 Erdrutsch bei Sydney nach Starkregenfällen

Der östlich Australiens gelegene Inselstaat Vanuatu ist laut Weltrisikobericht 2021 mit einem Risikoindex von etwa 48 Prozent das am stärksten durch Naturkatastrophen gefährdete Land der Welt. Dieser Indexwert steht für das Gefährdungsrisiko durch extreme Naturereignisse. Im Vergleich zu Vanuatu ist Australien trotz seiner vielen Naturgefahren eher wenig gefährdet (Indexwert 4,2 %, zum Vergleich: Deutschland 2,9 %). Bei der Berechnung der Indizes spielen Exposition und Vulnerabilität eine entscheidende Rolle. Erstere bildet die Bedrohung der Bevölkerung ab, etwa durch Stürme, Erdbeben, Überschwemmungen, Dürren und den Meeresspiegelanstieg, Letztere bezieht den gesellschaftlichen Bereich mit ein und berücksichtigt dabei drei Komponenten:
Die Anfälligkeit steht für die Wahrscheinlichkeit, bei einem extremen Naturereignis Schaden davonzutragen. Die Bewältigung verdeutlicht die Fähigkeiten, negative Folgen von Naturgefahren in ihrer Schadenswirkung reduzieren zu können. Die Anpassung beschreibt Maßnahmen, um zukünftig mit den Auswirkungen von Naturgefahren besser umgehen zu können (→ S. 68 M1).
So zeigt Australien, dass seine starke Exposition gegenüber Naturgefährdungen zumindest teilweise kompensiert werden kann, z. B. durch eine gut ausgestattete öffentliche Infrastruktur, eine funktionierende medizinische Versorgung, durch Katastrophenpläne, eine straff organisierte Katastrophenhilfe und ein ausgebautes Versorgungsnetz.

M7 Australien – Exposition und Vulnerabilität

Australien galt [international] eher als Bremser in Sachen Umweltschutz. Das Land hatte zwar [...] erklärt, ambitioniertere Klimaziele anzupeilen und bis 2050 Klimaneutralität erreichen zu wollen. Ex-Premier Morrison zögerte jedoch lange, dieses Ziel auszugeben. Keine Nation hat einen größeren Treibhausgasausstoß pro Kopf als Australien. Das sonnenreiche Land produziert den meisten Strom in Kohlekraftwerken und ist einer der größten Kohleexporteure der Welt. [...] Australien leidet besonders unter den Folgen des rezenten Klimawandels. So kommt es immer wieder zu verheerenden Buschfeuern, Hitzewellen, Regenfällen und Überschwemmungen. Das Weltkulturerbe *Great Barrier Reef* wird durch die Meereserwärmung zerstört.

Quelle: Neue Regierung verschärft Klimaziele. Tagesschau online. NDR. Hamburg, 16.06.2022

M9 Rezenter Klimawandel und Energiepolitik

1. Erstellen Sie eine beschriftete Kartenskizze Australiens, die das natürliche Gefährdungspotenzial zeigt (M1 – M6).

2. Erläutern Sie die Begriffe Exposition und Vulnerabilität an einer Region Australiens Ihrer Wahl (M7).

GeoPlus
Erläutern Sie, inwiefern sich aus M8 und M9 Hinweise auf eine zukünftig erhöhte Vulnerabilität Australiens herauslesen lassen.

GeoKompakt
Trotz seiner zahlreichen Naturgefahren kann Australien aufgrund seines Entwicklungsstands und seiner gesellschaftlichen Organisation als vergleichsweise wenig vulnerabel bezeichnet werden. Dieser Zustand kann sich infolge des rezenten Klimawandels zukünftig allerdings drastisch verändern und neue Konzepte zur Bewältigung der dann vorherrschenden Situation erfordern.

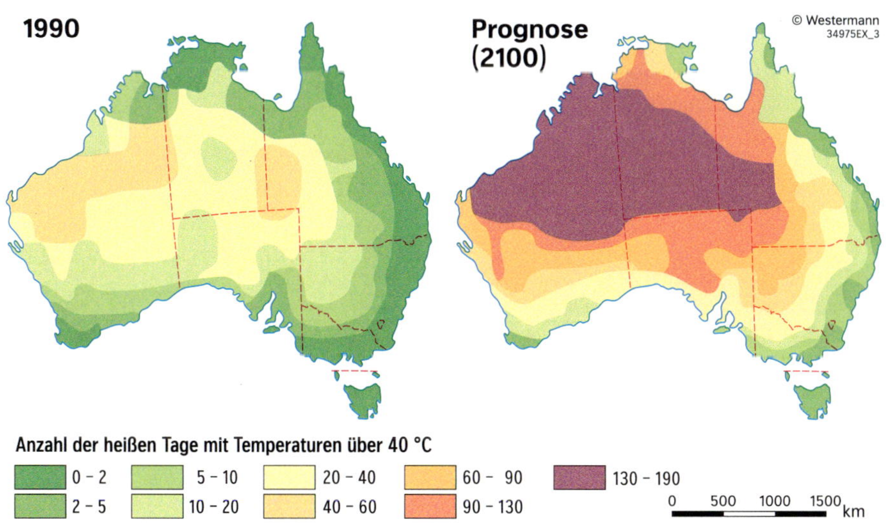

M8 Zunahme der heißen Tage in Australien

M1 Das Outback

M4 Piste im Outback Zentralaustraliens

Das Outback – extreme Naturbedingungen, extremer Lebensraum

Blinddarmentzündung, Einkauf, Ersatzteile für Pumpen und Fahrzeuge, Unterricht für die Kinder, ein kühles Getränk in einem Pub, Transport von schlachtreifen Rindern und Schafen – große Herausforderungen für diejenigen, die im unwirtlichen Outback leben. Finden Sie heraus, warum das so ist, ob das Outback einen einheitlichen Raum darstellt und wie man dort mit den widrigen Lebensumständen umgeht.

	Januar	Juli	Jahr
Monatsdurchschnittstemperatur in °C	29,9	12,7	20,8
Niederschlagsmenge in mm	42	8	295
Anzahl der Regentage	3	1	23
Sonnenstunden pro Tag	11,5	9,3	10,4

M2 Ausgewählte Klimadaten von Alice Springs

M3 Warnung vor aufgelassenen Opalminenschächten im Outback bei Coober Peddy

1 Verorten Sie die Ökozonen des Outback (M1, M5, → S. 162 Karte 2, Atlas).

2 Begründen Sie die geringe Bevölkerungsdichte im Outback (M2 – M4, Atlas).

Die Bezeichnung Outback dient vorwiegend als Sammelbegriff für die semiariden bis ariden Regionen Australiens. Mit etwa 5,6 Mio. km² bedeckt es etwa sieben Zehntel der Fläche Australiens und ist damit rund ein Drittel größer als alle EU-Staaten zusammen. Das Outback ist jedoch kein einheitlicher Naturraum, sondern besteht aus unterschiedlichen Landschaftsformationen und Klimaregionen in den australischen Bundesstaaten Northern Territory, Western Australia, Queensland, New South Wales und South Australia (→ S. 162 Karte 2).
Das extrem aride, nahezu lebensfeindliche Outback Westaustraliens umfasst Gebiete mit Tageshöchsttemperaturen über 50°C und Jahresniederschlagsmengen unter 100 mm. In Nordaustralien liegt das weltweit größte zusammenhängende Savannengebiet mit einer Fläche von etwa zwei Millionen Quadratkilometern, im Südwesten des Kontinents findet sich mit den Great Western Woodlands das größte Hartlaubwaldgebiet der Erde mit subtropischem Winterregenklima.
Infolge der naturräumlichen Gegebenheiten gilt das Outback mit einer durchschnittlichen Bevölkerungsdichte von unter 5 Einw./km² als eher unattraktiver Lebensraum für eine flächenhafte Besiedlung.

M5 Outback – ein Begriff, unterschiedliche Räume

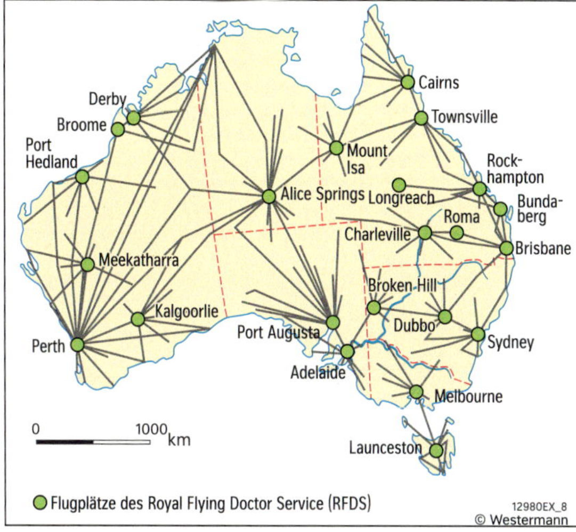

Der *Royal Flying Doctor Service of Australia* (RFDS) ist eine gemeinnützige Institution, die die ärztliche (Notfall)-Versorgung mit ihren über 1000 Beschäftigten in den dünn besiedelten Regionen sicherstellt. Mit den mehr als 60 Rettungsflugzeugen, fliegenden Intensivstationen, versorgen speziell ausgebildete Piloten, Ärzte- und medizinisches Hilfspersonal von 21 Flugplätzen aus die Bevölkerung, bringen dringend benötigte Medikamente und medizinische Ausrüstung in die entlegensten Gebiete und führen fliegende Krankentransporte durch – 24 Stunden am Tag, sieben Tage pro Woche. Der seit 1928 bestehende Flugdienst genießt höchstes Ansehen in der australischen Gesellschaft, ist kostenlos und wird durch Spenden und staatliche Zuschüsse finanziert.

M6 *Royal Flying Doctor Service*: Einsatzgebiete für die Rettung und Hilfe aus der Luft

Die Fahrer der oft über 50 Meter langen *Road Trains* gelten in Australien als die Helden der Straße. Ihre Lkw-Züge bestehen aus einer Zugmaschine und bis zu fünf Anhängern und transportieren und verteilen alles, was in den entlegenen Gebieten des Outbacks benötigt wird – Treibstoff, Maschinen, Lebensmittel, aber auch Brief- und Paketpost. Dem Einsatz der superlangen Fahrzeuggruppen kommt die geringe Verkehrsdichte im ländlichen Australien entgegen.

Rindertransport im Outback

M7 *Road Trains* – „Züge der Straße"

Das 1960 in Queensland gegründete Unterrichtssystem *School of the Air* versorgt Schülerinnen und Schüler in den dünn besiedelten Regionen Australiens per Fernunterricht. Die Übermittlung der Unterrichtsinhalte erfolgte anfangs über Kurzwellenfunk, heute per Internet. Jede Teilnehmerin und jeder Teilnehmer erhält pro Tag etwa eine Stunde Gruppen- oder Einzelunterricht, danach werden zugemailte Materialien mithilfe von Geschwistern und Eltern bearbeitet. *Field Teams*, speziell ausgebildete Lehrkräfte, besuchen ihre Schützlinge mindestens einmal pro Jahr – meist mit dem Allradwagen oder sogar mit dem Flugzeug.

M8 *School of the Air* – Fernunterricht für das Outback

❸ Erstellen Sie eine Mindmap, die die Anpassungsstrategien der Bevölkerung im Outback verdeutlicht (M6 – M8).

❹ Vergleichen Sie das Outback mit ähnlich unwirtlichen Regionen in den USA und China. Erstellen Sie hierüber ein Infoplakat.

GeoKompakt

Die extremen klimatischen Bedingungen und die riesigen Entfernungen in den Räumen des Outback stellen für die dort lebenden Menschen extreme Herausforderungen dar. Diesen begegnen sie durch die Schaffung spezieller Versorgungssysteme, wie z. B. des RFDS.

Dauer
Juni 2019–März 2020
Auftreten der Brände
landesweit, besonders in Queensland, New South Wales und Victoria
Brandfläche
126 000 km²
Todesopfer
33 direkte Brandopfer, 445 infolge der Luftverschmutzung
Gebäudeschäden
5 900 Gebäude zerstört bzw. abgebrannt
Fauna
ca. eine Milliarde Tiere verendet, (darunter fast die Hälfte aller Koalas),
davon 46 000 Nutztiere
Vegetation
20 % der Waldfläche landesweit zerstört
CO_2-Freisetzung
715 Mio. t
Meteorologischer Rekord
Dezember 2019: trockenster Monat seit Aufzeichnungsbeginn 1908

M1 Australiens Jahrhundert-Brandsaison 2019/20

M2 Satellitenbild zur Rauchentwicklung infolge der Waldbrände in den südöstlichen Provinzen Australiens im Januar 2020

Bushfires! *Wildfires*! Australien brennt!

Nahezu jedes Jahr sorgen großflächige Busch- und Waldbrände in Australien für weltweite Schlagzeilen in den Medien. Ergründen Sie, welche Ursachen hierfür angeführt werden können und wie man versucht, die Brandgefahr zu mindern und die verheerenden Brände zu bekämpfen.

Für eine starke Wald- und Buschbrandgefahr sorgen meist längere Dürreperioden, so etwa im australischen Sommer 2020, als die Temperaturen im Südosten von Queensland etwa zehn Celsiusgrade über dem langjährigen Mittel lagen und absolute Werte von bis zu 50 °C gemessen wurden.
Die Busch- und Waldbrände (*bushfires*) entstehen oft durch Blitzeinschläge, Unachtsamkeit der Menschen oder gar Brandstiftung. Als Folge bilden sich häufig *fire clouds*, Hitzesäulen, die kilometerhoch in die Atmosphäre emporsteigen und zu einer erhöhten Häufigkeit von Blitzen führen, die wiederum die Brandgefahr verstärken. Trockene Wüstenwinde, die aus dem *Outback* an die Südostküste wehen, erhöhen dort, gepaart mit unterdurchschnittlichen Niederschlagswerten, die Brandgefahr und bedrohen Küstenstädte wie Adelaide, Melbourne und Sydney.
Die Klimaforschung hält den Indischen-Ozean-Dipol (IOD), eine Meeresanomalie des Indischen Ozeans, für mitverantwortlich für die Feuergefahr: Während dieses Ereignisses drücken starke Ostwinde warmes Oberflächenwasser nach Westen. Die nun an den Westküsten Australiens geringeren Wassertemperaturen sorgen für geringere Kondensationsvorgänge und verstärken die Trockenheit in den westlichen Landesteilen und im Outback.
Der Wald mit seinen Eukalypten und Akazien wirkt dabei als Brandbeschleuniger. Mit ihrem hohen Anteil leicht brennbarer ätherischer Öle verrotten sie nur langsam und verstärken als „Zunder" am Boden oder bei starken Winden im brennenden Zustand durch Funkenflug die flächenhafte Ausdehnung der Wald- und Buschbrände. Diese lauffeuerartigen Brände nennt man *wildfires*.

M3 Ursachen für die Entstehung der *Bushfires* und *Wildfires*

1. Stellen Sie die Wirkungszusammenhänge von Ursachen und Folgen bei Busch- und Waldbränden grafisch dar (M1, M3, M7).

2. Vertiefen Sie eine der Methoden in M5 in einem Kurzreferat (M2, M4, M6, Internet).

M4 *Firefighting* bei Melbourne, 2020

M6 *Water Bombing* mit einem Spezialhelikopter

Electronic Firewatching: Rotierende Spezialkameras auf Masten spüren Rauchschwaden auf und melden diese über Kommunikationsleitungen weiter.
Satellite Firespotting: Hochauflösende Satelliten versuchen, Brandherde bereits im Anfangsstadium zu entdecken, um diese frühzeitig zu bekämpfen (M2).
Backburning und Prescribed Burning: Diese Methode des sogenannten Gegenbrennens und Schneisenbrennens wird dann verwendet, wenn bereits ein Waldbrand bzw. ein Buschfeuer ausgebrochen ist. Man entzündet dabei gezielt eine Linie aus kleineren Feuern vor dem eigentlichen Brand, dessen weitere Ausbreitung dadurch eingegrenzt werden soll.
Sprinkle Tubes: Bei diesem Sprenglöschverfahren werden mit Wasser gefüllte Schläuche mit einer Sprengschnur versehen und beim Überrollen durch die Feuerfront zur Explosion gebracht.
Conventional Firefighting: Feuerwehren werden mit ihren Löschfahrzeugen vor allem dort eingesetzt, wo die Brandflächen gut erreichbar sind – zum Beispiel im Umfeld der Städte. Sie löschen auf konventionelle Weise mit Wasser aus dem öffentlichen Netz oder mit speziellen Löschmitteln.
Smokejumping: Feuerwehrleute springen in entlegenen Gebieten mit Fallschirmen aus Flugzeugen ab, um am Boden die Feuer zu bekämpfen.
Water Bombing: Mit dieser Methode werden Brände aus der Luft bekämpft. Zum Einsatz kommen dabei spezielle Flugzeuge und Helikopter, die, ohne zu landen, im Flug Wasser aus Flüssen und Seen mit Saugpumpen laden, um dieses dann am Brandort gezielt abzuwerfen.

M5 Methoden zur Branderkennung und -bekämpfung

Brände in Australien sind nicht nur Schadensverursacher, sondern auch ökologisch vitalisierend. Die Samenkapseln vieler Pflanzen öffnen sich erst bei Temperaturen, wie sie bei Wald- und Buschbränden auftreten. Die Asche dient als wichtige Nährstoffquelle für die neu keimenden Pflanzen. Wald- und Buschbrände sorgen so für eine natürliche Verjüngung der Vegetation und die Erhaltung der Biodiversität. Die Aborigines legten bereits vor Tausenden von Jahren gezielt Feuer, wenn sie das Graswachstum beschleunigen wollten, um jagbares Wild anzulocken.

M7 Wald- und Buschbrände – Helfer für ein stabiles Ökosystem

GeoKompakt

Busch- und Waldbrände treten in Australien hauptsächlich als Folge extremer natürlicher Bedingungen auf. Ein modernes System an Vermeidungs- und Bekämpfungsstrategien sorgt für eine bestmögliche Schadensbegrenzung.

GeoPlus

Berichten Sie über vergleichbare Brandereignisse aus dem Mittelmeerraum (Internet).

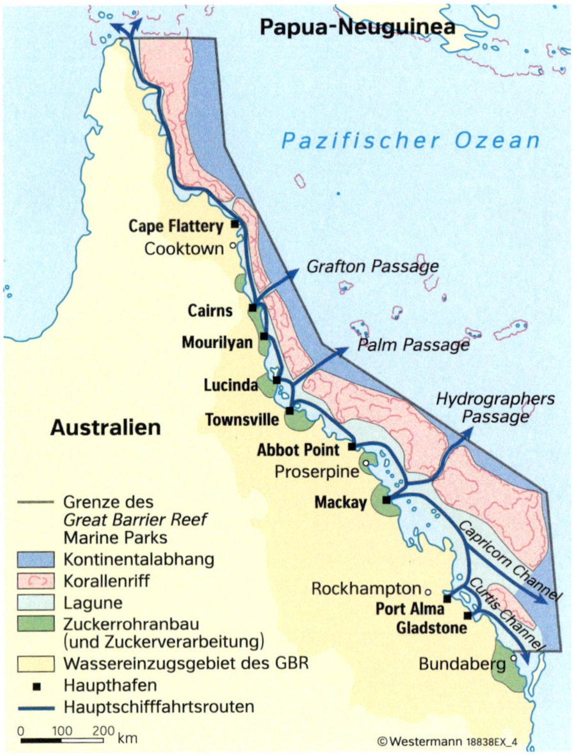

M1 Lagebeziehungen des Great Barrier Reef

M2 Tauchtourismus am Great Barrier Reef

1. Grenzen Sie das Great Barrier Reef topografisch ab (M1).
2. Bereiten Sie eine Kurzpräsentation vor, die die Bildung von Korallenriffen und deren ökologische Bedeutung erklärt (M5).
3. Recherchieren Sie über die Rolle des Dornenkronenseesterns bei der Vulnerabilität der Riffe (M3, M6, M8).
4. Klären Sie, inwieweit M10 klimawandelbedingte Einflüsse auf das Great Barrier Reef zeigen kann.

M3 Intaktes Korallenriff

Weltnaturerbe Great Barrier Reef – ein schützenswerter Naturraum in Gefahr!

Das Great Barrier Reef zählt zu den Hauptattraktionen Australiens und zieht jedes Jahr Millionen von Besucherinnen und Besucher an. Erkunden Sie die Einzigartigkeit dieses marinen Ökosystems und erläutern Sie die Bedrohungen, denen es mittlerweile ausgesetzt ist.

Das UNESCO-Weltnaturerbe Great Barrier Reef vor der Nordostküste Australiens ist mit über 2300 km Länge und einer Fläche von der Größe Deutschlands nicht nur das größte Korallenriff der Erde, sondern auch das größte von Lebewesen geschaffene Gebilde unseres Planeten. Es besteht aus über 3000 Einzelriffen, etwa 600 Koralleninseln und ist Lebensraum für über 600 Weich- und Hartkorallenarten, etwa 1600 Fischarten und mehr als 5000 Weichtierspezies. 30 Wal- und Delphin-, 133 Hai- und Rochenarten und sechs Meeresschildkrötenspezies leben in diesem Riffökosystem.

M4 Weltnaturerbe Great Barrier Reef

Korallenriffe sind sehr empfindliche Ökosysteme. Korallen können nur im klaren, sonnendurchfluteten Wasser bei Temperaturen etwa zwischen 18 und 30 °C gedeihen. Eine zu starke Zunahme der Wassertemperatur oder Wassertrübung führen zum Abstoßen und anschließenden Absterben der Zooxanthellen, des lebensnotwendigen Algenbewuchses der Korallen, der die kalkbildenden Korallenpolypen symbiotisch mit Nährstoffen versorgt.

M5 Ökosystem Korallenriff – ein Meeresbiologe erklärt

M6 Korallenbleiche: abgestorbene Korallenbänke

M8 Korallenschädling Dornenkronenseestern

Das größte Korallenriff der Erde wird zunehmend in seiner Existenz bedroht: Zum einen lassen die vor dem Hintergrund des rezenten Klimawandels sich verändernden Wassertemperaturen die empfindlichen Korallenpolypen absterben. Darüber hinaus werden Korallenstöcke immer wieder von schweren tropischen Wirbelstürmen zerstört. Außerdem sorgt der monokulturelle Zuckerrohranbau an der Nordostküste Australiens über die Flüsse für eine erhöhte Nährstoffzufuhr aus der Düngung und eine stärkere Wassertrübung der küstennahen Gewässer. Hierdurch kommt es zu einer unkontrollierten Vermehrung des korallenfressenden Dornenkronenseesterns. Und schließlich schaden der zunehmende Tauchtourismus und der Schiffsbetrieb im Riffbereich und einige unachtsame Taucher dem Korallenriff. Die Folge all dieser Einflüsse ist die Korallenbleiche, ein Absterben der Korallenstöcke, das bis heute etwa ein Drittel des gesamten Riffs betrifft.

M7 Great Barrier Reef in Gefahr!

5 Erläutern Sie Auswirkungen eines fortgesetzten Korallensterbens für den Tourismus am Great Barrier Reef (M2, M7).

6 Erstellen Sie anhand einer Internetrecherche eine Liste möglicher Rettungs- und Schutzmaßnahmen für das Great Barrier Reef (M9).

GeoKompakt

Korallenriffe gelten als hochsensible Ökosysteme. Das Great Barrier Reef wird durch Klimawandel, Wirbelstürme, Schifffahrt, Trübstoffeinspülungen über die Flüsse, Korallen schädigende Spezies und den Tourismus zunehmend gefährdet. Gegenmaßnahmen sind zum Erhalt des riesigen Riffsystems notwendig.

10000 ha wetland restoration

We are restoring coastal wetlands to reduce pollutants like dissolved inorganic nitrogen, increase focal species populations (fish, birds and turtles), and restore ecological connections with the Great Barrier Reef lagoon.

400000 tons of sediment stopped from polluting the reef each year

To help improve water quality on the Great Barrier Reef, we are working with landholders, to reduce sediment run-off by rebuilding eroding land. We're trialling innovative techniques and stimulating fresh thinking to tackle erosion and facilitating engagement with local landholders.

Building a network

By 2030, we aim to have more than 25 active partnerships with indigenous organisations and nation groups to support employment on, reconnection with and ecological restouration in the Great Barrier Reef.

(Nach Informationen der Organisation Green Australia)

M9 Projekt *Reef Aid* 2030 von *Greening Australia*

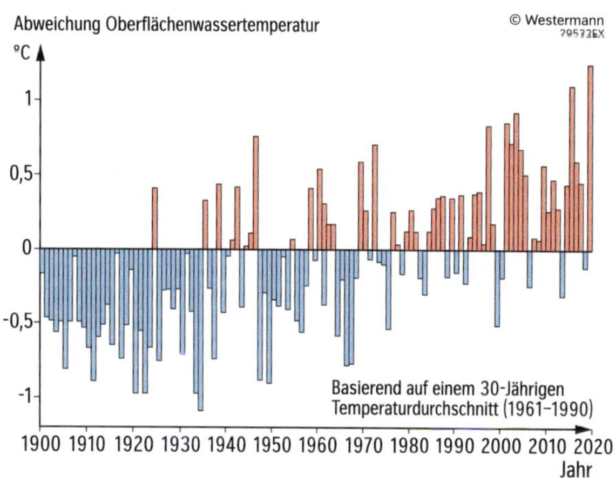

M10 Abweichungen der Oberflächenwassertemperaturen am Great Barrier Reef

Jahr	Verortung	Stärke (Richter-Skala)	Tote
2022	Kermadec Island	6,5	0
2016	Amberly	7,8	2
2011	Christchurch	6,1	181
2007	Auckland Islands	7,4	0
1931	Hawke's Bay	7,8	258

M1 Erdbebenschäden auf der Südinsel

Neuseeland – ein „bewegter" Inselstaat

Neuseeland ist Teil des *Ring of Fire* und zählt zu den am stärksten durch Erdbeben und Vulkanismus gefährdeten Regionen der Erde. Überprüfen Sie, wie vulnerabel Neuseeland infolge von plattentektonischen Ereignissen und Prozessen ist und wie der Inselstaat diese zu seinem Vorteil nutzen kann.

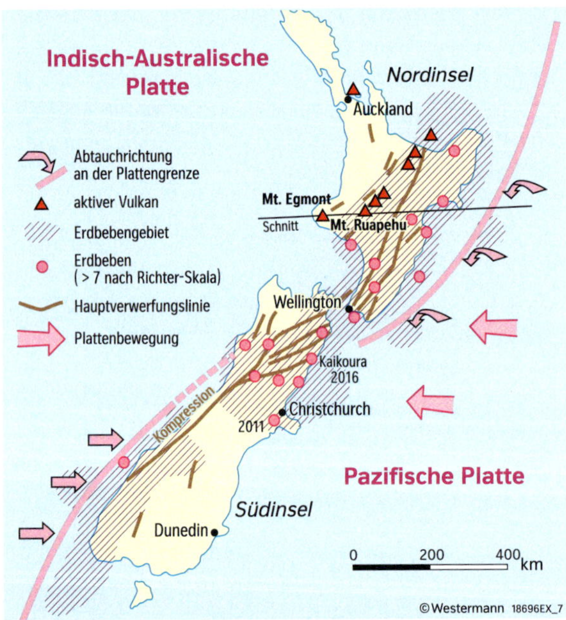

M2 Neuseeland – plattentektonische Prozesse

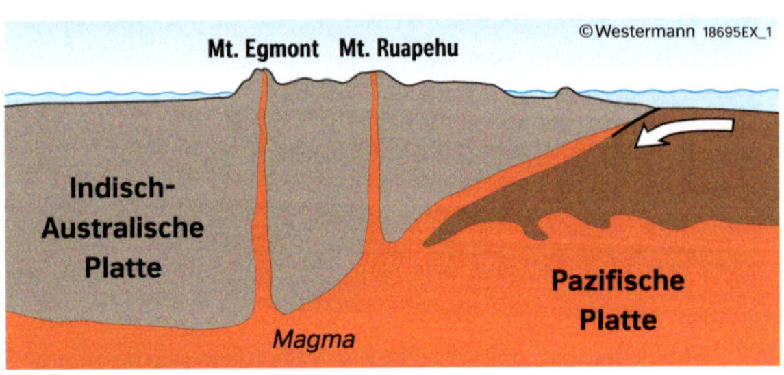

M3 Geologischer Schnitt durch die Nordinsel

Neuseelands geotektonische Geschichte ist 280 Millionen Jahre alt: Einst Teil des Urkontinents Gondwana, ist seine Entstehung eng mit den tektonischen Prozessen an der Grenze zwischen Indisch-Australischer und Pazifischer Platte verbunden: Vor etwa 85 Millionen Jahren drehten die Plattenbewegungen den südlichen Teil von „Ur-Neuseeland" schneller gegen den Uhrzeigersinn als den nördlichen Teil und schufen dabei zwei Bruchstücke – die Süd- und die Nordinsel.

Das Faltengebirge der Neuseeländischen Alpen auf der Südinsel ist Ergebnis früherer Subduktion und anschließender Kompression und Auffaltung. Die vergletscherten Hochgebirgslandschaften sind heute touristische Hauptattraktionen. Fließgewässer können hier zur Gewinnung von elektrischer Energie aus Wasserkraft genutzt werden. Bis heute sorgen horizontale Plattenbewegungen auf der Südinsel für jährlich etwa 20 000 registrierte, davon 150 spürbare Erdbeben (M1, M2).

Die Nordinsel hingegen ist vor allem durch Vulkanismus geprägt, denn dort taucht noch heute die Pazifische Platte ab. An der Vorderseite steigt aufgeschmolzenes Krustenmaterial nach oben, durchdringt die Indisch-Australische Platte und führt zur Entstehung von Vulkanen (M2, M3, M5, M8). Geothermische Wärme kann hier zur alternativen Energiegewinnung genutzt werden (M6, M7).

M4 Neuseelands dynamische Entstehung

M5 Caldera des Mount Ruapehu, Nordinsel

M8 Vulkanausbruch White Island (2019)

Neuseeland verfügt wegen seiner Lage an der Grenze tektonischer Platten über ein reichhaltiges Angebot an geothermischer Energie. 2020 deckte Geothermie fast ein Fünftel des inländischen Energiebedarfs. Die Gesamtkapazität an geothermischer Elektrizität in Neuseeland liegt bei über 900 Megawatt (zum Vergleich: Leistung eines Kernkraftwerks ca. 1 400 Megawatt). Darüber hinaus könnte mehr geothermische Energie direkt, z. B. als industrielle Prozesswärme oder durch die Nutzung von Abwärme aus geothermischen Kraftwerken, eingesetzt werden. Geothermische Energieversorgung ist nicht von Wetterbedingungen abhängig, was sie beständig und äußerst zuverlässig macht.
Die Wasserkraft bildet das Rückgrat der neuseeländischen Stromerzeugung. Über die Hälfte des neuseeländischen Stroms wird mittels Wasserkraft erzeugt. Dies geschieht hauptsächlich in großen Wasserkraftwerken in den Flusseinzugsgebieten Manapouri, Clutha, Waitaki und Waikato.

Quelle: Neuseelands Strategie für Energieeffizienz und Umweltschutz. German-New-Zealand Chamber of Commerce Inc online. Auckland, 19.08.2020; verändert

M6 Nachhaltigkeit durch alternative Energiegewinnung

M7 Geothermisches Kraftwerk bei Taupo, Nordinsel

1 Stellen Sie die Zusammenhänge zwischen den plattentektonischen Prozessen und dem Landschafts- und Gefährdungspotenzial für Neuseeland in einer Kurzpräsentation dar (M1 – M6).

2 Erklären Sie, warum bei Erdbeben in Neuseeland vergleichsweise wenige Personenschäden auftreten (M1, Internet).

3 Erläutern Sie das große Potenzial alternativer Energien in Neuseeland (M6, M7, Internet).

GeoPlus

Fertigen Sie eine Profilskizze zur Funktionsweise eines Geothermiekraftwerks (M7, Internet).

GeoKompakt

Neuseeland ist wegen seiner Lage in einem Raum aktiver plattentektonischer Prozesse durch Erdbeben und Vulkanismus gefährdet. Der Inselstaat nutzt sein natürliches Potenzial zur Gewinnung alternativ erzeugter Energie.

Jahr	Touristen in Mio.	Einnahmen in Mrd. €	% des BNE
2020	pandemiebedingter (Teil)-Lockdown		
2018	3,86	9,28	5,2
2015	3,13	8,53	5,3
2005	2,37	5,21	5,7
2000	1,79	2,46	4,3

M1 Fox-Gletscher auf der Südinsel, Speedboat-Tour auf der Nordinsel

Neuseeland – das hippe Fernreiseziel

Obwohl abgelegen im Südostpazifik, erfreut sich der Inselstaat besonders bei Reisenden aus Australien, Asien, den USA und Europa großer Beliebtheit. Überprüfen Sie, warum dies so ist und inwieweit sich der Tourismus in Neuseeland der Nachhaltigkeit verpflichtet fühlt.

Es ist zunächst die Vielseitigkeit der Landschaftsformen, die Neuseeland zu einem beliebten Reiseziel macht: vergletscherte Hochgebirge, Fjorde, Vulkanlandschaften, heiße Quellen und Geysire, zerklüftete Steilküsten, einsame Sandstrände und Buchten. Der erdgeschichtlich frühe Zerfall von Gondwana hat außerdem zur Entwicklung zahlreicher eigener Tier- und Pflanzenarten geführt. So sind etwa 95 Prozent aller Insektenarten **endemisch**. Dies alles stellt für den Natur- und Abenteuertourismus ein vielfältiges Potenzial dar. Auch landschaftlich reizvoll gelegene Städte, wie etwa Queenstown, Dunedin, Christchurch, die Hauptstadt Wellington und die einzige Millionenstadt Auckland, ziehen mit ihren Museen und besonderen Events Kultur- und Besichtigungsinteressierte an. Und mit Weinverkostungen sowie dem Besuch von Weingütern und -festen lockt das Land in einer speziellen Form des Kulturtourismus Gourmets an. Neuseeland bietet außerdem interessante Einblicke in die Kultur seiner Urbevölkerung, der Maori.

Die touristische Angebotspalette ermöglicht verschiedene Formen des Reisens: Kurzurlaub, Rundreise- sowie Individualtourismus. Die Reisepreise sind wegen der räumlichen Abgelegenheit und der hochwertigen touristischen Infrastrukturausstattung hoch. Massentourismus mit Billigstangeboten findet man kaum, dennoch ist Neuseeland ein beliebtes Ziel des Ferntourismus aus Übersee.

M2 Neuseelands spezieller Tourismus

Die ehemalige Goldgräberstadt Queenstown an den Ausläufern der Southern Alps (Südinsel) verfügt über ein vielfältiges ganzjähriges Tourismusangebot und bildet zusammen mit ihrer Region die südlichste Touristenhochburg der Welt.

Queenstown 2019 *(Neuseeland)*:
- Anteil Erwerbstätige im Tourismus: 49 % *(8 %)*
- Zahlenverhältnis internationaler Touristen zu einheimischen Bewohnern: 133 : 1 *(0,65 : 1)*

Attraktionen, Sport- und Freizeitaktivitäten:
Bungee-Jumping, Canyoning, Jetboating, Rafting, Paragliding, Parachuting, Hiking, Mountain Climbing, Biking, Mountainbiking, Rundflüge im Kleinflugzeug und Helikopter, Ballonfahrten, Sightseeing per Pferd, Allrad, Squad und Motorrad, Sportangeln, Tennis, Golf, Jagen, Ski fahren, *Helicopter Skiing*, Ökotourismusaktivitäten, Besuche von Winzereien, geführte Weintouren ...

M3 Vielseitige Tourismus-Hochburg Queenstown

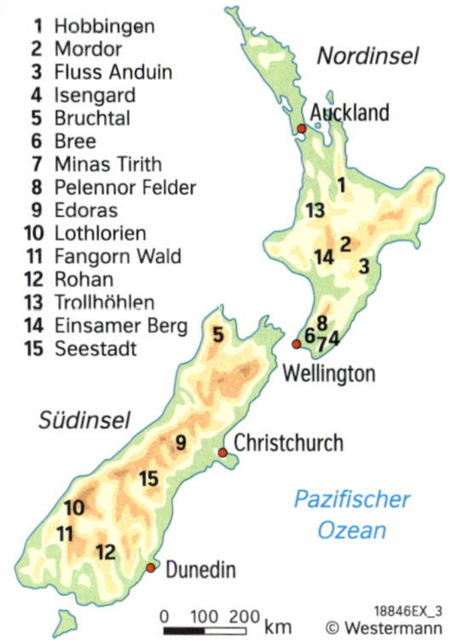

M4 ***Hobbiton*** **Filmpark auf der Nordinsel, Karte der Drehorte von „Herr der Ringe" und „Der Hobbit"**

Filmtourismus ist der relativ moderne Trend, Länder und Orte aufzusuchen, die als Handlungs- bzw. Drehorte für Film- oder TV-Produktionen gedient haben. Dabei kann es sich sowohl um reale Orte, wie beispielsweise Plätze, Straßen und Gebäude, um Landschaften und Naturdenkmäler oder um künstlich geschaffene Filmsets handeln (M4).
Filmtourismus hat in Neuseeland eine lange Tradition, denn einige der weltweit beliebtesten Filmproduktionen wurden an Schauplätzen im Inselstaat gedreht (M7). Vor allem die bekannten Filmszenen mit faszinierenden Naturlandschaften stellen eine kostenlose touristische Werbung dar. Sogar die nationale Fluggesellschaft Neuseelands wirbt in ihren Sicherheitsvideos mit Elben, Orks und anderen Figuren aus den „Herr der Ringe"-Verfilmungen. Ein Viertel aller ausländischen Touristinnen und Touristen in Neuseeland besuchte 2019 mindestens eine der *film locations*, ein Fünftel besuchte Neuseeland hauptsächlich wegen der Drehorte. Mit der Begeisterung der Menschen für Filme ließ sich hier auf diese Weise eine bedeutende nationale Einnahmequelle schaffen.

M5 Neuseelands Drehortetourismus

Das Piano (1993)
Vertical Limit (2000)
Herr der Ringe (2001–2003)
Last Samurai (2003)
King Kong (2005)
Die Chroniken von Narnia (2005–2010)
Avatar: Aufbruch nach Pandora (2009)
Der Hobbit (2012–2014)
Alien: Covenant (2017)
Mission Impossible (2018)

M7 Filme mit Drehorten in Neuseeland (Auswahl)

Neuseeland hat nur 4,9 Millionen Einwohner, in Zukunft geht man von jährlich fünf Millionen Besuchern aus. Deshalb gab es bereits zunehmend Klagen in den Tourismusgebieten, dass die Infrastruktur des Landes auf diesen Boom nicht vorbereitet sei. Warum sollen Touristen nicht dafür bezahlen, dass das, wonach sie suchen, auch erhalten bleibt? Neuseeland erhebt seit 2019 eine Touristensteuer. Wer den Inselstaat besucht – ausgenommen sind Einreisende aus Australien und Ozeanien – muss einen Beitrag von umgerechnet etwa 21 Euro einmalig bezahlen. Damit sollen jährlich zusätzliche Gelder in Höhe von etwa 47 Millionen Euro für Umweltschutz, den Ausbau der Infrastruktur und die Förderung eines nachhaltigen Tourismus zur Verfügung gestellt werden.

M6 Das Ende der Welt bittet zur Kasse – für einen nachhaltigen Tourismus.

GeoKompakt

Neuseeland ist wegen seiner einzigartigen Naturausstattung und seiner filmischen Bekanntheit ein weltweit beliebtes Touristenziel. Neuseeland setzt generell auf einen nachhaltigen Tourismus.

1 Stellen Sie die Standortfaktoren für den neuseeländischen Tourismus in einem Werbeflyer dar (M1 – M5, M7).

2 Erläutern Sie den Stellenwert der Tourismusbranche für Neuseeland (M1 – M7).

3 Überprüfen Sie, inwieweit sich die Entwicklung des Tourismus in Neuseeland im Butler-Modell (→ S. 163 M1) widerspiegelt.

GeoPlus

Stellen Sie ein Projekt für nachhaltigen Tourismus in Neuseeland vor (Internet).

M1 Tahiti – Fauna und Flora

Die Inselwelt Ozeaniens – klein, abgelegen, vulnerabel

Weiße von Palmen gesäumte Strände, bunte Unterwasserwelt, Schnorcheln im 27 °C warmen, türkisblauen Wasser – dieses Paradies erwartet Urlauber aus Europa nach über eintägiger Anreise mit dem Flugzeug auf den Inseln Ozeaniens. Wo liegen diese Inseln und wie sind sie entstanden?

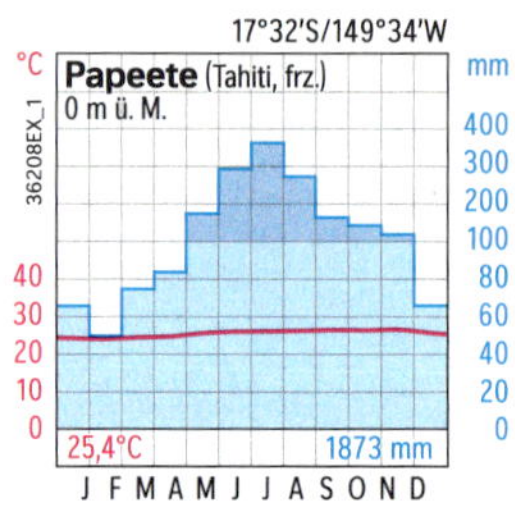

M2 Klimadiagramm von Papeete (Tahiti)

❶ Zeigen Sie auf einem Plakat Morphologie, Klima, Flora und Fauna der Inselwelten Ozeaniens (M1 – M7).

In Ozeanien, das sich über 70 Millionen km² nördlich und östlich von Australien im Pazifischen Ozean erstreckt, gibt es neben Neuseeland und Neuguinea Zehntausende Inseln, von denen nur die 7 500 größeren einen eigenen Namen haben. Ozeanien umfasst drei Großregionen: Mikronesien, Melanesien und Polynesien (→ S. 162 Karte 1). Hier gibt es 14 Inselstaaten von unterschiedlichem politischem Status: unabhängige Staaten bzw. Außengebiete anderer Staaten mit oder ohne Autonomie. Die Inseln sind meist vulkanischen Ursprungs und werden durch Korallenriffe geschützt. Einige ragen steil aus dem Ozean, andere hingegen liegen nur wenige Meter über dem Meeresspiegel. Deren Riffe sind nicht nur der Ursprung der weißen Strände, sondern auch Heimat einer vielfältigen Meeresfauna. In Ozeanien herrscht vorwiegend tropisch maritimes Klima, der NO- und SO-Passat bringen ganzjährig Niederschläge. Daher sind die Inseln meist mit üppiger Vegetation bedeckt, wobei die Kokospalme als Nutzpflanze unangefochten an der Spitze steht.

M4 Die Inselwelt Ozeaniens

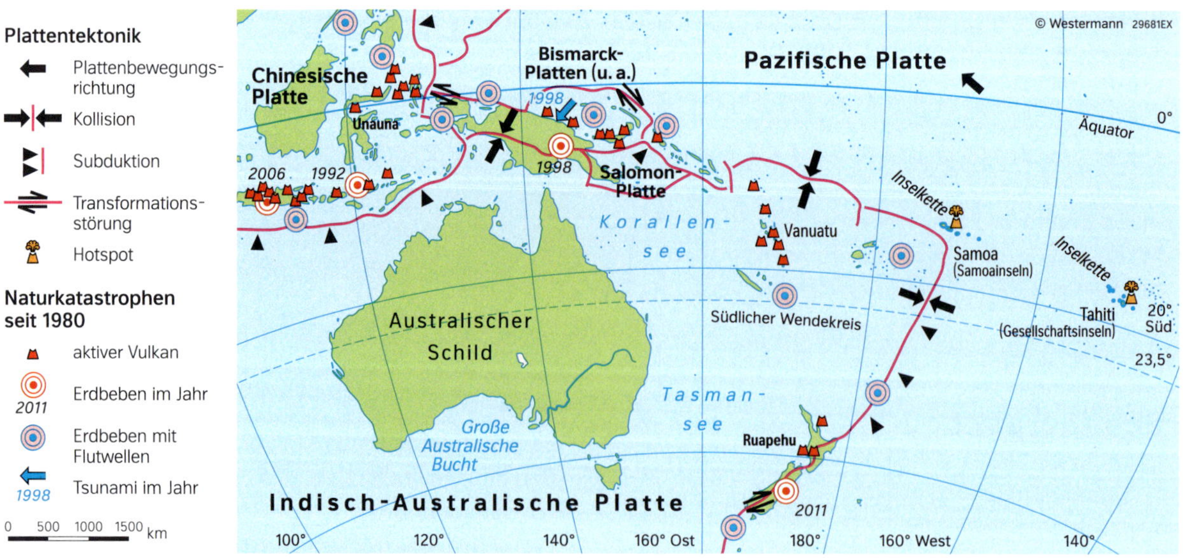

M3 Tektonik und Naturkatastrophen in Teilen Ozeaniens

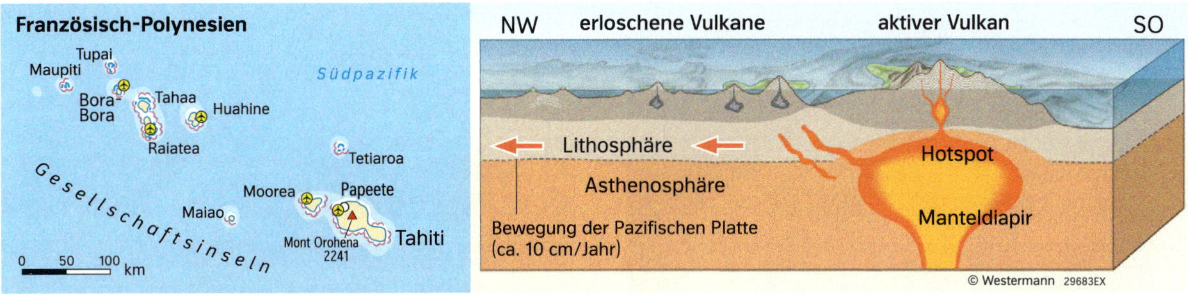

M5 Intraplatten-Vulkanismus – Karte und Modell einer Inselkette

Subduktion Vulkankette Eruption ozeanische Kruste
erloschener Vulkan Erosion aufsteigendes Mantelmaterial
Absenken junge aktive vulkanische Insel Abtauchen
gasreiche Lava Hotspot Horizontalverschiebung
Manteldiapir Abtrennung vom Hotspot Aufschmelzen

M6 Wordcloud Vulkanismus

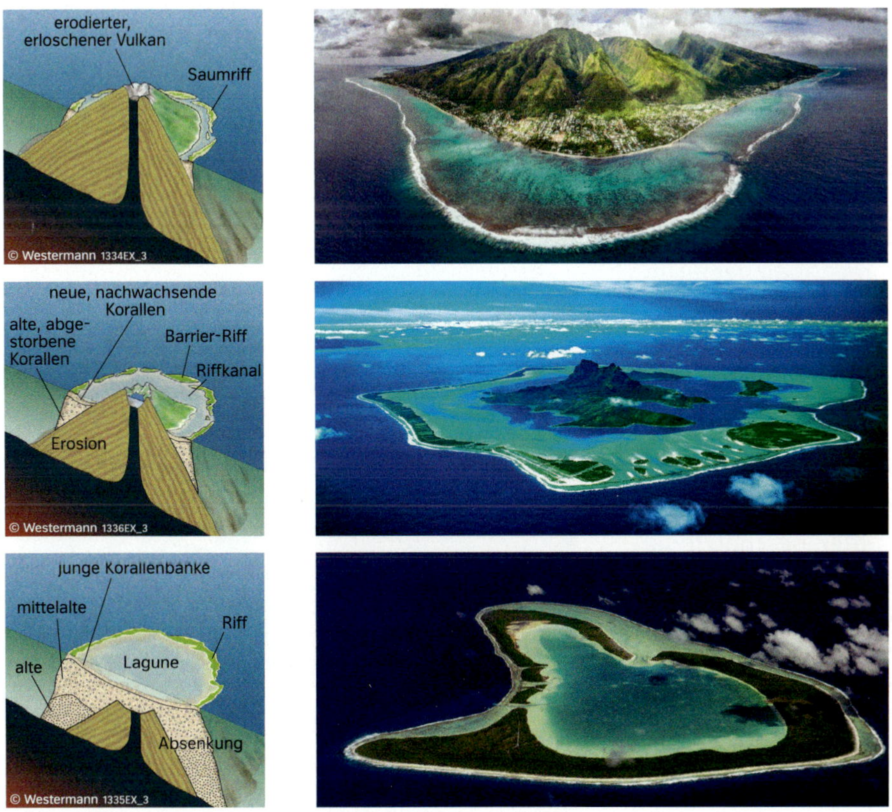

M7 Entstehung von Inselketten – die Gesellschaftsinseln in Französisch-Polynesien (von oben nach unten: Tahiti – Bora Bora – Tupuai)

❷ Charakterisieren Sie die Inselwelt Ozeaniens hinsichtlich Lage, Ausdehnung, Großregionen und politischen Verwaltungsstatus (M3, M4, Atlas → S. 162 Karte 1).

❸ Erklären Sie einer Partnerin bzw. einem Partner die Entstehung der Inseln Ozeaniens. Hierbei erklären Sie sich gegenseitig den Subduktionsvulkanismus am Beispiel des Stratovulkans Lopevi auf Vanuatu sowie den Intraplatten-Vulkanismus (Hotspot-Vulkanismus) am Beispiel der Vulkankette der Gesellschaftsinseln (M3 – M7).

GeoKompakt

Ozeanien umfasst neben Neuseeland und Neuguinea Tausende kleine und größere Inseln vulkanischen Ursprungs. Deren Korallenriffe, das tropische maritime Klima, die üppige tropische Pflanzenwelt sowie die Meeresfauna bilden eine ideale Grundlage für den internationalen Ferntourismus.

M1 Bora Bora im Satellitenbild

Bora Bora – Nachhaltigkeit in Französisch-Polynesien?

Französisch-Polynesien bietet mit seinem faszinierenden Südsee-Insel-Flair die Grundlage für einen exklusiven Tourismus. Finden Sie heraus, mit welchen Maßnahmen man versucht, diesen nachhaltiger zu gestalten.

Bora Bora ist ein **Atoll** der Gesellschaftsinseln in Französisch-Polynesien. Es besteht aus der Hauptinsel vulkanischen Ursprungs mit dem 727 m hohen Mont Otemanu und 30 kleinen Inselchen aus Korallenkalk, den Motus. Diese bilden einen Ring um die Hauptinsel. Die von Korallenriffen geschützte türkisfarbene Lagune ist ein beliebtes Tauchrevier.
Bora Bora ist ein luxuriöses Urlaubsziel. Allein die Anreise nach Bora Bora dauert von Deutschland aus mit Zwischenstopp in Tahiti und Bootstransfer zu den Hotels etwa 30 Stunden und kostet zwischen 2 000 und 3 000 Euro pro Person.
Für eine Woche Unterkunft mit Frühstück in einem der Überwasserbungalows der Luxushotels zahlt man bis zu 12 000 Euro pro Person, Privatpensionen sind erheblich günstiger zwischen 2 000 und 3 000 Euro zu buchen. Die Einnahmen aus dem Tourismus werden hier zunehmend auch für einen ökologisch angepassteren Tourismus verwendet.

M2 Exklusives Reiseziel Bora Bora (Stand 2019)

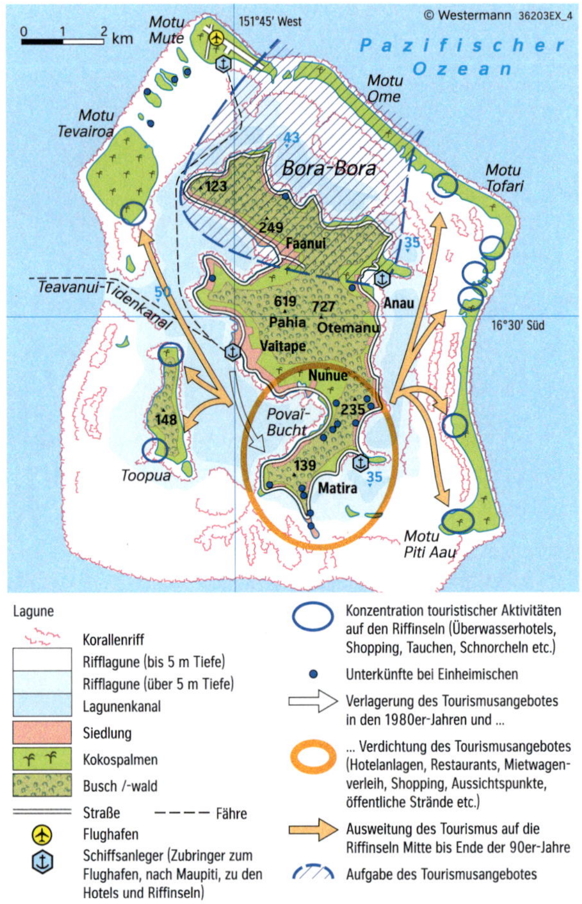

M3 Touristische Infrastruktur und Entwicklung

M4 Luxusüberwasserbungalows, Riff-Fauna

Urlaub in einem internationalen Luxusresort auf der Insel Motu Tofari

Aufenthalt/Flug: 14 Tage/32400 km (mit Rückflug, 4 Zwischenlandungen)

Fortbewegung vor Ort: Hoteleigener Wassershuttle (Flughafen – Motu Tofari, Motu Tofari - Vaitape zum Mietwagenverleih, für Restaurantbesuche, Shopping und Besichtigungen), hoteleigener PKW mit Guide (Inselrundfahrt); Motorboot (Lagunentour, Tauchen); Taxi in Vaitape; insgesamt 160 km

Organisierte Aktivitäten: Sightseeing, Schwimmen, Tauchen, *Stand up Paddling, Jet Skiing*, Wandern

Urlaub in einer einheimischen Pension in Viatape auf der Hauptinsel

Aufenthalt/Flug: 14 Tage/32 400 km (mit Rückflug, 4 Zwischenlandungen)

Fortbewegung vor Ort: Linienboot (Flughafen – Vaitape); Taxi zur Unterkunft; Fahrrad für Inseltouren; Motorboot (Lagunentour); insgesamt 66 km;

Individualtouristische (selbst organisierte) Aktivitäten: Sightseeing, Schwimmen, Schnorcheln, Stand up Paddling, Fahrradtouren, Wandern

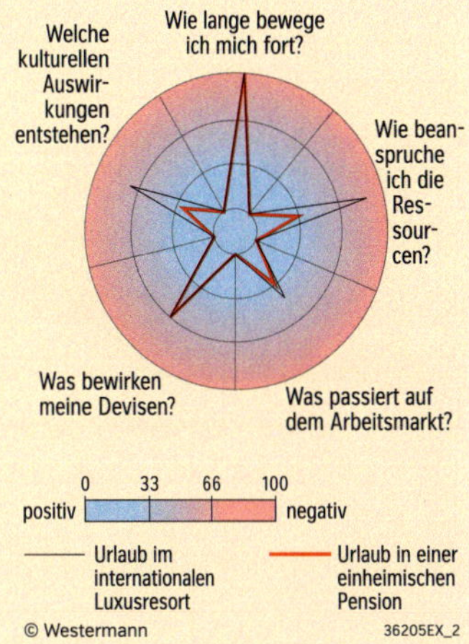

M5 Urlaub auf Bora Bora – Angaben aus zwei verschiedenen Urlaubsberichten

Einheimischer Polynesier: „Viele Einheimische haben ihren Grundbesitz trotz hoher Kaufangebote von internationalen Touristikkonzernen bisher noch nicht veräußert, denn sie schätzen die Natur. Sie ist unsere Haupteinnahmequelle und deshalb gerät der Schutz unserer Natur schon mal ins Wanken. Während der Bauarbeiten mehrerer Luxusresorts verschwanden die Mantas und Stachelrochen. Bis dahin hatten sie sich jeden Tag am Riff anfüttern und streicheln lassen."

Manager einer Luxushotelanlage: „Auf den Schutz und die Erhaltung der Korallen in unserer Lagune legen wir besonderen Wert. Dafür haben wir über 90 künstliche Riffs in der Nähe unserer Wasserbungalows gebaut, sozusagen einen Korallen-Kindergarten. Alle haben etwas davon – die Korallenpolypen finden hier einen optimalen Lebensraum, Fische siedeln sich vermehrt an den Korallenbänken an und die Touristen genießen beim Schnorcheln in der Lagune die vielfältige Unterwasserwelt."

Technischer Leiter eines Resorts: „Wir verschreiben uns dem Umweltschutz. Unsere Wärmetauschpumpen reduzieren den Energieverbrauch unserer Klimaanlagen um ein Zehntel. Die Kühlung unseres Trinkwassers erfolgt mithilfe von kaltem Meerwasser. Dieses verwenden wir anschließend in unserem Spa-Bereich wegen seines hohen Gehalts an Mineralstoffen und Spurenelementen."

M6 Stimmen zu Umweltfragen auf Bora Bora

++ Bau eines Systems zur Trinkwasserver- und Abwasserentsorgung ab 1992 ++ Bohrung von tiefen Grundwasserbrunnen und Meerwasserentsalzungsanlagen, Energieversorgung der Anlagen durch Photovoltaik ab 1995 ++ Bau einer Kompostieranlage 2002 ++ Beginn der Sammlung von Sondermüll ab 2005 ++ Bau eines Verschiffungszentrums für Recyclingmüll 2007 ++ Aufbau eines Mülltrennsystems 2012 ++ Anlage künstlicher Korallenbänke 2019 ++

M7 Bora Boras Nachhaltigkeitsticker

GeoKompakt

Die Inselwelt Polynesiens ist ökologisch hoch sensibel, wird aber zunehmend touristisch genutzt. Bora Bora ist ein Beispiel für eine Insel, auf der hochwertiger und hochpreisiger Tourismus mit Ansätzen zur Nachhaltigkeit stattfindet.

1. Begründen Sie die hohen Ausgaben für einen Urlaubsaufenthalt auf Bora Bora (M1 – M5).

2. Beschreiben Sie das touristische Potenzial auf Bora Bora. Erläutern Sie die räumliche Verteilung der touristischen Infrastruktur und deren Veränderungen (M1 – M5).

3. Vergleichen Sie die beiden Urlaubsarten (M5) hinsichtlich ihrer ökologischen Nachhaltigkeit und ihrer Sozialverträglichkeit.

4. Auf Bora Bora werben Luxushotels mit der Umweltfreundlichkeit ihrer Hotelanlagen. Erörtern Sie eine Fernreise nach Bora Bora unter Nachhaltigkeitsaspekten (M2 – M7).

M1 Funafuti Island im Inselstaat Tuvalu, 5 m ü. NN (links), überflutetes Dorf auf Tuvalu (rechts)

Ozeanien – Inseln mit Zukunft?

Die allgemeine Exposition gegenüber Naturgefahren und besonders die möglichen Auswirkungen des rezenten Klimawandels setzen der Inselwelt Ozeaniens in besonderer Weise zu. Finden Sie heraus, inwieweit die vulnerablen Inselstaaten Mikronesiens, Polynesiens und Melanesiens auch zukünftig überlebensfähig sein können.

INFO

Die über 7 500 Inseln **Ozeaniens** bilden vierzehn Inselstaaten: die Cook-Inseln, die Föderierten Staaten von Mikronesien, Fidschi, Kiribati, die Republik der Marshall-Inseln, Nauru, Niue, Palau, Papua-Neuguinea, Samoa, die Salomonen, Tonga, Tuvalu und Vanuatu. Ozeanien erstreckt sich mit einer reinen Inselfläche von nur 600 000 km² über eine Fläche von etwa 30 Mio. km².
Viele der Inseln sind **Atolle**, bestehen aus Korallenkalk und erheben sich nur wenige Meter über den Meeresspiegel.

Die meisten Menschen in den Industrieländern ignorieren uns. Sie verbrennen immer mehr Kohle, sie interessieren sich nur für ihren Lifestyle […], ohne darüber nachzudenken, was das für uns im Pazifik bedeutet. Die großen Staaten müssen endlich anfangen, die Klimaerwärmung entschlossen zu bekämpfen. Und sie müssen Kiribati jetzt helfen, mit den Folgen des Klimawandels fertig zu werden. Wir sind ja nur in dieser Lage, weil Menschen auf der anderen Seite der Erde etwas falsch gemacht haben."

Quelle: Claus Hecking; Anote Tong: Wollen Sie, dass wir zu Ihnen kommen? Zeit online. Hamburg, 8.10.2015

M2 Hilferuf aus Ozeanien

Zweimal am Tag besucht das Meer Kelepi Saukitoga. Es drängt in sein Dorf Narikoso und umspült sein Haus. Bei Flut könne er von seinem Wohnzimmer aus angeln, scherzen Nachbarn, deren Häuser noch auf dem Trockenen stehen. Narikoso, ein Dorf mit 107 Einwohnern, ein paar Hühnern, Hunden und Mangobäumen, wird untergehen. In 20 Jahren oder, wenn es gut läuft, auch erst in 50 Jahren – je nachdem, wie schnell der Meeresspiegel steigt. Der kleine Ort liegt auf der Insel Ono, rund 90 Kilometer südlich von Suva, der Hauptstadt der Fidschi-Inseln im Südpazifik."

Quelle: Mareike Kürschner: Wenn das Paradies untergeht. Akzente online. GIZ, 2017

M3 Wenn das Paradies untergeht

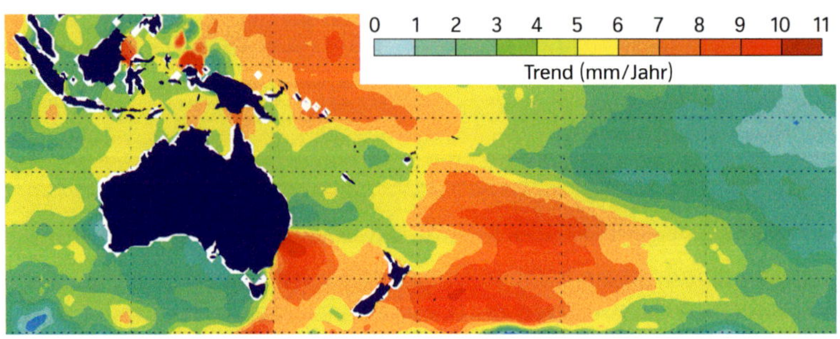

M4 Meeresspiegelveränderungen 1993–2020

Der gewaltige Ausbruch des Unterseevulkans Tonga-Hunga Ha'apai im Inselreich Tonga hat am Wochenende viele Pazifikstaaten in Alarmbereitschaft versetzt und Flutwellen ausgelöst. Die Tsunamis wurden nicht nur in Tonga, sondern auch in Neuseeland, Japan und Fidschi registriert. [...] Durch den Vulkanausbruch sei Tonga in vulkanischen Staub gehüllt, die Kommunikation mit dem Inselreich im Südpazifik sei eingeschränkt, da ein Unterseekabel in Mitleidenschaft gezogen sei. Auf den Inseln habe es einen massiven Stromausfall gegeben. [...] Klar sei, dass ein Tsunami die Hauptstadt von Tonga „erheblich getroffen" habe. Boote und Felsbrocken seien an Land gespült und Gebäude beschädigt worden. Die neuseeländische Armee werde am Montag versuchen, einen Überwachungsflug zu starten. Derzeit sei das Fliegen zu unsicher, da in knapp 20 Kilometern Höhe Asche gesichtet worden sei. [...] Die BBC zitierte am Sonntagabend Einwohner des Königreichs mit den Worten: Tonga sehe „wie eine Mondlandschaft" aus, nachdem es von einer Schicht vulkanischer Asche bedeckt wurde.

Quelle: Thomas Hahn, David Pfeifer und Oliver Klasen: Wie eine Mondlandschaft. Süddeutsche Zeitung online. München, 16.01.2022

M5 Gefährdungspotenzial Plattentektonik

Die pazifischen Inselstaaten sind besonders anfällig für die Auswirkungen des rezenten Klimawandels. Bereits heute leiden die Bewohner vieler Inseln unter extremen Wetterereignissen wie Wirbelstürmen, Dürren, starken Regenfällen, Überschwemmungen, unter Küstenerosion und, insbesondere auf Atollen, unter Wasserknappheit. Der prognostizierte Meeresspiegelanstieg, veränderte Niederschlagsmuster, steigende Temperaturen und Versauerung des Ozeans werden diese Risiken in den nächsten Jahrzehnten verstärken. [...] Durch internationale Zusammenarbeit versuchen die Inselstaaten, Anpassungsstrategien an die veränderten Umweltbedingungen zu entwickeln:

Vanuatu: Züchtung hitzetoleranter Schweine, Anbau von an die Klimaveränderungen besser angepassten Feldfrüchten, Aufbau von Korallenfarmen, Installation netzverbundener Solarsysteme und Miniwasserkraftwerke

Fidschi: Umsiedlung gefährdeter Gemeinden und Förderung der Wiederaufforstung

Tonga: Projekte zu Nahrungssicherung, Agroforstwirtschaft und Landnutzungsplanung

Kiribati: Gefährdungsanalysen, Integration von Klimaanpassungsmaßnahmen in die lokalen Entwicklungspläne, Schulungen zum rezenten Klimawandel für Lehrpersonal

Samoa: Versuche zur nachhaltigen Bewirtschaftung küstennaher Ressourcen zur Entlastung der bereits überfischten Küstengewässer, Installation von Fischsammlern, d.h. an der Wasseroberfläche im offenen Ozean ausgesetzter künstlicher Flöße zum Anlocken und besseren Fang von Fischen.

Quelle: Klimawandel in der pazifischen Inselregion. Deutsche Gesellschaft für Internationale Zusammenarbeit online (GIZ). 2022; verändert

M6 Beispiele international geförderter Projekte

1 Verorten Sie die Inselstaaten dieser Doppelseite mithilfe eines Atlas und der Karte 1 auf Seite 162.

2 Fassen Sie die in M1 bis M3 dargestellte Problematik in einem Kurzreferat zusammen.

3 Erläutern Sie die besondere Gefährdung der Inselwelt Ozeaniens gegenüber Meeresspiegelveränderungen (M4).

4 Begründen Sie die besondere Exposition Ozeaniens gegenüber Tsunamis (M5).

5 Recherchieren und berichten Sie über ein international gefördertes Projekt zur Anpassung an die ökologischen Veränderungen in Ozeanien (M6).

GeoKompakt

Große Teile Ozeaniens sind extremen Naturgefahren ausgesetzt und deshalb vulnerabel. Eine wachsende Bedrohung resultiert hierbei aus dem rezenten Klimawandel und seinen Folgen. Der Inselwelt Ozeaniens muss mittels internationaler Zusammenarbeit bei der Minderung der Gefährdungen und bei Anpassungsstrategien geholfen werden.

M1 *Work* … … *and Travel* in Australien

Work and Travel und Freiwilliges Internationales Jahr

Australien und Neuseeland sind für junge Menschen die beliebtesten Länder, wenn es um *Work and Travel* oder ein Freiwilliges Internationales Jahr geht. Was sind die typischen Merkmale dieser beiden Arten von Auslandsaufenthalten, welche Voraussetzungen sind hierfür nötig und inwieweit können derartige Programme auch nachhaltiges Verhalten fördern?

INFO

Work and Travel bezeichnet einen Auslandsaufenthalt, bei dem man Reisen und Arbeiten kombiniert. Man bereist ein Land mit mehreren verschiedenen Zwischenstopps und wechselnden Gelegenheitsjobs oder man arbeitet erst an einer Stelle und bereist das Land anschließend. Grundlage für *Work and Travel* in Australien oder Neuseeland ist das *Working Holiday Visum*. Damit kann man bis zu einem Jahr im Land bleiben und jobben.

„Nach meinem Abitur war ich mir zunächst noch unsicher, welchen genauen Ausbildungs- bzw. Berufsweg ich beschreiten sollte. Ich wollte mir noch etwas Zeit zum Überlegen nehmen, diese aber sinnvoll nutzen. Da ich schon immer am Reisen interessiert war, entschloss ich mich, meine Interessen mit der Möglichkeit, Geld zu verdienen, zu kombinieren. Heute betrachte ich meinen sechsmonatigen *Work-and-Travel*-Aufenthalt in Australien als einen wichtigen Lebensabschnitt, der mir mehr Selbstsicherheit und Eigenverantwortung – auch für mein heutiges Studium – gegeben hat und durch den ich die Menschen, deren Kulturen und Gewohnheiten kennenlernen durfte. So konnte ich meinen Reisedurst stillen, habe einen ganzen Kontinent bereist, mein Englisch verbessert, Menschen und ihre Kultur kennengelernt und dabei gleichzeitig meinen Aufenthalt durch verschiedene Gelegenheitsjobs – Weinlese, Kellnern, Arbeit an einer Hotelrezeption und in einer Autowaschanlage – finanziert. Einen *Work-and-Travel*-Aufenthalt kann ich anderen nur wärmstens empfehlen. Wer nicht alles selbst organisieren will, dem helfen spezialisierte Veranstalter, die gegen Gebühr Anreise, Unterkunft und Arbeitsstellen vermitteln."

M2 Lena, heute 25, über ihren Work-and-Travel-Aufenthalt in *Down Under*

Alter	Mindestalter 18, Höchstalter 30 Jahre
Familienstand	unverheiratet, kinderlos
Finanzielles	Vorhandensein einer finanziellen Absicherung für die Zeit des Aufenthalts, Nachweis bei Visabeantragung in Höhe von etwa 2500 Euro
Sprachkenntnisse	gute Sprachkenntnisse in Englisch
Reisedokument	Besitz eines für den gesamten Aufenthalt gültigen Reisepasses
Versicherung	Nachweis eines ausreichenden Auslandskrankenversicherungsschutzes
Gesundheit	gute gesundheitliche Allgemeinverfassung, Nachweis eines Impfschutzes, z. B. gegen Covid-19 oder andere Erreger
Visum	Beantragung und Erteilung eines *Working Holiday Visum* für Einreise und Arbeitsstellensuche

M3 Voraussetzungen für *Work and Travel*

1 Erläutern Sie die wesentlichen Unterschiede zwischen *Work and Travel* und FIJ (INFO, M1 – M6).

Kinderbetreuung: in Schulen, Kindergärten, Kinderheimen, Kirchengemeinden
Naturschutz: bei Pflanzaktionen, in Botanischen Gärten
Tierschutz: in Nationalparks, Tierauffangstationen, Zoos
Gesundheit: in Krankenhäusern, bei Sanitätsdiensten
Pflege: in Senioren- und Pflegeheimen, bei ambulanten Sozialdiensten

M4 Arbeitsfelder im FIJ, hier in einer Tierauffangstation bei Melbourne

Das **Freiwillige Soziale Jahr (FSJ) im Ausland** passt nicht für jeden jugendlichen Menschen. Man muss bereit sein, sich auf eine andere Kultur und Lebensweise einzulassen, sollte eine Grundbegabung für das Sprachenlernen mitbringen und flexibel und offen für Neues sein. Man muss eine gewisse Portion Mut mitbringen und den Willen haben, sich für andere Menschen zu engagieren. [...]
Mit dem FSJ kann man Wartezeiten bis zum Beginn eines Studiums oder einer Ausbildung überbrücken. [...] Ein Jahr Auslandsaufenthalt stärkt die eigene Persönlichkeit, öffnet Horizonte, das Selbstwertgefühl wächst. [...] Ein FSJ im Ausland leistet einen Beitrag zur Völkerverständigung. Vorurteile werden abgebaut, der Blick für ein globales Wohlergehen aller Menschen wächst. [...] Natürlich trägt ein FSJ im Ausland auch dazu bei, Menschen zu helfen, die auf Hilfe angewiesen sind. Es ist eine Art des ehrenamtlichen Engagements für Bedürftige. [...] Das Freiwillige Soziale Jahr im Ausland ist auch eine Möglichkeit, erste Berufserfahrungen zu sammeln.

Quelle: FSJ im Ausland. Voraussetzungen für ein Auslands-FSJ. Bundes-Freiwilligendienst.de, Stand: 2022

M5 Freiwilliges Soziales Jahr im Ausland (QR-Code)

„Während meines **Freiwilligen Ökologischen Jahres** im Ausland arbeitete ich an einem Nachhaltigkeitsprojekt am Great Barrier Reef. Ein typischer Arbeitstag am Riff sah so aus: Auf genau festgelegten, mittels Schnüren abgegrenzten Riffabschnitten wurden während der Tauchgänge Anzahl, Größe, Art und Zustand der Korallenpolypen erfasst, die Daten in den Computer eingegeben, ausgewertet und die Ergebnisse an Meeresforschungsinstitute und Umweltschutzbehörden weitergeleitet. Zusammen mit unseren Teamleitern wurden Social-Media-Beiträge verfasst und Aktionen und Veranstaltungen für den Schutz des Riffs geplant. Durch die Öffentlichkeitsarbeit habe ich gelernt, wie wichtig Nachhaltigkeit wirklich ist."

M6 Freiwilliges Ökologisches Jahr im Ausland – ein Teilnehmer berichtet (QR-Code).

GeoKompakt

Speziell für junge Menschen bieten sich nach ihrem schulischen Abschluss verschiedene Formen an, ein Land durch die Kombination aus Reisen und Arbeiten kennenzulernen, berufliche Erfahrung zu sammeln und seine Persönlichkeit und Sozialkompetenz zu stärken.

INFO

Freiwilligendienste können im Inland, aber auch im Ausland als Freiwilliges Internationales Jahr (FIJ) geleistet werden. Bekannte Beispiele sind das „Freiwillige Soziale Jahr (FSJ)" und das „Freiwillige Ökologische Jahr (FÖJ)". Die Dienste umfassen ehrenamtliche soziale, ökologische und kulturelle Tätigkeiten für junge Erwachsene zwischen 17 und 26 Jahren. Man muss eine Entsendeorganisation in Deutschland finden, die eine Partnerorganisation und Einsatzstelle in dem gewünschten FIJ-Land hat. Der Freiwilligendienst wird staatlich gefördert. Die Entsendeorganisation trägt meist einen Teil der Kosten, z. B. für Hin- und Rückreise. Außerdem gibt es viele privatwirtschaftliche Anbieter, die derartige Auslandsaufenthalte gegen Bezahlung organisieren.

2 Stellen Sie in Klassengruppen nachhaltige Projekte vor, bei denen Sie im Rahmen eines FIJ-Aufenthalts mitwirken können (Internet).

Kompetenzcheck Vergleichende Länderanalyse – Australien, Neuseeland und Vanuatu

Die Themen Vulnerabilität und Nachhaltigkeit besitzen in Australiens und Ozeaniens einen hohen Stellenwert. Welche Unterschiede ergeben sich aber bei einem Ländervergleich von Australien, Neuseeland und Vanuatu?

	Broom (Australien)	Auckland (Neuseeland)	Port Vila (Vanuatu)
Koordinaten	17° 54' S 122° 15' O	36° 51' S 174° 46' O	17° 45' S 168° 18' O
Jahresmitteltemperatur	26,6 °C	15,2 °C	24,5 °C
Jahresniederschlag	507 mm	1243 mm	2246 mm

M1 Klimawerte im Vergleich

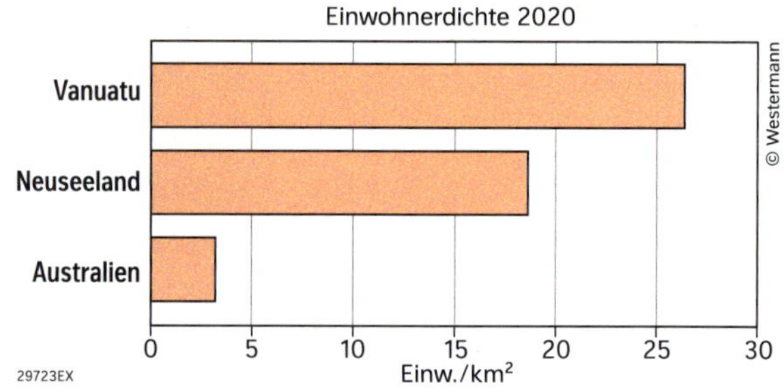

M4 Einwohnerdichte im Vergleich

Land	Weltrisikoindex	Exposition	Vulnerabilität
Vanuatu	47,73	82,55	57,82
Neuseeland	4,96	17,59	28,20
Australien	4,54	18,07	25,12
Deutschland	2,66	11,51	23,12

M2 Weltrisikoindex, Exposition und Vulnerabilität in ausgewählten Staaten (→ S. 68 M1)

CHECK

1 Begründen Sie die unterschiedlichen Jahresmitteltemperaturen und Jahresniederschlagsmengen von Broom, Auckland und Port Vila (M1, Atlas).

2 Erläutern Sie die unterschiedlichen Werte zu Exposition und Vulnerabilität und die sich ergebenden Risikoindizes Vanuatus, Neuseelands, Australiens und Deutschlands (M2, → S. 68 M1, Internet).

3 Fertigen Sie zwei digitale Präsentationen an, die jeweils die Geschichte der Aborigines Australiens und der Maori Neuseelands sowie deren heutige gesellschaftliche Stellung zeigen (M3, Internet).

4 Begründen Sie die unterschiedliche Einwohnerdichte von Vanuatu, Neuseeland und Australien Stellung (M4).

M3 Touristische Tanzdarbietungen von Aborigines Australiens (Corroboree) und Maori Neuseelands (Haka)

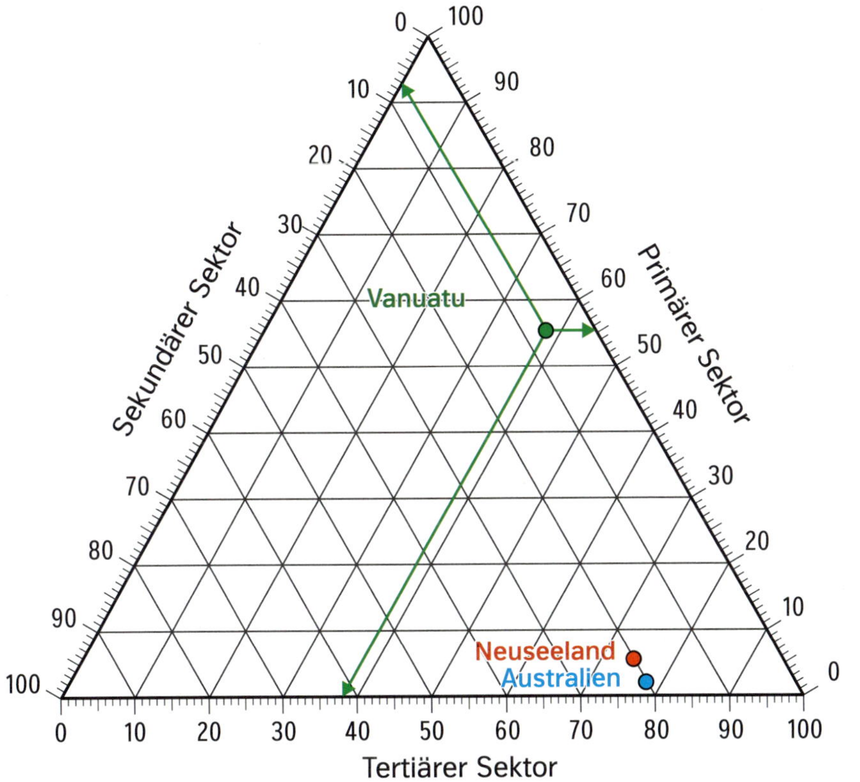

M5 Australien, Neuseeland und Vanuatu – Erwerbsstrukturen (Anteile der in den drei Wirtschaftssektoren Tätigen) im Dreiecksdiagramm

5 Ermitteln und begründen Sie die Werte der Erwerbsstrukturen für Australien, Neuseeland und Vanuatu (M5).

6 Laden Sie sich aus dem Internet eine leere Vorlage für ein Dreiecksdiagramm herunter, tragen Sie die Werte der Bruttowertschöpfung aus M6 ein und beschriften Sie das Diagramm vollständig. Vergleichen Sie die Werte der Erwerbsstrukturen der drei Staaten (M5) mit den Werten der Bruttowertschöpfung.

7 „Die Südseeinselidyllen Ozeaniens werden vom rezenten Klimawandel bedroht." Bewerten Sie diese Aussage unter Einbeziehung der Mechanismen und Auswirkungen der globalen Temperaturerhöhung.

	Australien	Neuseeland	Vanuatu
Prim. Sektor	2,1	6,2	23,3
Sek. Sektor	27,2	22,3	11,0
Tert. Sektor	70,7	71,5	65,7

M6 Bruttowertschöpfung (%) 2019

8 Stellen Sie in drei Gruppen innerhalb der Klasse je ein Nachhaltigkeitsprojekt aus Australien, Neuseeland und Vanuatu in einem je 10-minütigen Vortrag vor (Internet).

9 Das Große Artesische Becken (engl. *Great Artesian Basin*) in Australien stellt mit 1,7 Mio. km² das größte unterirdische Wasservorkommen der Welt dar. Verorten Sie dieses Becken (Atlas, Internet) und erläutern Sie dessen Bedeutung für die Wasserversorgung der Trockengebiete Australiens anhand der Abbildung M2, S. 163.

GeoMethode

Dreiecksdiagramme werden zur Darstellung von drei Anteilen (Prozentwerten) verwendet, die zusammen 100 Prozent ergeben.

Werte aus dem Dreiecksdiagramm ablesen

1. Bestimmen Sie den Wert auf der Grundachse: Legen Sie eine Linie durch den gegebenen Punkt parallel zu der Linie, die durch die Null der Grundachse verläuft.

2. Bestimmen Sie nun den Wert auf der rechten und der linken Achse dementsprechend (siehe auch grüne Beispielpfeile im Diagramm).

3. Die Summe der drei Prozentwerte muss immer 100 betragen.

CHECK

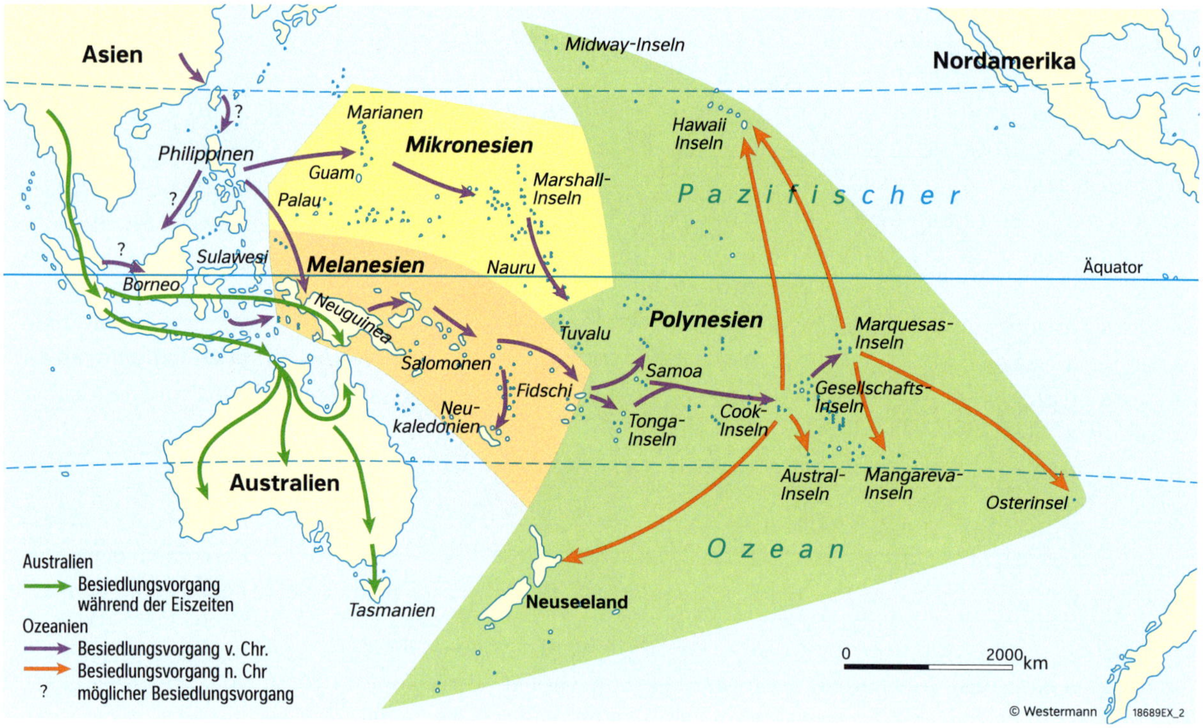

Karte 1 Besiedlung Australiens und Ozeaniens

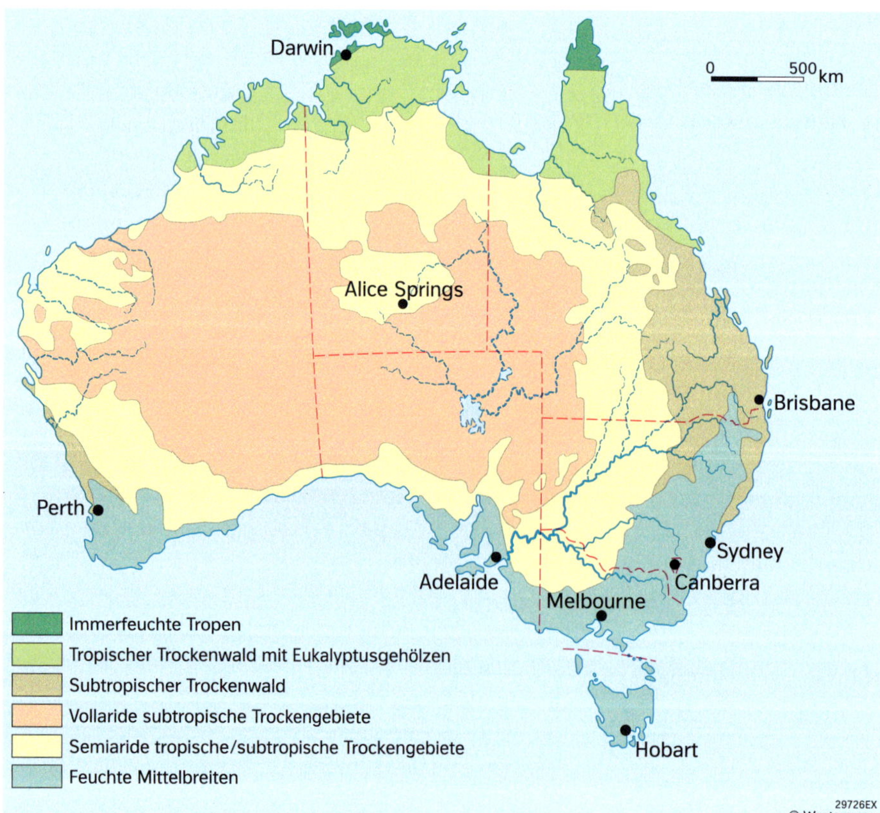

Karte 2 Ökozonale Gliederung Australiens

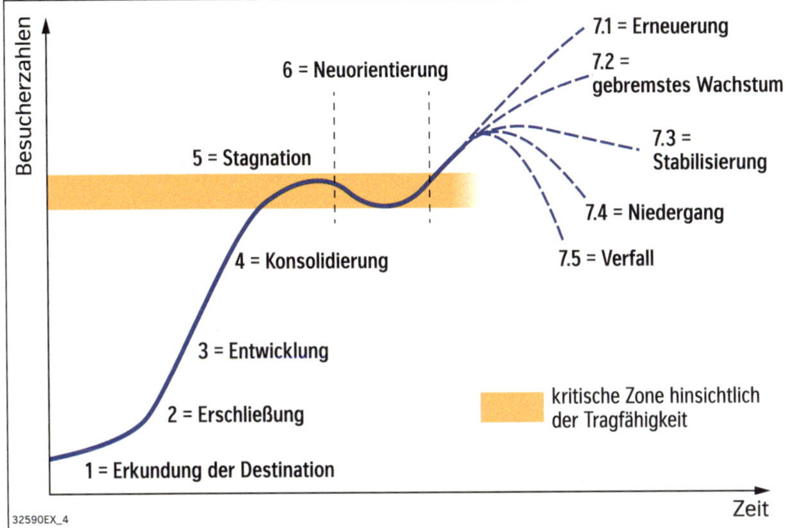

1 Erkundungsphase: Besuch einer infrastrukturell noch unzureichend ausgestatteten Region durch Pioniertouristen (z. B. Abenteuertouristen, Künstler)

2 Erschließungsphase: Nachfragesteigerung durch Mund-zu-Mund-Propaganda; Angebote lokaler Anbieter; Verbesserung lokaler Rahmenbedingungen; Beginn des Tourismusbooms

3 Entwicklungsphase: kapitalintensiver Ausbau touristischer Infrastruktur durch internationale Akteure; Bedeutungsverlust lokaler Akteure

4 Konsolidierungsphase: Einpendeln der Touristenzahlen auf hohem Niveau; Etablierung der Tourismusregion als bekanntes Ziel; wenig neue Impulse

5 Stagnationsphase: kaum noch Zuwachs an Besucherzahlen; Erreichen bzw. Überschreiten der Tragfähigkeit; Auftreten erster ökonomischer und ökologischer Problemfelder

6 Neuorientierungsphase: Sinken der Besucherzahlen, Bestandsaufnahme von Defiziten; Versuch eines aktiven Gegensteuerns mit neuem Anstieg der Besucherzahlen

7 Erneuerungs- oder Verfallsphase: Szenarienvielfalt – entweder Aufschwung durch Erneuerung mit wettbewerbsfähigen Angeboten (Beginn eines neuen Lebenszyklus) oder Verfall durch Abnahme der Attraktivität und folglich Rückgang der Besucherzahlen und der Aufenthaltsdauer

M1 Lebenszyklus eines Tourismusstandortes (Butler-Modell)

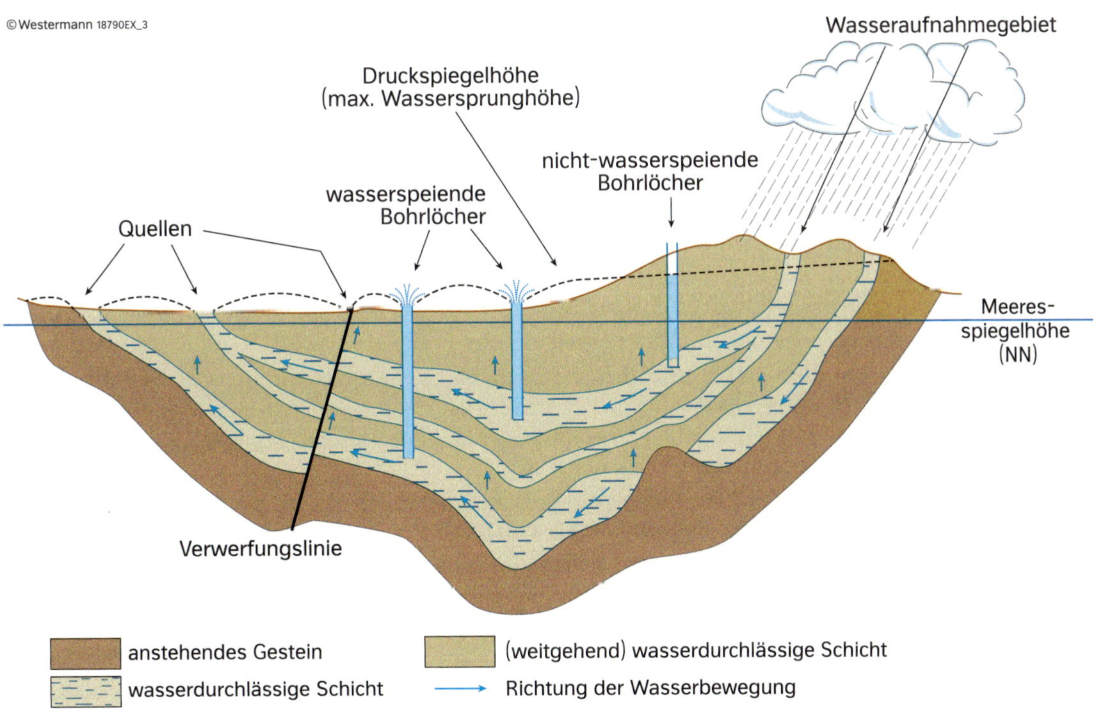

M2 Querschnitt durch das *Great Artesian Basin*

Australien und Ozeanien

Arbeitsaufträge richtig verstehen

Die Arbeitsaufträge in den Aufgaben werden durch sogenannte **Operatoren** bestimmt. Diese Verben signalisieren, welche Tätigkeiten beim Bearbeiten von Aufgaben erwartet werden. Die Operatoren sind jeweils einzelnen Anforderungsbereichen zugeordnet.

Anforderungsbereich I (leichter Schwierigkeitsgrad) Beim Anforderungsbereich I geht es vor allem um das Reproduzieren und Reorganisieren von Sachverhalten.	
auflisten/aufzählen	Ohne weitere Erklärung Sachverhalte oder Begriffe in eine Reihenfolge bringen.
benennen	Vorgegebene Sachverhalte/Inhalte mit einem Begriff versehen.
beschreiben/ wiedergeben	Sachverhalte aus Materialien oder aus vorherigen Kenntnissen zusammenhängend und strukturiert darlegen.
ermitteln	Informationen aus Materialien herausfinden.
gliedern	Sachverhalte bzw. Räume nach selbst gewählten oder vorgegebenen Kriterien systematisierend ordnen.
herausarbeiten	Informationen und Sachverhalte unter bestimmten Gesichtspunkten aus Materialien entnehmen, wiedergeben und/oder gegebenenfalls berechnen.
lokalisieren	Topographische Orte in einer Karte finden und zuordnen.
nennen	Informationen/Phänomene aus einem Material/ Sachverhalt herausfinden und knapp wiedergeben.
ordnen	Begriffe/Sachverhalte nach übergeordneten Gesichtspunkten systematisieren.
zusammenfassen	Sachverhalte auf wesentliche Aspekte reduzieren und wiedergeben.

Anforderungsbereich II (mittlerer Schwierigkeitsgrad) Der Anforderungsbereich II umfasst das selbstständige Erklären, Bearbeiten und Ordnen bekannter Inhalte und das angemessene Anwenden gelernter Inhalte und Methoden auf andere Sachverhalte (Transfer).	
begründen	Sachverhalt/Aussage durch nachvollziehbare Argumente und Belege argumentativ schlüssig stützen.
belegen	Vorgegebene oder selbst aufgestellte Behauptungen/Aussagen nachweisen.
charakterisieren	Sachverhalte und Vorgänge mit ihren typischen Merkmalen vielschichtig beschreiben.
darstellen/darlegen	Sachverhalte detailliert und fachsprachlich angemessen aufzeigen.
einordnen/zuordnen	Sachverhalte begründet in einen systematischen Zusammenhang einfügen.
erarbeiten	Aus Materialien wesentliche Merkmale/Eigenschaften eines Sachverhalts herausfinden und im Zusammenhang beschreiben.
erstellen	Sachverhalte inhaltlich und methodisch angemessen mit fachsprachlichen Begriffen graphisch darstellen.
erklären	Sachverhalte in einen Zusammenhang (z. B. Regel, Modell, Kontext) bringen und deuten (Bedingungen, Ursachen, Folgen).
erläutern	Sachverhalte in ihren komplexen Beziehungen durch zusätzliche Informationen (Beispiele, Belege, Begründungen) erklären.
vergleichen	Gemeinsamkeiten und Unterschiede zwischen Sachverhalten herausarbeiten und darstellen.
verorten	Sachverhalte einem Raum z. B. auf einer Karte begründet zuweisen.

Anforderungsbereich III (hoher Schwierigkeitsgrad) Der Anforderungsbereich III betrifft die Argumentations- und die Urteilsfähigkeit. Hierbei geht es vor allem um den reflektierenden Umgang mit neuen Problemstellungen, den eingesetzten Methoden und gewonnenen Erkenntnissen, um zu Begründungen, Folgerungen, Beurteilungen und Handlungsoptionen zu gelangen.	
analysieren	Materialien, Sachverhalte oder Räume systematisch und gezielt untersuchen und auswerten.
auswerten	Aussagen von Materialien (Texten, Tabellen, Karten, Bildern) herausfinden und zusammenstellen.
beurteilen	Aussagen, Theorien oder Maßnahmen auf ihre Richtigkeit, Angemessenheit bzw. Anwendbarkeit prüfen, ohne persönlich Stellung zu nehmen.
bewerten	Materialien zu einem Sachverhalt analysieren und eine sachlich begründete persönliche Stellungnahme geben.
diskutieren	Zu einem Sachverhalt Argumente zusammenstellen, um daraus eine begründete Bewertung zu entwickeln.
erörtern	Zu einer These bzw. Problemstellung eine reflektierte, abwägende Auseinandersetzung führen und zu einem begründeten Sach- und/oder Werturteil kommen.
entwickeln	Vorschläge, Einschätzungen, Maßnahmen darlegen, die zu einer inhaltlich weiterführenden und zukunftsorientierten Betrachtung führen.
gestalten	Sich mit einem Problem produkt-, rollen- bzw. adressatenorientiert auseinandersetzen (z. B. Vorträge, Streitgespräche, Szenarien oder Modelle).
interpretieren	Nach einer Auswertung von Materialien den Sinn eines Sachverhalts erfassen, Zusammenhänge darstellen und Schlussfolgerungen ziehen.
prüfen/überprüfen	Aussagen auf der Basis eigener Kenntnisse oder von Sachinformationen auf deren Richtigkeit untersuchen.
Stellung nehmen	Zu einem Sachverhalt bzw. einer Behauptung differenziert argumentierend eine eigene Meinung äußern bzw. eine begründete Position vertreten.

Maße, Gewichte und andere Einheiten

Längenmaße
1 m (Meter) = 10 dm (Dezimeter)
= 100 cm (Zentimeter)
= 1000 mm (Millimeter)
1 km (Kilometer) = 1000 m
1 Meile (amerik./brit.) = 1609 m
1 sm (Seemeile) = 1852 m

Flächenmaße
1 m^2 (Quadratmeter) = 1 m · 1 m
1 a (Ar) = 10m · 10m = 100 m^2
1 Morgen = 2500 m^2
1 ha (Hektar) = 100 m · 100 m = 10 000 m^2
1 km^2 (Quadratkilometer) = 1 km · 1 km = 100 ha

Raummaße/Hohlmaße
1 l (Liter) = 1 dm^3 (Kubikdezimeter)
= 1 dm · 1dm · 1dm
1 hl (Hektoliter) = 100 l (Liter)
1 m^3 (Kubikmeter) = 1 m · 1 m · 1 m

Gewichte
1 kg (Kilogramm) = 1000 g (Gramm)
1 dt (Dezitonne) = 1 dz (Doppelzentner)
= 100 kg
1 t (Tonne) = 1000 kg

Temperaturen
0 °C die Temperatur, bei der Wasser auf Meereshöhe gefriert
100 °C die Temperatur, bei der Wasser auf Meereshöhe siedet

Lichtgeschwindigkeit etwa 300 000 km pro Sekunde
1 Lichtjahr die Entfernung, die das Licht in einem Jahr zurücklegt (9,4 Billionen Kilometer)

Einheiten
Kilo: 1000
Mega: 1000 · 1000 = 1 000 000 (1 Mio.)
Giga: 1000 · 1000 · 1000 = 1 000 000 000 (1 Mrd.)

Vergleichswerte
1 Fußballplatz: etwa 100 m · 60 m = 6000 m^2
Ladung eines Lkws (ohne Anhänger): zwischen 7 und 25 Tonnen
Ladung eines Güterwagens: zwischen 15 und 35 Tonnen
Innenmaße Schiffscontainer (Typ Twenty-Foot Equivalent Unit, kurz: TEU):
Länge 5,89 m x Breite 2,35 m x Höhe 2,39 m = 31,5 m^3

Lexikon der Jahrgangsstufen 5 bis 10

Ablagerungsgesteine
(auch Sedimentgesteine)
Sie entstehen aus unzähligen kleinen Gesteinsteilchen und abgestorbenen Organismen, die abgelagert und unter ihrem Eigendruck zu neuen Gesteinen verfestigt wurden. Beispiel: Sandstein

Agrarkolonisation
Inkulturnahme landwirtschaftlich bislang noch nicht genutzter Landschaftsräume. Von Agrarkolonisation spricht man heute meist bei Erschließungen in den Tropen, aber auch bei der Besiedlung und Kultivierung nördlicher Waldgebiete in Kanada oder Sibirien.

Agrobusinessunternehmen
industrieähnliche, kapitalintensive, mit hoher Produktionskapazität ausgestattete Unternehmen zur Erzeugung landwirtschaftlicher Produkte

Agroforstwirtschaft
Agroforstwirtschaft bezeichnet ein teils mehrstöckiges landwirtschaftliches Produktionssystem, das Elemente des Ackerbaus und der Tierhaltung mit solchen der Forstwirtschaft kombiniert. Sowohl mehrjährige Bäume oder Nutzhölzer als auch einjährige landwirtschaftliche Nutzpflanzen werden auf derselben Fläche integriert.

agronomische Trockengrenze
agrargeographische Anbaugrenze, die Gebiete trennt, in denen sinnvoll Regenfeldbau möglich ist, von Gebieten, in denen dies nicht mehr möglich ist und gegebenenfalls Bewässerungsfeldbau oder der ebenfalls auf ausschließlicher Nutzung des Niederschlags basierende Trockenfeldbau

Aktivraum
Ein Aktivraum ist eine Region, in der die Wirtschaftsleistung und der Lebensstandard über dem landesweiten Durchschnitt liegen.

Albedo
Rückstrahlungsfähigkeit diffuser, nicht spiegelnder Oberflächen, in der Klimageographie das Verhältnis von reflektierter und eingehender Sonnenstrahlung, ausgedrückt durch eine dimensionslose Zahl zwischen 0 und 1

Anrainerstaat
Unter Anrainerstaat versteht man ein Land, das an einen bestimmten geographischen Raum grenzt, z. B. an ein Gewässer, ein Gebirge oder ein anderes Land.

anthropogener Treibhauseffekt
Von Menschen verursachte Verstärkung des natürlichen Treibhauseffektes durch Emission von Treibhausgasen, wie beispielsweise Kohlenstoffdioxid (CO_2). Der anthropogene Treibhauseffekt trägt maßgeblich zur globalen Erwärmung bei, da langfristig mehr Wärme gespeichert wird.

Äquator
Der Äquator ist eine Linie auf Karten und Globen, die die Erde in eine Nord- und eine Südhalbkugel teilt. Er ist mit 40 077 km der längste Breitenkreis.

äquatoriale Tiefdruckrinne
siehe Innertropische Konvergenzzone

Aquifer
Gesteinskörper mit Hohlräumen, der zur Speicherung und Leitung von Grundwasser geeignet ist

arid
Die potenzielle Verdunstung ist größer als der jährliche Niederschlag.

atlantisches Klima
siehe maritimes Klima

Atmosphäre
Die Atmosphäre ist die Lufthülle der Erde. Sie ist ungefähr 1 000 km dick und besteht aus verschiedenen Gasen und Schichten.

Bad Governance
Der Begriff steht für schlechte Regierungsführung aufgrund von z. B. fehlender Rechtsstaatlichkeit, Korruption oder autokratischer Staatsführung.

Binnenland
Ein Binnenland liegt im Inneren eines Kontinentes ohne direkten Zugang zum Meer.

Binnenmarkt
Ein Binnenmarkt zeigt eine wirtschaftliche Struktur nach weitgehend einheitlichen Regelungen. Hier sind z. B. freie Waren-, Dienstleistungs- und Kapitalströme möglich. Der größte Binnenmarkt der Welt ist der Europäische Binnenmarkt, ein gemeinsamer Markt der EU-Mitgliedsstaaten.

Binnenmeer
Dabei handelt es sich um ein Meer, das fast vollständig vom Festland umgeben und nur durch einen schmalen Durchlass mit einem Ozean verbunden ist. Beispiel: Ostsee

Biomasse
Gesamtheit aller lebenden, toten und zersetzten Organismen eines Ökosystems

Boden
Boden ist die wenige Zentimeter bis zu mehreren Metern dicke Schicht der äußeren Erdkruste. Er entsteht durch Verwitterung und bietet den Wurzeln der Pflanzen Halt.

Bodenhorizont
Ein Boden setzt sich aus unterschiedlichen Bodenschichten, den Horizonten, zusammen. Der A-Horizont z. B. stellt die oberste Schicht dar und ist mit Mineralstoffen und Humus angereichert.

Bohrinsel
Eine Bohrinsel ist eine künstlich errichtete Plattform, die auf einem Stahlgerüst oder auf Schwimmkörpern im Meer steht. Auf einer Bohrinsel werden Erdöl oder Erdgas aus dem Meeresboden gefördert und über Pipelines oder Tankschiffe an Land transportiert.

borealer Nadelwaldgürtel
Diese Vegetationszone mit ausgedehnten Nadelwäldern aus Tannen, Lärchen, Kiefern und Fichten erstreckt sich auf der Nordhalbkugel als Gürtel der kaltgemäßigten Klimazone.

Brachzeit
Zeitraum, in dem Ackerland brach liegt, d. h. außer Boden verbessernden Maßnahmen wird das Feld nicht bestellt. Brachzeiten werden zur Erholung des Bodens und zur Verbesserung des Nährstoffgehalts im Boden eingeschaltet.

Brandrodung
Rodungsverfahren, bei dem durch gezieltes und kontrolliertes Legen von Feuer Waldflächen landwirtschaftlich nutzbar gemacht werden

Breitenkreis
(auch Breitengrad)
Der Breitenkreis ist ein Teil des Gradnetzes der Erde. Der längste Breitenkreis ist der Äquator. Vom Äquator aus (0°) werden Breitenkreise nach Norden bis 90° nördlicher Breite und nach Süden bis 90° südlicher Breite gezählt.

Bruttoinlandsprodukt (BIP)
Gesamtwert aller in einem bestimmten Zeitraum innerhalb eines Raumes, z. B. eines Staates, für den Endverbraucher erzeugten Güter und Dienstleistungen

Bruttonationaleinkommen (BNE)
Summe der innerhalb eines Jahres von allen Bewohnern eines Staates (Inländern) erwirtschafteten Einkommen, unabhängig davon, ob diese im Inland oder im Ausland erzielt wurden

Cash Crops
landwirtschaftliche Produkte, die zu Verkaufs- oder Exportzwecken und somit zur Gewinnerzielung angebaut werden

chemische Verwitterung
Veränderung der chemischen Zusammensetzung und in der Folge Zersetzung eines Minerals durch Reaktionen mit Wasser und darin enthaltenen gelösten Stoffen

City
Als City wird bei größeren Städten das Stadtzentrum bezeichnet. Sie ist ein in der Innenstadt gelegener Teilraum einer Großstadt, in dem sich hochrangige zentrale Einrichtungen der Verwaltung, des Handels und der Dienstleistungen räumlich konzentrieren.

Cluster
Ein Cluster ist eine Art Netzwerk bei der Herstellung neuer Produkte und Verfahren. Die Beteiligten siedeln sich dabei in räumlicher Nähe zueinander an. Ein Cluster können z. B. Industriebetriebe, Hochschulen, Forschungseinrichtungen, zukunfts- und technologieorientierte Unternehmen oder spezialisierte Dienstleistungsbetriebe bilden.

Corioliskraft
„Scheinkraft", die aus der Trägheit strömender Luftmassen und der Erddrehung resultiert

Dauerfeldbau
ganzjährige Nutzung von Kulturpflanzen, die durch gleichmäßige klimatische Verhältnisse oder durch Zuführung von Bewässerungswasser in Trockenperioden möglich ist

Dauerkultur
Bei dieser Form der Landwirtschaft stehen die Nutzpflanzen mehrere Jahre oder dauerhaft auf den gleichen Flächen. Es handelt sich dabei meistens um Baum- oder Strauchkulturen, z. B. Obstbäume oder Wein.

Degradation
Verschlechterung der Bodengüte durch natürliche Ursachen, wie etwa Ausspülung, oder anthropogen bedingt durch Brandrodung oder Überweidung

Deich
Ein Deich ist ein künstlich aufgeschütteter Damm an Meeresküsten oder Flussufern, der vor Überschwemmungen schützt.

Delta
Als Delta bezeichnet man eine Flussmündung, die durch ständige Ablagerung von Sedimenten aufgrund der geringeren Fließgeschwindigkeit in das Meer oder einen See hineinwächst. Durch Aufteilung des Flusslaufes in mehrere Mündungsarme erhält ein Delta meist eine fächerartige Form. Beispiel: Rhein-Maas-Delta

Desertifikation
Landschaftswandel in Trockengebieten, der unter anderem durch menschliches Einwirken ausgelöst wird und ein Vordringen der Wüste begünstigt

Dornstrauchsavanne
Vegetationstyp der Wechselfeuchten Tropen, der durch offenen Bewuchs und in relativ regelmäßigen Abständen stehende Büsche charakterisiert wird

Disparitäten, regionale
Von regionalen Disparitäten spricht man, wenn sich Regionen in ihrer wirtschaftlichen und sozialen Entwicklung unterscheiden. Dadurch herrschen ungleiche Lebensbedingungen für die Bewohner etwa in der Verfügbarkeit von Arbeitsplätzen.

Diversifizierung
in der Landwirtschaft die Erweiterung der Anbaupalette auf mehrere, unterschiedliche Kulturpflanzen, in der Industrie die Ausweitung der Branchenvielfalt durch neue, bisher nicht vertretene Unternehmen

Eiserner Vorhang
Der Eiserne Vorhang bezeichnet die Abgrenzung des Einflussbereichs der früheren Sowjetunion (Ostblockstaaten) gegenüber der westlichen Welt nach dem Zweiten Weltkrieg bis 1989. Diese Grenze verlief auch mitten durch Deutschland und trennte die ehemalige Deutsche Demokratische Republik (DDR) von der Bundesrepublik Deutschland (BRD).

Eisenhütte
Bei einer Eisenhütte handelt es sich um eine Industrieanlage, in der aus Eisenerz und Koks Roheisen hergestellt wird. Das Roheisen wird anschließend zur Erzeugung von Eisen und Stahl genutzt.

Ekliptik
Die Ebene der Umlaufbahnen der Planeten um die Sonne bezeichnet man als Ekliptik.

Emissionen
Darunter versteht man die Abgabe von festen, flüssigen oder gasförmigen Stoffen, die die Atmosphäre und die Umwelt verunreinigen. Solche Schadstoffe können z. B. Staub oder Kohlenstoffdioxid (CO_2) sein.

endogene Kräfte
Verschiebungen der Erdkrustenplatten werden durch Magmaströme im oberen Erdmantel verursacht (Konvektionsströme). Diese endogenen (von innen wirkenden) Kräfte formen die Erdoberfläche, z. B. bei der Gebirgsbildung und durch Vulkanismus und Erdbeben.

Epizentrum
Bei einem Erdbeben stellt das Epizentrum den Bereich dar, der sich an der Erdoberfläche direkt über dem Erdbebenherd befindet.

Erdbebenherd
(auch Hypozentrum)
Der Erdbebenherd ist der Entstehungsort des Erdbebens im Erdmantel oder in der Erdkruste. Am Erdbebenherd wird Energie freigesetzt, die sich in Wellen ausbreitet.

Erdkern
Der Erdkern ist der innere Teil des Erdkörpers. Er beginnt ab 2 900 km Tiefe und reicht bis zum Erdmittelpunkt in 6 370 km Tiefe.

Erdkruste
Der Erdkörper ist aus mehreren Schalen aufgebaut. Die Erdkruste ist die äußerste Schale. Sie ist zwischen 15 und 70 km dick.

Erdmantel
Der Erdmantel ist die zwischen der Erdkruste und dem Erdkern gelegene Schale des Erdkörpers. Er besteht v. a. aus zähflüssigem Magma.

Erdplatten
Die Erdkruste besteht aus sieben großen und mehreren kleineren Erdplatten.

Erdrevolution
Die Erde umkreist innerhalb eines Jahres auf einer elliptischen Umlaufbahn einmal die Sonne.

Ergussgestein
Diese Gesteinsart entsteht bei vulkanischer Aktivität durch schnelles Abkühlen der Gesteinsschmelze an der Erdoberfläche, z. B. Lavagestein.

Erosion
Die Erosion zählt zu den exogenen Kräften und bezeichnet die Abtragung von Gesteinsmaterialien, etwa durch die Wirkung des Windes, des fließenden Wassers oder des Gletschereises. Das abgetragene Gesteinsmaterial wurde vorher durch physikalische Verwitterungsvorgänge aufbereitet, z. B. wenn Wasser in Felsspalten gefriert, sich dabei ausdehnt und das Gestein lockert oder durch chemische Verwitterungsvorgänge, z. B. durch Säuren, zersetzt.

Eurasien
Die zusammenhängende Landmasse der beiden Kontinente Europa und Asien wird als Eurasien bezeichnet.

Europäische Gemeinschaft (EG)
Die Europäische Gemeinschaft entstand 1993 als Nachfolger der Europäischen Wirtschaftsgemeinschaft (EWG). Das primäre Ziel der EG war die Schaffung eines europäischen Binnenmarktes.

Europäische Union (EU)
Bei der EU handelt es sich um ein Staatenbündnis von 27 europäischen Mitgliedsländern (2022) mit dem Ziel einer wirtschaftlichen und politischen Vereinigung.

Euroregion
(auch Europaregion oder Euregio)
länderübergreifende Region in Europa, die durch raumplanerische Maßnahmen kooperierender Behörden und Unternehmen in besonderer Weise gefördert wird

exogene Kräfte
Exogene (von außen wirkende) Kräfte formen zusammen mit den endogenen Kräften die Erdoberfläche. Zu den exogenen Kräften gehören z. B. Verwitterung und Abtragung (Erosion), etwa durch den Wind, fließendes Wasser oder durch Gletschereis.

Faltengebirge
Bei einem Faltengebirge wurden die ursprünglich waagerecht abgelagerten Gesteinsschichten im Erdinneren gefaltet und danach hoch über den Meeresspiegel herausgehoben.

Feuchtsavanne
In den Feuchtsavannen wachsen überwiegend Gräser, wie z. B. Elefantengras, die bis zu sechs Meter hoch werden können. Die Gräser nehmen in der Regenzeit oberflächennahen Niederschlag auf und vertrocknen in der Trockenzeit, weil sie keinen Verdunstungsschutz besitzen. Holzgewächse kommen nur im leicht geschlossenen Feuchtsavannenwald oder an Flüssen vor.

Flächenverbrauch
Flächenverbrauch bezeichnet die Umwandlung von naturnahen Flächen (z. B. Wald- und Agrarflächen) in Bauland, zum Wohnen, für Infrastruktur oder in Gewerbeflächen.

Flöz
Als Flöz bezeichnet man eine Rohstoff führende Schicht (z. B. Steinkohle) zwischen anderen Gesteinsschichten.

fluviatil
Wörtlich übersetzt bedeutet fluviatil „zum Fluss gehörig". Dementsprechend wird der Begriff für Prozesse verwendet, die durch fließendes Wasser verursacht werden.

Föhn
Durch ein Gebirge werden Luftmassen zum Auf- oder Absteigen gezwungen. Beim Aufsteigen kühlt die Luft ab, es kommt zu Wolkenbildung und Niederschlägen. Beim Absteigen erwärmt sich die Luft wieder. Dadurch entsteht ein warmer, trockener Fallwind.

Food Crops
landwirtschaftlich angebaute Produkte, die vornehmlich der Selbstversorgung (Subsistenzwirtschaft) dienen und lediglich in geringem Maße auf dem Markt verkauft werden

fossile Rohstoffe
Fossile Rohstoffe, z. B. Steinkohle, Braunkohle, Erdöl und Erdgas, entstehen über Jahrmillionen hinweg aus abgestorbenem pflanzlichen und tierischen Material.

fossiler Energieträger
Energieträger, die in lang vergangenen Zeiten beim Abbau von toten Pflanzen und Tieren entstanden sind

fossiles Grundwasser
Wasser in tiefen Gesteinskörpern, das seit der Prähistorie – teils auch deutlich länger – keinen Kontakt mehr mit der Erdatmosphäre oder Oberflächengewässern hatte

Fremdlingsfluss
ein Fluss, der aus einem Feuchtgebiet kommt und in oder durch ein Trockengebiet fließt

Frontex
Frontex ist die europäische Grenzschutzagentur mit der Aufgabe, Überwachungs- und Kontrollmaßnahmen entlang der EU-Außengrenze zu koordinieren.

Fruchtwechsel
Um dem Boden nicht immer dieselben Nährstoffe zu entziehen, wird auf einer landwirtschaftlichen Fläche regelmäßig, häufig im Dreijahresrhythmus, die Folge der Anbaufrüchte gewechselt. So folgt z. B. nach dem Zuckerrübenanbau im nächsten Jahr Gerste und im darauffolgenden Jahr Weizen.

Gezeiten
Unter Gezeiten versteht man das regelmäßige Heben und Senken des Meeresspiegels an der Küste. Das Ansteigen des Wassers nennt man Flut, das Sinken Ebbe.

Gini-Koeffizient
ein statistisches Maß für die Ungleichverteilungen in einer Gesellschaft

glaziale Serie
Die glaziale Serie bezeichnet die in einer bestimmten Reihenfolge ausgebildeten Landschaftsformen, die während der pleistozänen Vergletscherungen durch jeden Gletschervorstoß unter den Gletschern, an deren Randlagen und in deren Vorland entstanden sind.

Good Governance
verantwortungsvolle Regierungsführung, die durch folgende Merkmale charakterisiert wird: transparent und effektiv, die Regierung legt Rechenschaft ab, beteiligt alle Menschen und berücksichtigt die Meinung von Minderheiten und die Bedürfnisse von Schwachen

Golfstrom
Der Golfstrom ist eine warme Meeresströmung. Er kommt aus dem Golf von Mexiko, durchzieht den Atlantischen Ozean in nordöstliche Richtung und trifft auf die Küsten in West- und Nordeuropa als Nordatlantikstrom. Dort sorgt er vor allem im Winter für milde Temperaturen.

Grabenbruch
Bruchlinie der Erdkruste von kontinentalem Ausmaß

Gradnetz
Bei bestimmten Darstellungen, zum Beispiel bei Globus und Karte, ist die Erde mit einem Netz von Linien überzogen. Diese verlaufen von Norden nach Süden (Längenhalbkreise oder Meridiane) und von Westen nach Osten (Breitenkreise). Zusammen bilden diese Linien das Gradnetz der Erde. Es dient der genauen Ortsbestimmung auf der Erde.

Gründüngung
Eine Möglichkeit der Bodenverbesserung durch Gründüngung ist der Anbau von Kleegras oder Luzerne, die untergepflügt werden, um dem Boden Nährstoffe zuzuführen.

Grundwasser
Wasser von Niederschlägen und Fließgewässern, das sich auf einer wasserundurchlässigen Schicht in tieferen Bodenschichten sammelt

Hartlaubgewächse
Als Hartlaubgewächse werden typische Pflanzen in Gebieten mit einer trockenen Jahreszeit (sommertrockene Subtropen) bezeichnet. Die Ausbildung einer dicken Rinde und harter, lederähnlicher Blätter vermindert die Verdunstung. Typische Vertreter sind der Oleander, der Ölbaum und die Korkeiche.

Hochdruckgebiet
Bezeichnung für ein Gebiet mit hohem Luftdruck

Hochwasser
So nennt man den Zustand, wenn der Wasserstand von Flüssen, Bächen und Meeren über das Normalmaß ansteigt.

humid
Der jährliche Niederschlag ist höher als die potenzielle Verdunstung.

Humusschicht
Bei der Umwandlung und Zersetzung von organischem Material im Boden durch Bodenlebewesen wird Humus produziert. Die Ausprägung der Humusschicht beeinflusst durch ihr Wasserhaltevermögen und ihren Nährstoffgehalt die Fruchtbarkeit des Bodens.

Hurrikan
Tropischer Wirbelsturm im nördlichen Atlantischen Ozean mit mindestens der Windstärke 12

Informations- und Kommunikationstechnik (IKT)
Dieser Begriff umfasst alle Technologien, die Informationen auf elektronischem Weg verarbeiten, übermitteln und darstellen.

informeller Sektor
Als informeller Sektor wird jener Teil einer Volkswirtschaft bezeichnet, dessen wirtschaftliche Tätigkeiten nicht in der offiziellen Statistik erfasst sind. Er entzieht sich der staatlichen und gesetzlichen Kontrolle, sodass dem Staat aus diesem Sektor keine Steuereinnahmen zufließen.

Infrastruktur
Unter Infrastruktur wird die Ausstattung eines Raumes mit Einrichtungen wie Verkehrsnetz, Kommunikationsnetz, Wasser- und Stromversorgung, Müllabfuhr, Krankenhäusern oder kulturellen Einrichtungen verstanden.

Innertropische Konvergenzzone (ITC)
Zone, in der die Nordost- und Südostpassate in Äquatornähe auf Bodenniveau aufeinandertreffen (konvergieren)

Insolationsverwitterung
Die Insolationsverwitterung beruht auf der Tatsache, dass sich das Volumen aller Gesteine in Abhängigkeit von der Temperatur verändert. Bei starker Sonneneinstrahlung dehnt sich das Gestein aus, nächtliche Abkühlung lässt es wieder zusammenziehen. Durch diese Prozesse wird der Gesteinsverband zerrüttelt und allmählich gelockert.

Intensivierung
In der Landwirtschaft werden die Maßnahmen zur Steigerung der Ernteerträge pro Hektar als Intensivierung bezeichnet. Dies geschieht z.B. durch den Einsatz von hochwertigem Saatgut, von Pflanzenschutz- und Düngemitteln sowie durch eine zeitaufwendigere Bodenbearbeitung.

Intensivtierhaltung
Bei der Intensivtierhaltung wird von einem Betrieb eine sehr große Zahl von Nutztieren (z. B. Schweinen, Hühnern) gehalten. Um Kosten zu sparen, sind in diesen spezialisierten Betrieben die Arbeitsabläufe (z. B. Füttern, Entmisten) stark automatisiert.

Jahrestemperaturamplitude
Differenz zwischen höchstem und niedrigstem Monatsmittel der Temperatur im Jahr

Kaufkraftparität (KKP)
Kaufkraftparität zwischen zwei geographischen Räumen im selben Währungsraum liegt dann vor, wenn Waren und Dienstleistungen eines Warenkorbes für gleich hohe Geldbeträge erworben werden können.

Kernsprung
Form der physikalischen Verwitterung v. a. in warm-aridem Klima. Starke Sonneneinstrahlung kann in Gesteinsblöcken große Temperaturunterschiede und damit entsprechend große Spannungen erzeugen, sodass die Blöcke an Klüften gespalten werden.

Klimaänderung
ein anhand von statistischen Kenngrößen signifikant nachweisbarer Übergang zu einem anderen Klimazustand (auch Klimawandel)

Klimaszenario
Klimaprognosen, die entworfen werden, um die künftige Klimaentwicklung und deren Auswirkungen zu modellieren. Dabei bedient man sich sowohl realitätsnaher als auch extremer Szenarien.

Klimazone
Klimazonen sind die gürtelartig um die Erde angeordneten Gebiete mit ähnlichen klimatischen Bedingungen (z. B. Temperatur und Niederschlag). Sie sind im Wesentlichen durch die unterschiedlichen Einstrahlungswinkel der Sonne bedingt. Die Erde wird grob untergliedert in die Polare Zone, die Subpolare Zone, die Gemäßigte Zone, die Subtropen und die Tropen.

Kolonialzeit
Während der Kolonialzeit eigneten sich europäische Staaten bis zur Mitte des 20. Jahrhunderts weite Teile Südamerikas, Asiens und Afrikas an. Die einheimische Bevölkerung wurde aus Siedlungs- und Wirtschaftsgründen unterdrückt und ausgebeutet.

Kondensation
Als Kondensation bezeichnet man den Übergang des Wasserdampfes vom gasförmigen in den flüssigen Zustand. Dabei bilden sich in der Atmosphäre Nebel und Wolken.

kontinentales Klima
(auch Landklima)
Dieses Klima ist gekennzeichnet durch vergleichsweise große Temperaturschwankungen während des Jahres und geringe Niederschläge. Es tritt im Inneren der Kontinente auf.

Kreativwirtschaft
Wirtschaftssektor, der sich mit der Schaffung, Produktion und Verbreitung von kulturellen Gegenständen und Dienstleistungen befasst.

Kulturpflanze
Kulturpflanzen sind durch Züchtung veränderte Pflanzen, die ursprünglich von Wildpflanzen abstammen. Kulturpflanzen sind z. B. Reis, Weizen, Mais.

Küstenland
Als Küstenland bezeichnet man ein Land mit direktem Zugang zum Meer.

Küstenwüste
Die Küstenwüste ist ein extremer Wüstentyp im Küstenbereich, der sich in den Tropen und Subtropen unter Einfluss eines kalten Meeresstromes entwickelt.

Kryptophyt
Kryptophyt ist eine Bezeichnung für eine Wuchsform von höheren Pflanzen, bei der die Überdauerungsorgane im Boden verborgen liegen, um ungünstige Jahreszeiten, z. B. Trockenperioden, besser zu überdauern.

kurzgeschlossener Nähr- bzw. Mineralstoffkreislauf
Der verkürzte Nährstoff- oder Mineralstoffkreislauf führt zur Bildung extrem nährstoffarmer Böden etwa in den Inneren Tropen. Nährstoffe (z. B. Kalium, Kalzium und Magnesium) werden sofort von den Wurzeln wieder aufgenommen und nicht im Boden gespeichert.

Lagerstätte
Eine Lagerstätte ist ein Bereich in der Erde oder an der Erdoberfläche, in dem sich natürliche Rohstoffe (z. B. Erze, Erdöl, Erdgas) konzentrieren und deren Abbau sich aufgrund der hohen Mengen sowie der technischen Erreichbarkeit wirtschaftlich lohnt.

Landflucht
Der ländliche Raum ist oft gekennzeichnet durch niedrige Einkommen, wenige Arbeitsplätze und geringe Bildungsmöglichkeiten. Daher wandern Teile der ländlichen Bevölkerung, insbesondere junge Menschen, in die Städte ab. Dort erhoffen sie sich bessere Lebensbedingungen.

Landklima
siehe kontinentales Klima

ländlicher Raum
Der ländlichen Raum ist ein Gebiet, das durch eine geringe Bevölkerungsdichte, das Fehlen großer Städte, eine überdurchschnittliche Anzahl von Beschäftigten in der Landwirtschaft, einen Mangel an Arbeitsplätzen in der Industrie und im Dienstleistungsbereich sowie eine geringe Verkehrserschließung gekennzeichnet ist.

Landwechselwirtschaft
traditionelle Formen der Landwirtschaft, bei der ein periodischer Wechsel der Anbau- und Brachflächen stattfindet

Längenhalbkreis (auch Meridian)
Längenhalbkreise sind ein Teil des Gradnetzes und verlaufen von Pol zu Pol. Durch Greenwich (Vorort von London) verläuft der Nullmeridian.

Leeseite
Die Leeseite ist die dem Wind abgewandte Seite (z. B. eines Gebirges).

Lithosphäre
äußerste Hülle der Erde, die aus festem Gestein besteht

Luvseite
Die Luvseite ist die dem Wind zugewandte Seite (z. B. eines Gebirges).

Macchie
Macchie bezeichnet eine immergrüne Vegetationsform des Mittelmeerraumes. Sie besteht aus ein bis drei Meter hohen Sträuchern und Baumsträuchern, die sich nach der Rodung der Hartlaubwälder entwickeln.

Magma
Magma ist die glutflüssige, gashaltige Gesteinsschmelze im Erdmantel.

marin
Wörtlich übersetzt bedeutet marin „zum Meer gehörig". Dementsprechend wird der Begriff für Prozesse verwendet, die mit dem Meer zusammenhängen.

maritimes Klima
(auch atlantisches Klima, Seeklima)
Dieses Klima ist gekennzeichnet durch geringe Temperaturschwankungen während des Jahres und hohe Niederschläge. Es tritt auf Inseln und in der Nähe von Küsten oder großen Seen auf.

Massentourismus
Der Begriff wird häufig geringschätzig für Ferienregionen mit extrem hohen Urlauberzahlen (Massen) im Sinne einer Kritik an den Auswüchsen des Tourismus gebraucht. Auslöser sind meist preisgünstige Pauschalangebote, die es vielen Menschen überhaupt erst ermöglichen zu reisen (siehe Pauschaltourismus).

Mechanisierung
Mechanisierung ist der Ersatz der Handarbeit und der menschlichen Arbeitskraft durch moderne Maschinen und Geräte.

mediterranes Klima
Das Klima des Mittelmeerraumes (Mittelmeerklima) bzw. der Subtropen ist gekennzeichnet durch warme, trockene Sommer und milde, regenreiche Winter.

Meerenge
Eine Meerenge ist ein schmaler Durchgang, der zwei Meeresteile oder Meere miteinander verbindet. Ein Beispiel ist die Meerenge zwischen Jütland und der schwedischen Westküste, durch die die Ostsee an die Nordsee angeschlossen ist.

Megastadt
größte statistische Kategorie für städtische Agglomerationen mit einer Einwohnerzahl von mehr als zehn Millionen Menschen

Metropole
Eine Metropole ist der städtische, politische, wirtschaftliche und gesellschaftliche Mittelpunkt eines Landes. Beispiele: Paris, London, New York, Moskau, Shanghai

Metropolisierung
Metropolisierung beschreibt einen Prozess, bei dem eine Stadt oder wenige Städte bezüglich Wirtschaftskraft, funktionaler Bedeutung und Einwohnerzuwachs eine dominante Rolle einnehmen. Metropolisierung führt zur Verstärkung räumlicher Disparitäten zwischen Stadt und ländlichem Raum, mitunter auch zu negativen Überlastungserscheinungen sowie innerstädtischer und randstädtischer Slumbildung.

Metropolregion
Eine Metropolregion ist ein städtischer Verdichtungsraum, der eine deutlich höhere Einwohnerzahl, Bevölkerungs-, Industrie- und Verkehrsdichte aufweist als die an die Metropolregion angrenzenden Gebiete.

Migrantin, Migrant
Allgemein verwendet man die Begriff Migrantin bzw. Migrant für einen Menschen, der langfristig seinen Wohnsitz ändert. Verlässt ein Mensch sein Land, so spricht man von Emigration, wandert er in ein anderes Land ein, so spricht man von Immigration.

Migration
Wanderung von Menschen mit dem Ziel, den Wohnort dauerhaft zu wechseln

Mikroplastik
Winzige, bis zu fünf Millimeter große Plastikteilchen bezeichnet man als Mikroplastik. Sie sind in vielen Hygiene- und Kosmetikartikeln wie Zahncreme und Duschgel, aber auch in Kunstfasertextilien wie Fleece enthalten.

Minerale
Minerale sind die Bestandteile, aus denen sich die Gesteine aufbauen.

Mineralstoffe
Mineralstoffe sind für das Wachstum der Pflanzen wichtig (z. B. Kalium, Stickstoff).

Mittelgebirge
Als Mittelgebirge werden ältere, stark abgetragene Gebirge mit abgerundeten Formen und Höhen von bis zu 1500 m bezeichnet.

Mittelmeer
Als Mittelmeer bezeichnet man ein großes Nebenmeer, das zwischen Kontinenten liegt. Das europäische Mittelmeer liegt zwischen Europa, Asien und Afrika und ist nur durch eine Meerenge, die Straße von Gibraltar, mit dem Atlantik verbunden.

Mittelmeerklima
siehe mediterranes Klima

Mittelozeanischer Rücken
Wenn sich am Ozeangrund zwei Erdplatten voneinander wegbewegen (divergieren), steigt Magma aus dem Erdinneren auf. Dadurch bilden sich lange Gebirge unter Wasser, die an manchen Stellen als Inseln über die Meeresoberfläche hinausragen können, z. B. Island.

Mobilität
Bezogen auf den Bereich Verkehr werden die Bereitschaft und die Möglichkeiten zum Transport von Personen und Gütern als Mobilität bezeichnet. Soziale Mobilität beschreibt hingegen etwa den Wechsel des Wohnorts aus beruflichen oder privaten Gründen.

Monitoring
Die dauerhafte Beobachtung eines Prozesses oder Phänomens bezeichnet man als Monitoring. Monitoring wird z. B. zur Überwachung von Umweltschutzgebieten oder zur Prognose von bevorstehenden Umweltkatastrophen durchgeführt.

Monokulturen
Anbau einer einzigen Kulturpflanze über längere Zeiträume auf der gleichen Fläche

Mykorrhiza
Mykorrhiza ist ein Pilzgeflecht, das an den Wurzeln meist mehrjähriger Pflanzen anhaftet und symbiotisch mit diesen verbunden ist. Besonders in den Inneren Tropen ermöglicht das Pilzgeflecht erst den direkten geschlossenen Nährstoffkreislauf.

Nachhaltigkeit
Der Begriff Nachhaltigkeit wird heutzutage in Umweltschutz, Wirtschaft und Politik gebraucht. Es geht darum, dass alle Menschen sich so verhalten sollen, dass die Erde auch für künftige Generationen lebenswert bleibt.

nachholende Entwicklung
Sie beschreibt einen Aufholprozess eines entwicklungsdefizitären Landes gegenüber einem hoch entwickelten Industrieland, bei dem wirtschaftliche, gesellschaftliche, demographische und politische Prozesse, die sich in den hoch entwickelten Ländern über einen langen, meist epochalen Zeitraum vollziehen konnten, in kurzer Zeit ablaufen sollen.

Nanotechnologie
In der Nanotechnologie werden Materialien verwendet, die in mikroskopischer Form vorliegen und raffinierte physikalische Effekte erzielen (z. B. Lotuseffekt, bei dem Wassertropfen auf einer Oberfläche abperlen).

Nationalpark
Ein Nationalpark ist ein großes Gebiet mit einer besonders schönen oder seltenen Naturlandschaft. Dort gelten strenge Schutzbestimmungen, um die hier lebenden Tiere und Pflanzen in ihrem Lebensraum zu erhalten.

natürlicher Treibhauseffekt
Auf der Erde wird das eingestrahlte kurzwellige Sonnenlicht an der Erdoberfläche in langwellige Wärmestrahlung umgewandelt. Die langwellige Strahlung kann, wie das Glas in einem Treibhaus, die mit Kohlenstoffdioxid, Wasserdampf und Ozon angereicherte Atmosphäre nicht vollständig durchdringen und sorgt für eine natürliche, lebenswichtige Erwärmung der Erde.

Nebenmeer
Der Oberbegriff Nebenmeer bezeichnet einen Teil des Meeres, der überwiegend von Land umschlossen (Binnenmeer) oder durch Inseln deutlich von einem Ozean abgetrennt ist (Randmeer).

Niederschlagsvariabilität
Sie beschreibt die Schwankungsbreite des Niederschlags in einer Region als Abweichung vom langjährigen Mittel. Im weiteren Sinn sind damit auch die zeitlichen Abweichungen des Eintreffens von Niederschlägen gemeint.

Oase
Eine Oase ist ein (meist) bewohnter Ort in Trockengebieten, der Menschen aufgrund von Wasserverfügbarkeit (z.B. Grundwasser, Fluss) einen räumlich begrenzten Lebensraum bietet.

öffentlicher Personennahverkehr (ÖPNV)
Das sind öffentlichen Verkehrsmittel, die gegen Bezahlung Menschen befördern, also z. B. Taxi, Bus, Tram, U- und S-Bahnen und die Eisenbahn.

offshore
Offshore bedeutet nicht an Land, sondern im Meer.

Ökosystem
In einem Ökosystem stehen die Umweltbereiche Klima, Tiere, Pflanzen, Wasser, Boden, Gesteine und Menschen in enger Wechselwirkung. Je nachdem, welche Lebensbedingungen herrschen, entwickeln sich unterschiedliche Ökosysteme wie eine Wiese, ein Wald, ein Gewässer oder ein Moor.

Orogenese
Sie bezeichnet die Hebung und Faltung von Gebirgen.

Ozean
Ein Ozean bezeichnet die einzelnen, durch Kontinente voneinander getrennten Teile des Weltmeeres: Diese sind der Atlantische, der Indische und der Pazifische Ozean.

ozeanisches Klima
siehe maritimes Klima

Passat
Die Passate (Südost- und Nordostpassat) sind beständig wehende Windsysteme der Tropen und Hauptbestandteile der innertropischen Zirkulation. Aus den Bereichen der Wendekreise wehen die beiden Passatzweige im Bereich der ITC in Bodennähe aufeinander zu.

Passivraum
Ein Passivraum ist eine Region, in der die Wirtschaftsleistung und der Lebensstandard unter dem landesweiten Durchschnitt liegen. Passivräume sind meist durch mangelnde Infrastruktur und Bevölkerungsrückgang durch Abwanderung gekennzeichnet. Oft sind ländliche Regionen oder Altindustriegebiete betroffen.

Pauschaltourismus
Dies ist eine Form des Reisens, bei der ein Reiseveranstalter dem Urlauber ein komplettes Angebot von z. B. Flug, Hotel und Verpflegung vermittelt.

Pendler
Pendler sind Menschen, die regelmäßig ihren Wohnort verlassen, um in einem anderen Ort zu arbeiten, zur Schule zu gehen oder einzukaufen. Sie pendeln also meist (werk-)täglich zwischen zwei Orten hin und her.

Permafrost
Permafrost (auch Dauerfrostboden genannt) ist im Untergrund ständig gefrorener Boden der Subpolaren/Polaren Zone bzw. in Gebirgsräumen, der nur in den Sommermonaten oberflächlich auftaut.

Pestizide
Bezeichnung für chemische Schädlingsbekämpfungsmittel

physikalische Verwitterung
Bei der physikalischen Verwitterung werden die Gesteine durch mechanische Vorgänge ohne wesentliche chemische Veränderungen zersetzt, wobei die Mineralien erhalten bleiben.

Pipeline
Bei Pipelines handelt es sich um Rohrleitungen zur Beförderung von Flüssigkeiten (z. B. Erdöl) oder Gasen (z. B. Erdgas) über große Entfernungen hinweg.

Plantage
Eine Plantage ist ein forst- oder landwirtschaftlicher Großbetrieb, der sich auf die Erzeugung einer Cash-Crop-Kultur für den Weltmarkt spezialisiert. Kennzeichnend sind Monokulturen.

Pull- und Pushfaktoren
Pullfaktoren sind Einflüsse, die Menschen aus einem bestimmten Gebiet in ein anderes ziehen, so etwa die Hoffnung auf bessere Lebensbedingungen in den städtischen Räumen mit der Folge einer Landflucht. Pushfaktoren wirken in den Ursprungsgebieten und drücken Bevölkerung sozusagen aus einem Gebiet heraus, so etwa fehlende Arbeitsplätze im ländlichen Raum.

Qualitätstourismus
Um den Massentourismus und seine Folgen zu begrenzen, konzentrieren sich manche Urlaubsregionen auf höherwertige Tourismusangebote. Qualitätstourismus weist z. B. eine ökologische Bauweise der Hotels sowie hochpreisige Angebote im Wellness-, Sport- und Kulturbereich auf.

Randmeer
Als Randmeer bezeichnet man einen Teil des Meeres, der durch Inseln oder Halbinseln vom offenen Ozean abgetrennt ist. Beispiel: Nordsee

Regenfeldbau
Im Regenfeldbau (auch: Trockenfeldbau) wird in der Landwirtschaft für das Pflanzenwachstum nur das natürlich vorkommende Niederschlagswasser genutzt.

Rentenkapitalismus
Vor allem im Orient verbreitetes Wirtschaftssystem, bei dem gegen Einbehalt von Ernteanteilen (Landwirtschaft) oder Ertragsanteilen (Handwerk) der/die Eigentümer die wesentlichen Produktionsfaktoren (z. B. Wasser, Bearbeitungsgeräte und Saatgut in der Landwirtschaft), Werkzeuge und Werkstoffe (im Handwerk) an Bauern und Handwerker verleihen.

Richterskala
Mithilfe der Richterskala kann bei einem Erdbeben die Stärke der Erschütterungen angegeben werden.

Rodinia
hypothetischer Superkontinent des Präkambriums, der vor 1,1 Milliarden Jahren entstanden und vor etwa 800 Millionen Jahren zunächst in zwei große Bruchstücke zerbrochen sein soll

Rückkopplungseffekt
Rückkopplungen resultieren in einer Selbstverstärkung (positive Rückkopplung) eines durch ein System bedingten Prozesses oder zu dessen Abschwächung oder Selbstbegrenzung (negative Rückkopplung). In der Geoökologie bedingen Rückkopplungen bei statischen Zuständen Stabilität, bei dynamischen Entwicklungen Verstärkungen oder Abschwächungen eines Prozesses.

Salzgehalt
Der Salzgehalt drückt aus, wie viel Salz im Meerwasser enthalten ist. Durchschnittlich sind das 35 ‰ (Promille), also 35 Gramm Salz pro Liter.

Schelfmeer
Ein Schelfmeer bedeckt den Teil des Festlandssockels zwischen der Küste und einer Meerestiefe von etwa 200 Metern. Beispiel: Nordsee.

Schengenraum
Innerhalb des Schengenraumes werden keine Personenkontrollen durchgeführt, deshalb kann man sich innerhalb dieses Gebietes frei bewegen. Der Schengenraum umfasst im Jahr 2023 27 europäische Staaten.

Schwarzerde
Schwarzerde ist eine Bodenart mit einem mächtigen und stark humusreichen A-Horizont auf kalkhaltigem Lockersediment. Der Name beruht auf der dunklen Färbung des Bodens.

Schwerindustrie
Die Bezeichnung Schwerindustrie fasst alle Industriebereiche zusammen, die mit dem Bergbau und der Eisen- und Stahlerzeugung zu tun haben.

Schwerindustriegebiet
Dabei handelt es sich um ein Gebiet, das durch den Bergbau und die Eisen- und Stahlindustrie geprägt ist oder war, z. B. das Ruhrgebiet.

Sediment
verwittertes Gesteinsmaterial, das durch Wind, Wasser oder Eis transportiert und abgelagert wurde

Sedimentation
Ablagerung von verwittertem Lockermaterial auf der Erdoberfläche

Sedimentgestein
siehe Ablagerungsgestein

Seismograph
Gerät zur Messung von Erdbebenwellen. Der Seismograph zeichnet die Erschütterungen als Seismogramm auf.

Seeklima
siehe maritimes Klima

Sonderkultur
Sonderkulturen sind Nutzpflanzen, die mit hohem Aufwand an Arbeitskraft und Geld auf kleinen Flächen angebaut werden. Sie stellen besondere Ansprüche an Klima und Boden, liefern aber auch hohe Erträge pro Hektar (z. B. Obst, Wein, Gemüse).

Sparquote
Unter der Sparquote versteht man volkswirtschaftlich den Anteil des monatlich/jährlich Ersparten vom Einkommen.

Spezialisierung
Mit Spezialisierung wird die Konzentration landwirtschaftlicher Tätigkeit auf den Anbau ausgewählter Pflanzen (z. B. Weizen, Wein) oder auf eine Wirtschaftsform (z. B. Ackerbau, Viehzucht) bezeichnet.

Stadtstaat
Stadtstaaten sind Länder, die nur aus einer Stadt und gegebenenfalls ihrem engeren Umland bestehen.

Standortfaktor
Standortfaktoren sind Voraussetzungen, die ein Ort für die Produktion und den Vertrieb von Produkten bietet.

Steigungsregen
Steigungsregen entsteht, wenn Luftmassen auf der Luvseite von Gebirgen zum Aufstieg gezwungen werden und abkühlen. Der in der Luft enthaltene Wasserdampf kondensiert und geht dann als Regen oder Schnee nieder.

Stockwerkbau
Die natürliche Vegetationsvergesellschaftung des tropischen Regenwaldes gliedert sich in verschiedene „Etagen“ mit ganz spezifischen Vegetationsformen (Krautschicht, Strauchschicht, untere Baumschicht, obere Baumschicht, Urwaldriesen).

Strukturwandel
Eine Region erfährt einen Strukturwandel, wenn bisher wichtige Wirtschaftsbranchen an Bedeutung verlieren und gleichzeitig andere oder neue Wirtschaftszweige an Bedeutung gewinnen.

Sturmflut
Sturmflut ist die Bezeichnung für die Flut, die durch besonders starke Stürme höher an der Küste aufläuft als gewöhnlich. Bei besonders schweren Sturmfluten können Deiche brechen und das Hinterland kann überflutet werden.

Subduktion
Vorgang, bei dem ozeanische Lithosphäre am Rand einer tektonischen Platte in den Erdmantel abtaucht, während dieser Plattenrand gleichzeitig von einer anderen, angrenzenden Lithosphärenplatte überfahren wird.

Subsistenzwirtschaft
Diese Wirtschaftsform dient nur der Selbstversorgung, nicht dem Verkauf.

Suburbanisierung
Unter Suburbanisierung versteht man die Abwanderung der Stadtbevölkerung an den Stadtrand oder in das Umland. Diese Entwicklung führt dazu, dass sich städtische Räume in die umliegenden Gemeinden ausdehnen und sich das Leben dort verändert.

Subventionen
Wenn einzelne Betriebe oder ganze Wirtschaftszweige durch den Staat finanziell unterstützt werden, spricht man von Subventionen.

Sukkulenten
Sukkulenten (lat. sucus Saft) sind Pflanzenformationen, die an Wassermangel angepasst sind. Man unterscheidet Blatt-, Stamm- und Wurzelsukkulenten. Kakteen stellen die bekanntesten Vertreter der sukkulenten Pflanzen dar.

Süßwasser
Süßwasser ist Wasser, in dem keine oder nur sehr geringe Mengen an Salzen gelöst sind.

Tagestemperaturamplitude
Differenz in Grad Celsius zwischen höchster und tiefster gemessener Temperatur an einem Tag

Tageszeitenklima
Klima, das viel stärker durch die Tagesschwankungen der Temperatur geprägt ist als durch deren jahreszeitliche Schwankungen

Taiga
Der boreale Nadelwald wird in Russland als Taiga bezeichnet.

Tertiärisierung
Die Tertiärisierung beschreibt eine Entwicklung, bei der es zu einer zunehmenden Verlagerung von Arbeitsplätzen in den Dienstleistungssektor, den tertiären Sektor, kommt.

thermohaline Zirkulation
Unter thermohaliner Zirkulation im weiteren Sinn versteht man eine Kombination von Meeresströmungen, die Meeresströmungen mehrerer Ozeane miteinander dreidimensional verbindet. Im engeren Sinn wird darunter häufig die Golfströmung verstanden, die oberflächennahe Meeresströmung zwischen Golf von Mexiko und dem nordöstlichen Atlantik.

Therophyten
Therophyten sind ein- oder zweijährige, krautige Pflanzenarten von kurzer Lebensdauer, die als Samen im Boden überdauern.

Tidehochwasser
Erreicht der Wasserstand bei Flut den höchsten Wasserstand, spricht man vom Tidehochwasser.

Tiefdruckgebiet
So wird ein Gebiet mit niedrigem Luftdruck bezeichnet.

Tiefengestein
Dieses Gestein entsteht unterhalb der Erdoberfläche durch langsames Abkühlen von Magma. Beispiel: Granit

Transpiration
Transpiration beschreibt botanisch und klimageographisch die Verdunstung von Wasser von den Pflanzenoberflächen (Blättern, Stielen).

Treibhausgas
Treibhausgase sind klimawirksame Gase in der Atmosphäre, die den natürlichen Treibhauseffekt erst ermöglichen, allerdings diesen auch durch zusätzliche Freisetzung anthropogen verstärken. Wichtige Treibhausgase sind z. B. CO_2 (Kohlenstoffdioxid), CH_4 (Methan), NO_x (Stickstoffoxide) und Wasserdampf.

Trockensavanne
Vegetationstyp der Wechselfeuchten Tropen mit fünf bis sieben ariden Monaten und Jahresniederschlagsmengen zwischen 500 und 1 000 mm während einer ausgeprägten Regenzeit

Tropen
Astronomisch abgegrenzt sind die Tropen mit ihren Teilzonen Immerfeuchte Tropen, Wechselfeuchte Tropen und Randtropen die Großklimazone, in der die Sonne überhaupt nur im Zenit stehen kann, also der Bereich zwischen den beiden Wendekreisen. Klimageographisch betrachtet handelt es sich um den Bereich zwischen den beiden subtropisch-randtropischen Hochdruckgürteln der Nord- und Südhemisphäre. Die Tropen zeigen höhere tageszeitliche und geringere jahreszeitliche Temperaturschwankungen (→Tageszeitenklima).

Tröpfchenbewässerung
Bei dieser sparsamen Form der Bewässerung erhalten die landwirtschaftlichen Nutzpflanzen nur so viel Wasser, wie sie aufnehmen können.

Tundra
Bei der Tundra handelt es sich um eine weitgehend baumlose Kältesteppe mit Flechten, Moosen und Gräsern nördlich des borealen Nadelwaldes.

Überfischung
Überfischung findet statt, wenn in einem Gewässer mehr Fische gefangen werden, als durch natürliche Vermehrung nachwachsen können.

Übergangsklima
So wird das Klima Mitteleuropas bezeichnet. Von Westen nach Osten nimmt der Einfluss des Atlantischen Ozeans auf Temperaturen und Niederschläge ab. Es stellt eine Übergangszone zwischen maritimem und kontinentalem Klima dar.

UNESCO
Die UNESCO ist die Organisation der Vereinten Nationen für Bildung, Wissenschaft, Kultur und Kommunikation.

Verdichtungsraum
größere räumliche Konzentration von Einwohnern, Wirtschaftsaktivitäten, Arbeitsplätzen und Infrastruktur

Verkehrsnetz
Wenn viele Verkehrswege miteinander verknüpft sind, spricht man von einem Verkehrsnetz.

Verordnung
Im Allgemeinen stellt eine Verordnung eine gesetzlich erlassene Vorschrift dar.

verstädtert, Verstädterung
Allgemein wird unter Verstädterung der steigende Anteil der in Städten lebenden Bevölkerung eines Gebietes oder Staates gemeint. Darüber hinaus versteht man unter Verstädterung auch die Verdichtung des Siedlungs- oder Städtesystems oder die Zunahme der Städtezahl in einem bestimmten Raum.

Verwitterung
Als Verwitterung wird der Zerfall von Gesteinen an der Erdoberfläche unter Einfluss von Wasser, Hitze, Frost und Kleinstlebewesen bezeichnet.

Vulnerabilität
Bei der Erforschung von Entwicklungsdefiziten bezeichnet Vulnerabilität im engeren Sinn das Vorhandensein von Mangelerscheinungen und ungedeckten Grundbedürfnissen, darüber hinaus aber auch einen Zustand der Gesellschaft eines Landes/einer Region, der in besonderer Weise durch Anfälligkeit, Unsicherheit und Schutzlosigkeit gekennzeichnet ist.

Wachstumsperiode
Die Wachstumsperiode (auch Vegetationsperiode) ist die Zeitspanne, in der Pflanzen wachsen. Ihre Dauer ist vor allem von den Temperaturverhältnissen abhängig.

Wanderfeldbau
Wanderfeldbau ist eine Art des Ackerbaus in den Tropen und Subtropen. Dabei werden die Ackerflächen in einem zeitlichen Rotationszyklus mit dem Ziel der Bodenregeneration und der Einhaltung von Brachzeiten rhythmisch verlegt. Werden die neuen Anbauflächen durch Brandrodung gewonnen, so spricht man vom Brandrodungswanderfeldbau.

Währungsunion
Als Währungsunion bezeichnet man einen Zusammenschluss mehrerer Staaten, die eine gemeinsame Währung haben.

Wärmestrahlung
Unter Wärmestrahlung (auch thermische Strahlung genannt) versteht man elektromagnetische Strahlung, die am Ort ihrer Entstehung durch Umwandlung kurzwelliger Solarstrahlungsanteile in langwellige Strahlung entsteht.

Wasserversorgung
Wasserversorgung bezeichnet die Erschließung und Bereitstellung von Trink- und Brauchwasser für Bevölkerung und Wirtschaft.

Watt
Das Watt ist der Teil des Meeresbodens, der bei Ebbe trockenfällt und bei Flut vom Meer überschwemmt wird.

Weltnaturerbe
Die UNESCO zeichnet einzigartige Naturlandschaften mit hoher Bedeutung für die Menschheit als Weltnaturerbe aus. Die Natur soll so geschützt und erhalten werden.

Weltrisikoindex
Der Weltrisikoindex ermittelt anhand von 27 öffentlich zugänglichen Indikatoren das Katastrophenrisiko eines Landes im weltweiten Vergleich. Der Index setzt sich zusammen aus der Exposition gegenüber extremen Naturgefahren und der Vulnerabilität.

Weltstadt
Weltstädte sind meist Millionenstädte mit einem hohen Bekanntheitsgrad sowie weltweiter politischer, wirtschaftlicher und kultureller Bedeutung.

Wendekreis
Die beiden Wendekreise liegen auf 23,5° nördlicher bzw. südlicher Breite. Sie stellen die Linien dar, bis zu denen im Verlauf eines Jahres der Zenitstand der Sonne reicht.

Wendekreiswüsten
Wendekreiswüsten (z. B. Sahara) entstehen im Bereich der Wendekreise dort, wo Teile der Antipassatluftmassen absteigen, sich dabei erwärmen, zu Wolkenlosigkeit und damit zu hoher Sonneneinstrahlung führen.

Xerophyten
Xerophyten sind Pflanzen, die sich in besonderer Weise an trockene Standorte in Wüsten und Halbwüsten, aber auch in der Tundra angepasst haben.

Zeche
Eine Zeche ist ein Bergwerk, in dem im Untertagebau ein Rohstoff (z. B. Steinkohle) gefördert wird.

Zenitalregen
Zenitalregen bezeichnet kurze, äußerst intensive Niederschläge in der inner- und wechselfeuchttropischen Zone, die infolge der Konvektion feuchter Luftmassen im Bereich der ITC fallen.

Zenitstand
Der Zenitstand beschreibt den Sonnenstand direkt über dem Beobachter, d.h. den Einfallswinkel der Sonne von 90°. Am Äquator steht die Sonne zweimal im Jahr genau im Zenit, an den Wendekreisen einmal im Jahr.

Zoll
Abgaben beim Transport einer Ware über eine Grenze (Zollgrenze)

Zwergstaat
Land mit extrem kleiner Fläche und Bevölkerungszahl

Lexikon der Jahrgangsstufe 11

Aborigines (S. 134)
Sammelbezeichnung für die indigenen Völker Australiens, die vor etwa 40 000 bis 60 000 Jahren den Kontinent besiedelten

Akkulturation (S. 138)
Akkulturation umfasst alle Anpassungsprozesse von Einzelpersonen bzw. Gruppen an eine andere Kultur z.B. bezüglich der Wertvorstellungen, Sprachgewohnheiten, Sitten und religiösen Vorstellungen.

Atoll (S. 154)
Bezeichnung für eine ringförmige, eine Lagune umschließende Koralleninsel

Binnenmigration (S. 47)
Wanderung einer Person oder einer Gruppe von Personen innerhalb eines Staates oder auch innerhalb einer bestimmten geographischen Region

Blizzard (S. 38)
Schneesturm in Nordamerika, der aufgrund fehlender West-Ost-Gebirgsschranken weit nach Süden vordringen kann

Brain-Drain (S. 88)
Abwanderung von Wissenschaftlerinnen, Wissenschaftlern und hoch qualifizierten Arbeitskräften ins Ausland, wodurch dem Abwanderungsland wichtige Arbeitskräfte verloren gehen

Central Business District, CBD (S. 8)
Hauptgeschäftsbereich, auch City (→ S. 166), einer Großstadt oder Metropole

Deflation (S. 40)
in trockenen, vegetationsarmen und vegetationslosen Gebieten oder nach der Beseitigung der natürlichen Vegetationsdecke vorkommende Ausblasung des Oberbodens durch den Wind

Edge City (S. 61)
Edge Cities sind multifunktionale Außenstadtzentren, die außerhalb oder am Rande von Verdichtungsräumen entstanden sind (z. B. in der Nähe von Autobahnkreuzen). Sie sind gekennzeichnet durch Einkaufszentren, Industrie-, Großhandels- und Lagerkomplexe sowie große Bürostandorte. Man findet aber auch Wohnsiedlungen vor.

endemisch (S. 150)
Endemische Tiere und Pflanzen kommen nur in einem bestimmten Gebiet vor. Sie haben sich an einen bestimmten Lebensraum oder an einzigartige räumliche Gegebenheiten ganz spezifisch angepasst und sind nur dort heimisch.

Ethnie (S. 44)
Menschengruppe, z. B. ein Stamm oder eine Volksgruppe, mit einheitlicher Kultur

Exploration (S. 82)
Im Bergbau und in der Geologie bezeichnet man mit Exploration die Suche oder die Erschließung von Lagerstätten und Rohstoffvorkommen in der Erdkruste.

Extraktivismus (S. 22)
Extraktivismus steht für die Ausbeutung von Lagerstätten und den Export der Rohstoffe zur Weiterverarbeitung im Ausland meist durch große internationale Konzerne.

Filmtourismus (S. 151)
Art des Tourismus, bei der Reisende bestimmte Regionen, Städte, Dörfer oder Gebäude vor allem deshalb besuchen, weil es sich bei ihnen um Drehorte oder Schauplätze von Filmen oder Fernsehserien handelt

Fracking (S. 58)
Beim Fracking werden durch eine Bohrung Wasser und Chemikalien unter hohem Druck von oft mehreren Hundert Bar in Gesteinsschichten gepresst, um das darin enthaltene Erdöl oder -gas zu gewinnen.

Fragmentierung (S. 12)
Fragmentierung ist ein Phänomen, das die „Zersplitterung" bzw. „Zerlegung in Einzelteile" sozialer Gruppen, aber auch von Räumen beschreibt. So gibt es global gesehen Länder, die vom Wohlstand der globalisierten Welt abgesondert sind, mit einer mehrheitlich armen Bevölkerung, aber auch einer zahlenmäßig kleinen vermögenden Oberschicht mit intensiven Wirtschaftsbeziehungen nach Europa und Nordamerika.

Frontier (S. 43)
Grenzsaum während der Erschließung Nordamerikas im 18. Jahrhundert, der nach Westen vorstoßend das bereits besiedelte Land von den unerschlossenen Naturlandschaften trennte

FuE, FuE-Einrichtungen (S. 54, S. 56)
FuE steht für die Bereiche Forschung und Entwicklung in einem Unternehmen bzw. die Zusammenarbeit von FuE-Einrichtungen, wie etwa Universitäten, staatlichen Forschungsinstituten und privatwirtschaftlichen Forschungszentren, oft in einem Cluster (→ S. 167).

Gated Community (S. 61)
geschlossene Wohnanlage privilegierter Bevölkerungsgruppen, die durch elektronisch gesicherte Sperrzäune oder Wachdienste von der Siedlung und der Gesellschaft abgetrennt wird, auch zum Schutz vor kriminellen Übergriffen

Gentrifizierung (S. 61)
Aufwertung eines Stadtteils durch Maßnahmen der Sanierung, Modernisierung oder Umbau mit der Folge steigender Miet- und Bodenpreise, sodass die ansässige Bevölkerung durch wohlhabendere Bevölkerungsgruppen verdrängt wird

Ghettoisierung (S. 62)
Prozess der sozialräumlichen Segregation bestimmter Menschengruppen

Glasnost (S. 80)
Glasnost bezeichnet als Schlagwort die 1986 von Generalsekretär Michail Gorbatschow in der Sowjetunion eingeleitete Politik einer größeren Transparenz und Offenheit der Staatsführung gegenüber der Bevölkerung.

Gley (S. 75)
dauerhaft durch Grundwasser oder Stauwasser beeinflusster Boden

Global City (S. 8)
Stadt, die über globale Funktionen und Verflechtungen verfügt, ein Knotenpunkt der Weltwirtschaft ist und eine hohe Konzentration international agierender Unternehmen aufweist

Globalisierung (S. 8)
Unter Globalisierung versteht man in der Regel die dynamische raum-zeitliche Ausdehnung ökonomischer, sozialer und kultureller Praktiken über staatliche Grenzen hinweg.

Global Player (S. 8)
Wirtschaftsunternehmen, das am internationalen Wettbewerb teilnimmt und in seiner Branche mit Technik, Qualität und Innovation weltweit eine führende Stellung einnimmt

Gully-Erosion (S. 40)
Ein Gully (oder auch Erosionsrinne) ist eine geomorphologische Form, die durch fließendes Wasser entsteht. Die Gully-Erosion formt tiefe Furchen bis zu kleinen Tälern, die von einem bis zu einigen zehn Metern breit werden und Ausmaße von kleinen Flüssen annehmen können.

Hidden Champion (S. 19)
Als heimliche Gewinner oder unbekannte Weltmarktführer werden relativ unbekannte größere Unternehmen bezeichnet, die in ihrer Branche Marktführer sind.

Hispanic (S. 45)
Durch legale oder illegale Einreise in die USA gekommene Bevölkerung aus Lateinamerika sowie in den USA geborene Menschen spanisch-sprechender Herkunft

Industriekombinat (S. 80)
Zusammenschluss von produktionsmäßig eng zusammenarbeitenden Industriebetrieben zu einem Großbetrieb in der ehemaligen Sowjetunion

Integration (S. 44)
dynamischer, lange andauernder und sehr differenzierter Prozess des Zusammenfügens und Zusammenwachsens

Joint Venture (S. 111)
Zusammenschluss von Unternehmen zum Zweck der gemeinsamen Durchführung von Projekten

Just-in-time-Prinzip (S. 18)
eine in der Industrie praktizierte Verfahrensweise, bei der von Zulieferbetrieben gefertigte Teile in den Produktionsprozess eingeliefert werden, wenn sie gerade gebraucht werden

Kolchose (S. 81)
Landwirtschaftliche Produktionsgenossenschaft in der Sowjetunion, die nach der Zwangskollektivierung vor allem in Gebieten mit langer bäuerlicher Tradition eingerichtet wurde. Der Boden war Staatseigentum, Gebäude, Maschinen und der Tierbestand waren Eigentum des Kollektivs.

Landgrabbing (S. 114)
Begriff für die zum Teil illegale Aneignung von Land vor allem in Entwicklungsländern durch wirtschaftlich und politisch starke Akteure, wie etwa internationale Konzerne aus den Industrie- und Schwellenländern

Lapilli (S. 37)
vulkanisches Auswurf- und Lockermaterial mit Korngrößen bis zwei Zentimeter

Liberalisierung (S. 10)
Liberalisierung bedeutet den Abbau staatlicher oder gesellschaftlicher Eingriffe, z. B. den Abbau von Zollschranken im internationalen Handel.

Löss (S. 33)
vom Wind verfrachtetes Lockersediment, bestehend aus mehlfeinem Flugstaub in den Korngrößen 0,05 bis 0,01 mm.

Maori
Angehörige der indigenen Bevölkerung Neuseelands

Marktwirtschaft (S. 80)
Wirtschaftsordnung, in der die wirtschaftlichen Handlungen durch den Markt in Form von Angebot und Nachfrage bei einer auf ein Minimum reduzierten Lenkung durch den Staat bestimmt werden.

Multilateralismus (S. 66)
Unter Multilateralismus wird die Zusammenarbeit mehrerer Staaten bei der Lösung von politischen, gesellschaftlichen oder technischen Problemen verstanden, die grenzübergreifend sind.

Northers (S. 38)
kalte winterliche Winde in Nordamerika aus nördlicher Richtung, die Kaltlufteinbrüche weit nach Süden bringen

Outsourcing (S. 15)
Auslagerung von bisher in einem Unternehmen selbst erbrachten Leistungen an externe selbstständige Auftragnehmer

Perestroika (S. 80)
Prozess zum Umbau und zur Modernisierung des gesellschaftlichen, politischen und wirtschaftlichen Systems der Sowjetunion, der von Michail Gorbatschow ab 1986 eingeleitet wurde

Planwirtschaft, auch Zentralverwaltungswirtschaft (S. 80)
Wirtschaftssystem, das durch einheitliche staatliche Planvorgaben und Planungsinstitutionen gesteuert wird

Podsol (S. 75)
Bodentyp des kühlgemäßigten humiden Klimas, typischer Boden des borealen Nadelwaldgürtels

Protektionismus (S. 10)
Außenhandelspolitik, die z. B. durch Erhebung hoher Einfuhrzölle und andere Beschränkungen die einheimische Industrieproduktion und Dienstleistungen vor ausländischen Einflüssen schützen soll

pyroklastischer Strom (S. 37)
Pyroklastische Ströme sind von einem Vulkan ausgehende heiße Wolken aus Asche, Gesteinsblöcken und Gasen, die am Vulkanhang mit hoher Geschwindigkeit zu Tal rasen.

quartärer Sektor (S. 81)
Der quartäre Sektor umfasst wissensintensive Dienstleistungen auf der Basis hoher Qualifikation und hohen Einkommens der Beschäftigten, die von einfachen Dienstleistungen unterschieden und aus dem tertiären Sektor ausgegliedert werden.

Reindustrialisierung (S. 58)
Entwicklungsprozess mit einer neuerlichen Orientierung auf die industrielle Produktion

Segregation (S. 44)
Prozess der räumlichen Trennung und Abgrenzung sozialer Gruppen, insbesondere innerhalb einer Siedlung. Man unterscheidet dabei die Segregation nach dem Einkommen (soziale Segregation), nach der Herkunft (ethnische Segregation) und nach dem Alter (demographische Segregation).

Separatismus (S. 123)
Wenn ein Teil der Bevölkerung sich von dem Staat, in dem er lebt, trennen und einen eigenen Staat gründen will, dann ist das Separatismus.

Sinisierung (S. 123)
Prozess, durch den eine Ethnie, wie z. B. die Uiguren, und deren Kultur chinesisch geformt und die Kultur Chinas in den Mittelpunkt gestellt wird

Sonderwirtschaftszone (S. 111)
abgegrenztes Gebiet innerhalb eines Staates, in dem die Gesetzgebung des Wirtschafts- und Steuerrechts anders ist als im Rest des Landes

Sowchose (S. 81)
staatseigener landwirtschaftlicher Großbetrieb in der ehemaligen Sowjetunion

Start-up-Unternehmen (S. 57)
Unternehmensgründung mit einer Geschäftsidee und hohem Wachstumspotenzial, die meist in jungen oder noch nicht existierenden Branchen ein funktionierendes Geschäftsmodell zu entwickeln versucht

Steppe (S. 40)
außertropische, baumlose Vegetationszone in kontinentalen Gebieten der Gemäßigten Breiten, die durch das Vorkommen krautiger Pflanzen und Grasbewuchs gekennzeichnet ist

Terms of Trade (S. 12)
Verhältnis aus dem Index der Exportgüterpreise und dem Index der Importgüterpreise

Transformation (S. 80)
tief greifende strukturelle Systemveränderungen hinsichtlich Wirtschaft, Politik und Gesellschaft (soziale Transformation) innerhalb eines Landes. Der Begriff findet vor allem im Zusammenhang mit dem Zusammenbruch des Kommunismus in Osteuropa und den damit verbundenen Umwandlungsprozessen von der kommunistischen Planwirtschaft zur freien Marktwirtschaft Verwendung.

Transformstörung (S. 36)
Plattengrenze mit Rissen der Erdkruste quer zu den mittelozeanischen Rückensystemen infolge der Plattenbewegungen auf der Oberfläche der Erdkugel

Triade (S. 12)
die drei größten Wirtschaftsräume der Welt, die nordamerikanische Freihandelszone, die Europäische Union und das industrialisierte Ostasien mit Japan, VR China, Taiwan und Südkorea

UdSSR (S. 80)
Union der Sozialistischen Sowjetrepubliken, kurz Sowjetunion (1922 bis 1991)

Unilateralismus (S. 66)
das Handeln eines Staates im eigenen Interesse ohne Rücksicht auf die Interessen anderer Staaten

urban sprawl (S. 60)
Bezeichnung für ein starkes Flächenwachstum von Großstädten und ihren Vororten in den USA, vor allem als Folge der Suburbanisierung

GeoMethode-Module im Schülerbuch – eine Übersicht

GeoMethoden aus Jahrgangsstufe 5			
GeoMethode	**Seiten**	**GeoMethode**	**Seiten**
Geographische Texte erfassen und verstehen	22	Bilder beschreiben und auswerten	56
Tabellen in vier Schritten auswerten	26	Einen Bauernhof erkunden	94
Diagramme in drei Schritten auswerten	26	Lufttemperatur messen	96
Die geographische Lage eines Ortes im Gradnetz bestimmen	30	Monatsmitteltemperaturen im Kurvendiagramm darstellen	96
Karten einnorden	32	Niederschlag messen	96
Mit digitalen Kartenprogrammen arbeiten	33	Monatsniederschläge im Säulendiagramm darstellen	96
Entfernungen mit dem Maßstab berechnen	34	Bodenarten mit der Fingerprobe bestimmen	102
Ein Modell zur Erklärung von Höhenlinien fertigen	36	Bodenarten mit der Schlämmanalyse bestimmen	102
Geographische Orte im Atlas finden	38	Wasserspeicherfähigkeit bestimmen	102
Eine Kartenskizze zeichnen	48	Eine Karte im Kopf haben	104
Gesteine sammeln und untersuchen	52	Eine Nutzungskartierung durchführen	134

GeoMethoden aus Jahrgangsstufe 7			
GeoMethode	**Seiten**	**GeoMethode**	**Seiten**
Eine Faustskizze zeichnen	12	Eine eigene virtuelle Exkursion erstellen	66
Ein Banddiagramm auswerten	16, 159	Ein Gruppenpuzzle durchführen	81
Ein Satellitenbild auswerten	42	Eine Wandzeitung erstellen	90
Eine thematische Karte auswerten	43	Flächendiagramme auswerten	104/ 105
Ein Klimadiagramm zeichnen	51	Zusammenhänge in einer Concept-Map darstellen	109
Ein Klimadiagramm auswerten	53	Eine Karikatur interpretieren	130
Ein Erklärvideo erstellen	65		

GeoMethoden aus Jahrgangsstufe 10			
GeoMethode	**Seiten**	**GeoMethode**	**Seiten**
Ein Wirkungsgefüge erstellen	12, 63	Einen Vertikalschnitt anfertigen	34
Mit GIS arbeiten	18	Vegetationskarten auswerten	36
Komplexere Diagrammtypen erstellen	26	Naturgeographische Kreisläufe analysieren	42
Hypothesen zu naturgeographischen Sachverhalten mithilfe klimakundlicher Experimente überprüfen	30	Mit geographischen Modellen arbeiten	72
Klimadiagramme begründet zuordnen	32, 36, 81	Geographisches Fachreferat halten	102

GeoMethoden aus Jahrgangsstufe 11		
Seite(n) im Schulbuch	**Titel der Schulbuchseite**	**GeoMethode**
10/11 12/13 90/91	Globalisierung – wer oder was steuert sie? Globalisierung – Triadisierung – Fragmentierung Moskau – Metropole, Megastadt, Global City?	Geographische Modellbildung überprüfen
16/17	Smartphone und Nachhaltigkeit – geht das?	Mithilfe von digitalen Darstellungsformen wie Tabellen oder Diagramme Zusammenhänge (Ergebnisse einer Umfrage) deutlich machen
24	Globalisierung vor der Haustür – eine Erkundung vor Ort	Schritt für Schritt eine Podcast-Episode erstellen
35 104/105	Klima und Vegetation in Nordamerika Chinas Landwirtschaft unter dem Einfluss des Monsuns	Ein mehrschichtiges Kausal- und Klimaprofil anlegen
48	USA – Weltmeister in der Erzeugung und im Export von Agrarprodukten	Eine komplexe thematische Karte auswerten
64/65, 69	Global City New York – Machtzentrum der globalisierten Welt (Kartenanhang)	Ein komplexes Kartogramm auswerten
66/67	Pro-Kontra-Debatte zu „Weltmacht USA – eine Kontroverse“	Eine Pro-Kontra-Debatte führen
66/67 160/161	Pro-Kontra-Debatte zu „Weltmacht USA– eine Kontroverse“ Vergleichende Länderanalyse – Australien, Neuseeland und Vanuatu	Kritisch die mediale Darstellung eines Raumes beurteilen
84/85	Erdgas - ein wichtiger Energierohstoff für Russland und Europa	Ein Wertequadrat erstellen
86/87, 99	Norilsk – Bergbaustadt nördlich des Polarkreises (Kartenanhang)	Bild und Satellitenaufnahme durch Vergleich auswerten
96/97	Mit einer SWOT-Analyse Russlands Zukunftsperspektiven bewerten	Eine SWOT-Analyse erstellen
116/117, 131	Bevölkerungspolitik und demographische Entwicklungen (Kartenanhang)	Pyramidendiagramme auswerten
117	Bevölkerungspolitik und demographische Entwicklungen	Mit digitalen Darstellungsformen Zusammenhänge deutlich machen
128/129	Chinas Bild in ausgewählten Medien – eine kritische Analyse	Eine kritische Analyse anhand mehrerer Quellen durchführen
141, 147	Australien –ein vulnerabler Kontinent	Informationen aus wissenschaftlichen Publikationen recherchieren und verarbeiten
155	Bora Bora – Nachhaltigkeit in Französisch-Polynesien	Mit einem Bewertungsstern geographische Sachverhalte ermitteln
160/161	Vergleichende Länderanalyse – Australien, Neuseeland und Vanuatu	Dreiecksdiagramme auswerten

Wichtige GeoMethoden

Texte erfassen und verstehen

1. Lies den Text mindestens zweimal.
2. Kläre die Bedeutung unbekannter Begriffe im Unterricht oder auch zu Hause, z. B. mithilfe des Internets, eines Lexikons oder indem du Klassenkameraden, Lehrer oder deine Eltern befragst.
3. Gib den Textabschnitten eine passende Überschrift.
4. Formuliere in eigenen Worten die Kernaussage der jeweiligen Textteile.
5. Stelle einen Zusammenhang zwischen den Kernaussagen des Textes und dazugehörenden Abbildungen her.

Geographische Orte im Atlas finden

1. Schlage den Ort im Register nach.
2. Notiere dir die im Register angegebene Seitenzahl der Karte (gegebenenfalls auch die Kartennummer) und das Planquadrat.
3. Schlage die entsprechende Seite im Kartenteil des Atlas auf.
4. Suche nun den Ort im Planquadrat. Jetzt kannst du seine Lage beschreiben und aus der Legende weitere Informationen entnehmen.

Entfernungen mit dem Maßstab berechnen

1. Miss mit dem Lineal die Entfernung in Zentimetern zwischen zwei Orten.
2. Suche auf der Karte den Maßstab (z. B. 1 : 1 500 000).
3. Multipliziere die gemessene Strecke mit der Maßstabszahl (z. B. 7 cm x 1 500 000).
4. Das Ergebnis (z. B. 10 500 000 cm) kannst du zuerst in Meter umrechnen, indem du durch 100 teilst (also: 10 500 000 cm : 100 = 105 000 m).
5. Teile das Ergebnis durch 1000, um die Kilometerentfernung in der Wirklichkeit zu berechnen (also: 105 000 m : 1000 = 105 km).

Tipp: Will man nicht die Luftlinie, sondern z. B. die Streckenlänge einer kurvigen Straße berechnen, dann kann man einen angefeuchteten Faden entlang der Strecke legen, ihn anschließend spannen und dessen Länge mit dem Lineal abmessen.

Die geographische Lage eines Ortes im Gradnetz bestimmen

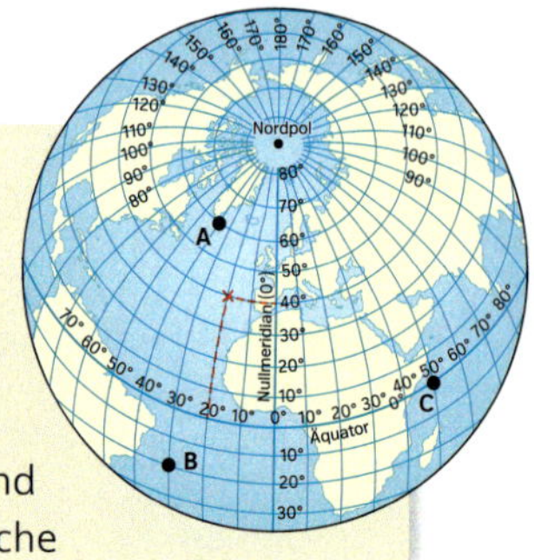

1. Nord- oder Südhalbkugel? Verfolge den Breitenkreis, auf dem der Ort liegt. Lies die dazugehörige Zahl ab und gib an, ob es sich um nördliche oder südliche Breite handelt (rotes Kreuz: 40° n. B.; kurz: 40° N).
2. Östliche oder westliche Länge? Lies die Gradangabe des Längenhalbkreises ab, auf dem der Ort liegt. Gib an, ob sich der Ort östlich oder westlich des Nullmeridians befindet (rotes Kreuz: 20° w. L.; kurz: 20° W).
3. Gib nun die Koordinaten, also die geographische Breite und Länge, an (rotes Kreuz: 40° n. B., 20° w. L.; kurz: 40° N, 20° W).

Tabellen in vier Schritten auswerten

1. Erfasse das Thema mithilfe des Titels der Tabelle (Über- oder Unterschrift) und der Kopfzeile. Kläre Begriffe und Abkürzungen, die du nicht kennst.
2. Werte die einzelnen Zeilen aus. Je nachdem, was dort dargestellt ist, kannst du Entwicklungen, Zusammenhänge oder Bemerkenswertes erkennen.
3. Vergleiche die einzelnen Spalten miteinander. Suche nach Auffälligkeiten wie höchste und niedrigste Werte, Gemeinsamkeiten oder Ähnlichkeiten.
4. Fasse deine Erkenntnisse zusammen. Achte darauf, dass du Begriffe richtig verwendest, keine Einheiten vergisst und nicht einfach nur die Daten vorliest.

Eine Kartenskizze zeichnen

1. Wähle eine Karte im Atlas aus.
2. Lege einen Bogen Transparentpapier auf die Karte und befestige ihn mit Büroklammern.
3. Zeichne zuerst den groben Umriss und in Rot die Grenzen des ausgewählten Gebiets auf das Transparentpapier.
4. Zeichne nun die Inhalte ein, die du darstellen willst (z. B. Städte: rot) und male die Flächen z. B. der Gebirge oder Großlandschaften aus.
5. Kennzeichne in der Skizze die geographischen Orte und Räume.
6. Erstelle zu den Zahlen und Buchstaben eine Legende und wähle eine geeignete Überschrift.

Bilder beschreiben und auswerten

1. Gesamteindruck

Betrachte das Bild als Ganzes und beschreibe, was du siehst und fühlst: Was fällt mir sofort auf? Was wird sonst noch gezeigt? Gibt es besonders auffällige Bereiche? Wie wirkt das Bild auf mich?

2. Einordnung des Bildes

Versuche, das Bild räumlich einzuordnen, und bestimme seine geographische Lage: Welchen topographischen Ort zeigt das Bild? Wie lautet die Bildunterschrift? Wo liegt der Ort?

Bestimme den Zeitpunkt der Aufnahme: Zu welcher Tages- oder Jahreszeit wurde das Bild aufgenommen? Woran kann ich das erkennen?

3. Gliederung und Strukturierung der Bildinhalte

Teile das Bild zunächst in die groben Bereiche Vordergrund und Hintergrund. Prüfe dann, ob weitere Bereiche erkennbar sind, z.B. am oberen / unteren Bildrand, in der Mitte oder in den Bildecken.

Arbeite aus dem Bild lineare, flächige, farbige Elemente heraus und strukturiere diese Bildelemente zueinander. Fertige dafür eine Skizze an. Lege über das Bild eine Folie oder Transparentpapier. Ziehe Linien oder Elemente des Bildes nach. Grenze unterschiedliche farbige Flächen ab.

4. Beschreibung der Bildinhalte

Beschreibe mithilfe der gegliederten Struktur nun die einzelnen Bildbereiche: Welche Bildbereiche sind weitgehend einheitlich, welche unterschiedlich? Welche Elemente sind in den einzelnen Bereichen zu sehen (Gebäude usw.)?

5. Erklärung der Bereiche und Elemente

Versuche nun, die verschiedenen Bildbereiche und Elemente zu erklären: Was ist mir bekannt? Wo habe ich schon Ähnliches gesehen? Was vermute ich? Was kann ich mir nicht erklären? Versuche, die Bildbereiche miteinander zu verknüpfen und Zusammenhänge aufzudecken.

Säulendiagramme auswerten

1. Welches Thema stellt das Diagramm dar? Diagramm- und Achsenbeschriftung verraten es dir.
2. Lies die Werte der Säulen oder Balken ab. Wenn die Zahlenwerte nicht bereits im Diagramm vermerkt sind, musst du sie an den Achsen ablesen. Beachte: Je höher die Säule bzw. je länger der Balken ist, desto größer ist der Zahlenwert.
3. Hebe Besonderheiten hervor. Achte darauf, dass du Einheiten und Begriffe korrekt verwendest und die einzelnen Werte miteinander vergleichst.

Flächendiagramme auswerten

1. Ordne das Diagramm ein: Stelle durch die Unter- / Überschrift das Thema des Diagramms fest. Finde Zeitraum, Region oder Land heraus.
2. Beschreibe das Diagramm: Stelle fest, welche Zahlenwerte (z. B. Jahreszahlen, absolute Zahlen oder relative Prozentanteile) auf der waagerechten und auf der senkrechten Achse eingetragen sind. Verschaffe dir einen ersten Eindruck über die Entwicklung der einzelnen Flächen zueinander. Miss an aussagekräftigen Abschnitten in der Entwicklung die Höhe der einzelnen Abschnitte des Banddiagramms mit einem Lineal ab. Bestimme mithilfe der Achsenskalierung deren Zahlenwerte. Bei Prozentanteilen müssen die übereinanderliegenden relativen Anteile 100 Prozent ergeben. Bei absoluten Zahlen ergeben sie die Gesamtsumme der einzelnen Abschnitte. Vergleiche die unterschiedlichen Höhen bzw. Werte in den von dir gewählten einzelnen Abschnitten. Versuche, zeitliche Entwicklungen (Zunahme, Abnahme, Stagnation) oder Regelhaftigkeiten abzulesen.
3. Erkläre mithilfe zusätzlicher Informationen die dargestellten Verhältnisse und deren Entwicklung. Begründe, warum manche Werte höher sind als andere und warum einige Werte steigen, andere hingegen fallen.

Banddiagramme (gestapelte Säulendiagramme) auswerten

1. Ordne das Diagramm ein: Stelle durch die Unter- oder Überschrift das Thema des Diagramms fest. Finde Zeitpunkt, Region oder Land heraus, die das Diagramm darstellt.
2. Beschreibe das Diagramm: Stelle fest, welche Zahlenwerte (z. B. Jahreszahlen, absolute Zahlen oder relative Prozentanteile) auf der waagerechten und auf der senkrechten Achse eingetragen sind. Miss nun die Höhe der einzelnen Abschnitte des Banddiagramms mit einem Lineal ab und bestimme mithilfe der Achsenskalierung deren Zahlenwerte. Bei Prozentanteilen müssen die übereinanderliegenden relativen Anteile 100 Prozent ergeben. Bei absoluten Zahlen ergeben sie die Gesamtsumme der einzelnen Abschnitte.
3. Erkläre das Diagramm: Um die Größe der jeweiligen Anteile und deren Verhältnis zueinander zu erklären, benötigst du zusätzliche Informationen.

Satellitenbild auswerten

1 Orientierung: Ordnen Sie das Bild anhand des Titels räumlich und zeitlich ein. Bestimmen Sie mit Hilfe der Maßstabsleiste die Größe des Bildausschnitts. Verorten Sie das Satellitenbild mit dem Atlas.

2 Beschreibung: Gliedern Sie das Bild in linienförmige (z. B. Flüsse, Straßen) und flächige Strukturen (z. B. Farbflächen, Muster). Ordnen Sie diese Strukturen nach gleichartigen Merkmalen oder ähnlichem Aussehen und beschreiben Sie diese. Eine Skizze (z. B. per Folie von dem Bild) kann Ihnen dabei hilfreich sein.

3 Auswertung: Äußern Sie Vermutungen zu den sichtbaren Gegebenheiten. Vergleichen Sie die Bildelemente mit der Legende. Finden Sie mit Hilfe von Zusatzinformationen – z. B. aus Karten, Bildern, Texten – die Ursachen und Gründe für die im Bild erkennbaren Strukturen und Merkmale.

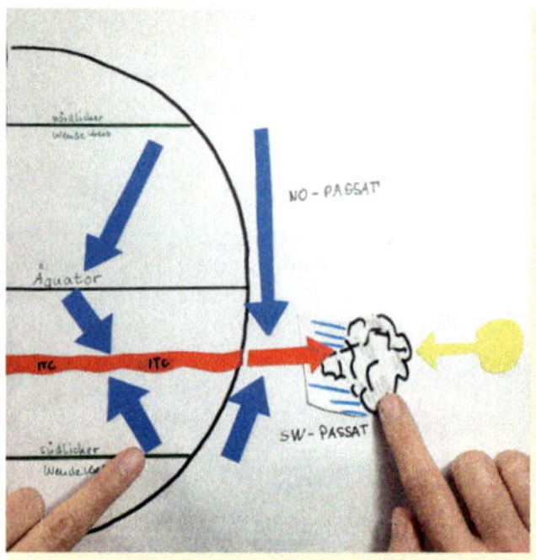

Erklärvideo erstellen

1 Vorbereitung: Informieren Sie sich über den Sachverhalt (z. B. Schulbuch, Internet, Zeitschriften). Schreiben Sie ein Drehbuch, das den Inhalt auf das Wesentliche reduziert. Formulieren Sie einen einfachen Sprechertext. Suchen Sie geeignete Materialien im Internet oder gestalten Sie diese selbst. Nehmen Sie eine Rollenverteilung vor: zum Aufnehmen (Kamera, Smartphone, Tablet), zum Sprechen und zum Materialien ins Bild schieben. Üben Sie vor der Aufnahme den Videodreh.

2 Durchführung: Drehen Sie das Video in einem Durchgang (maximale Dauer: 3 Minuten). Schieben Sie hierfür die vorbereiteten Figuren, Bilder oder Symbole auf den Hintergrund und wieder weg. Sprechen Sie zum jeweiligen Bild den passenden Text.

3 Präsentation: Stellen Sie Ihr Erklärvideo nach der Fertigstellung den Mitschülerinnen und Mitschülern vor.

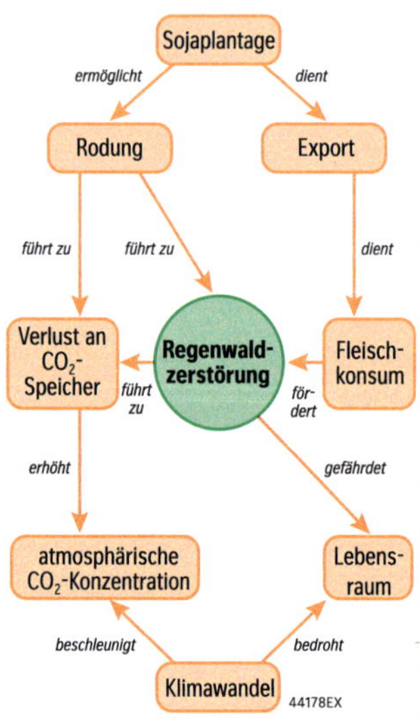

Concept-Map – ein Wirkungsgefüge strukturieren und visualisieren

1 Auswertung: Sichten Sie zunächst die Materialien, zu denen Sie eine Concept-Map erstellen möchten. Werten Sie dann die Texte und Materialien aus, indem Sie wichtige Schüsselbegriffe sammeln und auf einzelne Papierstreifen notieren. Sortieren Sie diese Begriffe nach Themenbereichen.

2 Gestaltung: Ordnen Sie die Begriffe auf einem Blatt an. Platzieren Sie dabei zentrale Schlüsselbegriffe an zentraler Stelle. Ordnen Sie diesen die übrigen Begriffszettel nach dem Prinzip von Ursache und Wirkung zu. Achten Sie darauf, dass gleich wichtige oder gleichzeitige Gründe oder Folgen in derselben Ebene stehen. Zur Verdeutlichung können Sie die Begriffszettel je nach Themenbereich oder Inhalt mit gleichen bzw. unterschiedlichen Farben umranden. Verbinden Sie die Begriffe durch Pfeile, um Beziehungen zu verdeutlichen. Beschriften Sie diese.

3 Präsentation: Erläutern Sie Ihre Concept-Map den Mitschülerinnen und den Mitschülern. Diskutieren Sie deren Inhalte sowie deren An- und Zuordnung im Plenum.

Digitalen Globus als Informationsquelle nutzen

1 Vorbereitung: Überlegen Sie, welche Fragestellung Sie untersuchen möchten. Wählen Sie dementsprechend eine geeignete Software zur digitalen Darstellung der Erde aus. Laden Sie diese auf Ihr Handy oder Ihren Computer.

2 Anwendung: Nutzen Sie den digitalen Globus entsprechend Ihrer Fragestellung: Zur Suche topographischer Orte können Sie den digitalen Globus als dreidimensionales Modell der Erde drehen. Dabei können Sie verschiedene Informationen ein- bzw. ausblenden und an beliebigen Punkten die Anzeige vergrößern bzw. verkleinern. Zur Messung von Entfernungen zwischen Orten oder Umfängen können Sie ein Lineal benutzen. Mit einem Zeitschieberegler können Sie den zeitlichen Verlauf eines Raums untersuchen. Durch Einfügen von Polygonen und Markierungen können Sie selbst thematische Karten erstellen oder Räume kartieren.

3 Erkenntnisgewinn: Fassen Sie die gewonnenen Informationen zusammen, um die Fragestellung zu beantworten. Diskutieren Sie Ihre Ergebnisse.

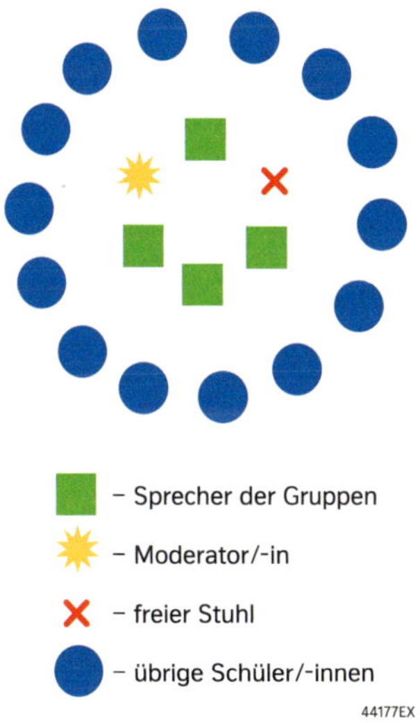

Fish-Bowl – Gruppenarbeitsergebnisse diskutieren

1 Kleingruppenarbeit: Sammeln Sie zuerst in Kleingruppen Inhalte oder Argumente zur Fragestellung. Halten Sie die Ergebnisse in Stichworten zur Vorbereitung auf die Fish-Bowl-Diskussion fest. Benennen Sie zudem Gruppensprecherinnen und Gruppensprecher für den Innenkreis.

2 Durchführung: Die Sprecher/-innen der Kleingruppen und Moderatoren/-innen nehmen im Innenkreis Platz. Die restlichen Teilnehmenden platzieren sich um diesen Personenkreis. Ein bis zwei Stühle bleiben im Innenkreis leer, auf die sich Teilnehmende aus dem Außenkreis setzen können, wenn sie sich an der Diskussion beteiligen möchten. Die Gruppensprecherinnen und Gruppensprecher tragen nun die Ergebnisse aus ihren Gruppen vor und diskutieren diese.

3 Auswertung: Zum Schluss geben alle Teilnehmenden des Innenkreises ein Statement über den Verlauf und die Inhalte der Diskussion ab. Im Anschluss wird dann das Feedback der Zuhörenden des Außenkreises erhoben. Diese Äußerungen werden durch die Moderation strukturiert (z. B. an der Tafel) festgehalten.

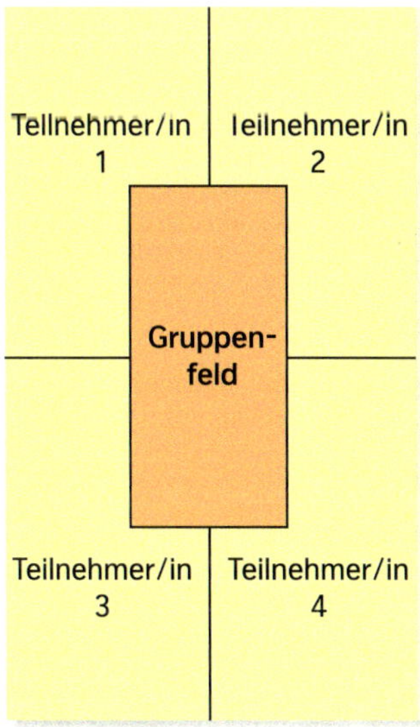

Placemat – in Gruppen Arbeitsaufträge bearbeiten

1 Vorbereitung: Setzen Sie sich in Vierer- oder Dreiergruppen an einem Tisch zusammen. Teilen Sie jeder Schülerin und jedem Schüler ein Blatt Papier aus. Legen Sie eines in die Mitte des Tisches in das Gruppenfeld.

2 Durchführung: Notieren Sie Ihre Gedanken bzw. Ergebnisse zum Arbeitsauftrag, die sie in Einzelarbeit entwickelt haben, in Ihr Individualblatt. Tauschen Sie Ihre individuellen Ergebnisse aus und vergleichen Sie diese. Dazu lassen Sie die individuellen Bögen in der Gruppe kreisen, sodass alle Gruppenmitglieder die Ergebnisse der anderen anschauen, verbessern oder revidieren bzw. über Widersprüche und Probleme ins Gespräch kommen können. Entwickeln Sie auf dieser Grundlage ein gemeinsames Gruppenergebnis. Tragen Sie dieses Ergebnis in das zentrale Blatt in der Tischmitte ein.

3 Vorstellung und Sicherung der Ergebnisse: Stellen Ihre Gruppenergebnisse der Klasse vor. Fixieren Sie die meistgenannten und besonders wichtigen Antworten als Ergebnissicherung für alle.

Bildquellenverzeichnis

|action press, Hamburg: ZUMA Wire / Zuma Press 15.1. |Alamy Stock Photo, Abingdon/Oxfordshire: Alizada Studios 140.3; Arterra Picture Library 32.2; Aviation Visuals 145.2; Barrett, Norman 150.1; BIOSPHOTO 153.1; Citizen of the Planet 63.1; CPA Media Pte Ltd 110.1; Dwyer, Stephen 145.1; Ehlers, Chad 153.2; Eleventh Hour Photography 128.2; Eric PINEL 154.2; Falk, Bella 142.2; Gado Images 136.1; Global Warming Images 156.1; GRANT ROONEY PREMIUM 9.3; Ian Dagnall 138.5; Image Press Agency 13.1; imageBROKER 142.1; Imaginechina Limited 107.1; John Warburton-Lee Photography 160.1; Kekyalyaynen, Andrey 72.4; Klodien, Claudine 108.2; Lee, Cynthia 110.2; Ligenediary 150.3; Marcus Harrison - technology 9.4; Marinic, Borislav 88.2; martin berry 140.6; Melnikov, Vladimir 70.1; Michael Major 158.1; Morgan, Steve 74.1; NASA Archive 58.3; Nature Picture Library 156.2; paul kennedy 149.3; Paul Mayall Australia 140.1; Photopat 150.2; Pictorial Press Ltd 36.2; PRISMA ARCHIVO 10.1; Probst, Peter 110.3; public domain sourced / access rights from CPC Collection 37.1; public domain sourced / access rights from Geopix 144.1; public domain sourced / access rights from RKive 99.8; public domain sourced / access rights from stock imagery 58.4; Ray Warren Creative 140.5; Robert W 128.1; Russian Look Ltd. 74.2; shoults 140.4; Spiers, Nigel 148.1, 148.2; TAO Images Limited 125.1; Travelscape Images 158.2; travelstock44 160.2; Vdovin, Ivan 88.3. |Alamy Stock Photo (RMB), Abingdon/Oxfordshire: (c) ian nolan 17.12; Alain Le Garsmeur China Archive 116.1; Bachman, Bill 143.2; Baker, Sandra 64.3; Dagnall, Ian G 30.3; imageBROKER 149.2; Imaginechina Limited 21.1; Maumus, Ninette 30.1; public domain sourced/access rights from Kremlin Pool 99.4; Schafer, Kevin 36.1; WaterFrame 146.1. |Axel Springer Syndication GmbH, Berlin: DIE WELT/Ralf Nehmzow 118.2. |Bricks, Prof. Wolfgang, Erfurt: 75.3. |Brilliance China Automotive Holdings Ltd., Beijing: 18.1. |Brot für die Welt, Berlin: Böthling, Jörg 23.3, 23.4. |Büttner, Wilfried: 108.1, 108.3. |Department für Nutzpflanzenwissenschaften - Abteilung Bodenphysik, Göttingen: Ahl, Christian 75.1. |DER SPIEGEL, Hamburg: Georg Fahrion / Der Spiegel 122.2. |Deutsches GeoForschungs-Zentrum GFZ, Potsdam: Abb.: Saskia Esselborn, GFZ 156.3. |Diercke Globus: 181.1. |dreamstime.com, Brentwood: 02irina 91.2. |Eckert-Schweins, Werner, Ingolstadt: 180.2. |Fairtrade Deutschland e.V., Köln: 23.1. |fotolia.com, New York: Beboy 17.4; beugdesign - 99.5. |Getty Images, München: AFP/Parks, Peter 123.1; Berehulak, Daniel 140.2; Gallo Images (PTY) LTD/Foto24 22.1; Helifilms Australia 39.2; Joe Sohm/Visions of America 40.1; Le Segretain, Pascal 8.1; Lichtenstein, Andrew 67.1; LightRocket/McGregor, Erik 67.2; Parks, Pete 118.1. |Getty Images (RF), München: Photodisc/Spotmatik 153.3. |Google Earth: 154.1. |GPS.GOV: 10.2. |Güttler, Peter - Freier Redaktions-Dienst (GEO), Berlin: 27.1, 72.2, 73.3, 73.4, 79.1, 82.1. |Gøttske, Martin, Cercivento (Udine): 20.2. |HüttenWerke, Klaus Kühner, Hamburg: 61.1. |Imago, Berlin: ITAR-TASS/Marmyshev, Andrei 86.3; ZUMA Press/West , Jim 50.1. |iStockphoto.com, Calgary: 78.1; 123ArtistImages 120.1; alacatr 53.2; BanksPhotos 49.2; CampPhoto 152.2; Damocean 154.3; De Wever, Thomas 63.2; FrozenShutter 41.1; Geyer, Michael 60.1; hanibaram 17.10; Hartz 143.1; Infografick 17.7; jejim 108.4; karandaev 17.11; Magcom 99.2; MaxOzerov 72.3; MShep2 13.3; Nikada 121.1; Nordroden 73.2, 77.1; Ramiltsev, Sergei 73.5; Robert_Ford 106.2; saiko3p 95.3; SL_Photography 105.2; SolomonCrowe 8.3; spyarm 5.1, 28.1; SteveAllenPhoto 105.1; tae208 147.2; Tryaging 4.1, 6.1; vivalapenler 43.4. |K+S Minerals and Agriculture GmbH, Kassel: 75.2. |KartoGrafik Heidolph, Dachau: 74.3, 97.1, 107.2, 163.1. |Kartographie Michael Hermes, Hardegsen Hevensen: 18.2, 18.3, 42.3, 43.3, 47.2, 49.3, 56.1, 59.1, 64.4, 66.3, 68.1, 77.3, 80.2, 80.3, 82.2, 83.1, 83.2, 86.2, 88.4, 91.3, 93.1, 94.1, 95.1, 95.2, 97.2, 180.3, 181.2, 181.3. |KRAH Elektronische Bauelemente GmbH, Drolshagen: 19.1. |laif, Köln: Loeffelbein, Kai 16.3; Torfinn, Sven 16.2. |mauritius images GmbH, Mittenwald: Alamy Stock Photos / JJs 136.3. |Mithoff, Stephanie, Egestorf: 38.1, 106.3, 114.1. |NASA - Earth Observatory: 99.7, 180.1. |NOAA - National Oceanic & Atmospheric Administration, Washington: 39.1. |OKAPIA KG - Michael Grzimek & Co., Frankfurt/M.: 73.1. |PantherMedia GmbH (panthermedia.net), München: maron 23.2. |Picture-Alliance GmbH, Frankfurt a.M.: AA/Zakir Hossain Chowdhury 20.4; akg-images 58.1; AP 37.2; AP Photo 80.1; AP Photo/Lennihan, Mark 42.2; Armin Weigel 25.4; dpa/ EPA/Polich, Frank 38.3; dpa/Fiedler, Doreen 20.3; dpa/Forster, Gioia 16.5; dpa/Uwe_Zucchi 72.1; dpa/Xue Hun 122.1; EPA/Hahn, Jane 16.4; EPA/WU HONG 114.2; Gokturk-1 Observation Satellite/AA 8.2; Imaginechina 120.2; Imaginechina/Zhou Guoqiang 116.2; MAXPPP/dpa 15.2; Photoshot 126.1, 126.2; REUTERS/ Amet, Jean-Pierre 9.2; REUTERS/CHINA STRINGER 109.1; REUTERS/Comas, Andrea 9.1; REUTERS/Elias, Nir 123.2; www.flyingdoctor.org 134.1; ZUMAPRESS.com/NOAA 157.1. |Raczkowsky, Bernd, Königsbrunn: 158.3, 159.1. |Seipelt, Andrea, Vechelde: 52.1. |Shutterstock.com, New York: AleFron 45.2; Allen, Steve 138.3; amlukyeee 5.2, 100.1; arboursabroad 41.2; Baker, Tom 37.3; Bayda, Andrey 34.1; Benz Bennee, Jason 132.1; Bethge, Thomas 32.1; BlueOrange Studio 152.1; bodnar.photo 15.3; Brian Logan Photography 65.1; ChameleonsEye 138.1, 146.2; Chiu, Ringo 43.2; chuyuss 124.1; creativeneko 8.4; Cukrov, Steve 31.2; Czuchnicki, Cammie 38.2; Darkydoors 147.1; Demir, Zeynep 17.2; Di Vincenzo 134.3; Diaz, Diego G 45.1; Doerfler, Daniel 102.2; electra 135.4; Everett Collection 31.3, 42.1; G-Stock Studio 21.3; Gargantiopa 17.9; Grossinger 43.1; He jinghua 103.2; Holli 138.2; I Shafiq 135.1; Jekatarinka 138.4; Josemaria Toscano 30.4; kakteen 17.6; Koca Vehbi 45.3; Kravchenko, Yuri 76.2; Kruklitis, Ingus 65.2; Ksander 17.8; Luciano Mortula - LGM 64.2; M. W. Hunt 134.2; Mareel, Rudy 35.2; Mauer, Dana 58.2; Mozhjer, Alena 49.1; Mugashev, Sergei 102.1; nicostock 25.3; NigelSpiers 135.3; nyker 33.1; Orlyanskiy, Artem 76.1; Osugi 64.1; P. Bona 136.2; Pecold 78.2; Pelanek, Martin 151.1; Pigprox 31.1; Roblee, James 33.3; Sadura, Henryk 47.4; sanyanwuji 103.3; Stanev, Nickolay 34.2; StevenK 20.1; Still Horizon Studio Titel; StockStudio Aeria 52.2; Storm Is Me 102.3; The Image Party 53.3; The Road Provides 13.2; TheLookingGlass 33.2; Theron Stripling III 35.1; Tim Roberts Photography 47.1; tokar 47.3; Urban, Nicky 66.2; Weather500 149.1; Wilkinson, Christian 135.2; xieyuliang 3.1, 125.2; Xinganling, Dashu 103.1; yakub88 25.2; Yung Chi Wai Derek 66.1; Zhang BinSir 106.1. |stock.adobe.com, Dublin: Africa Studio 25.1; Andrei/SUNDRY PHOTOGRAPHY 57.1; Apart Foto 17.3; Dale 53.1; DisobeyArt 24.1; evgenydrablenkov 90.2; fefufoto 17.5; fifg 91.1; industrieblick 21.2; Kondratov, Aleksandr 89.1; laufer 88.1; nastyakamysheva 90.1; nikitamaykov 89.2, 89.3; nordroden 86.1; picoStudio 17.1; tashas 77.2; Vector Icons 99.1. |Tonn, Dieter, Bovenden-Lenglern: 98.1, 98.2, 98.3, 98.4, 99.3, 99.6. |U.S. Geological Survey/EROS Center, Sioux Falls, SD: Data Available from the United States Geological Survey 69.1, 69.2. |ullstein bild, Berlin: 30.2. |United Nations Photo Library/Department of Public Information, New York: MONUSCO Photo/Sylvain Liechti 16.1. |Weldon Cooper Center for Public Service, Charlottesville, Virginia: Image Copyright, 2013, Weldon Cooper Center for Public Service, Rector and Visitors of the University of Virginia (Dustin A. Cable, creator) 62.1, 62.2. |World Trade Organization, Genf: 10.3.

Nordpolarmeer
Europäisches Nordmeer
Svalbard
Bären-Insel
Nordkap
Nowaja Semlja
Karasee
Sewernaja Semlja
Taimyr-Halbinsel
Laptewsee
Neusibirische Inseln
Ostsibirische See
Wrangel-Insel
Tschuktschen-See
Skandinavien
Murmansk
Archangelsk
Sankt Petersburg
Moskau
Wolga
Uralgebirge
Ob
Salechard
Omsk
Irtysch
Sibirien
Jenissej
Dikson
Norilsk
Nördlicher Polarkreis
Tiksi
Werchojansker Gebirge
Jakutsk
Lena
Kolymagebirge
Ochotsk
Stanowoigebirge
Baikalsee
Irkutsk
Jablonowygebirge
Bering-meer
Aleuten
7060
Ochotskisches Meer
Kamtschatka
Sachalin
Kurilen
9783
Amur
Mandschurei
Ulan-Bator
Gobi
Altai
Ürümqi
Almaty
Tian Shan
Taschkent
Aralsee
Kaukasus
Baku
Kaspisches Meer
Teheran
Hochland von Iran
Kabul
Tarimbecken
Kunlun Shan
Hochland von Tibet
Mount Everest 8848
Himalaya
Indus
Thar
Delhi
Ganges
Brahmaputra
Karachi
Kolkata
Indien
Arabisches Meer
Mumbai
Golf von Bengalen
Chennai
Andamanen
Nikobaren
Lakkadiven
4863
Malediven
Sri Lanka
Indischer
5190
Shenyang
Wladiwostok
Japanisches Meer
Peking
Seoul
Korea
Gelbes Meer
Honshu
Tokio
Huang He
Lanzhou
Chongqing
Jangtsekiang
Shanghai
Südchinesisches Bergland
Ostchinesisches Meer
Nansei-Inseln
7507
Guangzhou
Shenzhen
Hongkong
Taiwan
Hanoi
Hainan
Rangun
Bangkok
Mekong
Ho-Chi-Minh-Stadt
Südchinesisches Meer
Manila
Philippinen
Singapur
Sumatra
Borneo
Sulawesi
Molukken
Ramapotief 10 554
Bonin-Inseln
Vulkan-inseln
Marcus-Insel
6987
Midway-Inseln
Pazifischer Ozean
Nördlicher Wendekreis
Wake
Marianen
Challenger-tief 10 994
10 916
10 732
Witjastief 1 11 034
Galatheatief 10 540
10 497
Emdentief 10 400
7440
Palau-Inseln
Karolinen
Marshall-inseln
5185
Gilbert-I
Nauru
Äquator
20° West
0°
20° Ost
40°
60°
80°
100°
120°
140°
160° Ost
180°
60° Nord
20°